# 道路交通騒音予測

モデル化の方法と実際

久野和宏・野呂雄一
編著

吉久光一・龍田建次・岡田恭明
奥村陽三・仲　功
共著

技報堂出版

# はしがき

　大規模な事業の実施に際しては，その計画段階において事前にその事業が周辺環境に与える影響を予測，評価し，環境保全対策を講ずることは社会的要請であり，環境影響評価制度（アセスメント）として定着しつつある．道路事業に係るアセスメントにおいては供用後の道路交通騒音の状況を適確に予測し評価することが不可欠である．

　不規則，大幅に変動する環境騒音を評価する（代表値を求める）には各種の方法がある．道路交通騒音をはじめとする環境騒音の評価には我が国では法制上長年にわたり騒音レベルの中央値 $L_{A50}$ が用いられてきた．然るに騒音の評価に関する最新の科学的知見並びに国際的動向を踏まえ，等価騒音レベル $L_{Aeq}$ に基づく新しい環境基準が設定され，1999 年 4 月に施行された．これにより法制的には環境騒音は $L_{A50}$ に替わり $L_{Aeq}$ で評価されることとなり，道路交通騒音の予測対象としても $L_{Aeq}$ が重視される状況にある．

　従来，我が国ではアセスメント等における道路交通騒音予測には日本音響学会提案の $L_{A50}$ の計算式（ASJ Model 1975）が広く用いられてきた．上記環境基準の改定に対し日本音響学会ではエネルギーベースに基づく道路交通騒音の新たな予測モデル（ASJ Model 1998）を開発し，$L_{Aeq}$ を予測対象とした計算法の提案を行い，アセスメント等への対応をはかるとともに，更なるモデルの改良に努めている．

　この様に学会等で authorize された予測計算法は他の方法に比し

- 信頼が置け，
- 関係者間でコンセンサスが得られ易い

ことから実務面では，ASJ Model 1975 や ASJ Model 1998 の解説書やマニュアル類が重宝がられ普及する所以である．

　一方，研究面ではこのことが，

- 道路交通騒音の予測法は既に完成の域に達していると見られ易い（誤解され易い），
- 従ってこの分野に新たに参入する研究者の減少を引き起こし，研究の活力を損う，

などのマイナス要因を醸成しているようにも思われる。

　道路交通騒音の予測計算方法の現状は未だ発展途上にある。興味深い課題の宝庫であることを本書では様々な事例を踏まえ紹介できればと願っている。道路交通騒音予測は音の発生，伝搬，受音という音響現象全般に関係しており，音の物理的側面のみならず，計測，処理に関する問題とも密接に係わっている。何れも未解明な部分が多いにもかかわらず，実務との妥協を計るため，種々の便法（工夫）が施されている。

　例えば，自動車のパワーレベルにしても車種や走行速度，路面の舗装や勾配との関係は実測等により経験的に求められているにすぎない。高架構造物音についても同様であり，その発生のメカニズムすら明確ではない。音の伝搬にしても，現行の予測式では地表や気象の影響に関する取扱いは不十分であるし，障害物による回折補正（減音量）についても検討すべき課題が多い。予測対象である評価量も単に法律や制度に縛られることなく，学術的に有用と思われる諸量について検討しておくことが望まれる。また，予測値の統計的性質を十分配慮し，平均値だけでなく，ゆらぎや分布に関しても検討対象とすべきであろう。

　この様に内に種々の課題（未解明な事項）を持ちながら現実には道路交通騒音の実用的な予測計算法が存在し，活用されている。これはテクニック，予測技術に依るところが大きい。たとえ物理的，原理的に不明な部分があっても物（製品）を作ることができるのと類似している。物を作るには様々な技法が考えられ，テクニックの良し悪しが製品の性能を左右する。予測にも各種のモデルが考えられ，その良し悪しが精度に影響を与える。従って予測技術にとって如何なるモデルを採用するかは重要な選択である。いろいろな視点からモデルを考察し，肉付けし，定式化することは予測計算法を構築する上で最も興味ある作業である。

　本書はこのようなモデルを考え，定式化するプロセスに主眼を置き，道路交通騒音予測の現状と動向を概説したものである。モデルの定式化に際しては，できるだけ物理的に分り易く，簡便な方法を採用するとともに，予測の確率，統計的側面に配慮するよう努めた。

道路交通騒音予測とは何か？　その素顔と多様な側面，さまざまな課題とアプローチの方法を示すことにより環境問題に関心を持つ研究者や学生，自治体や道路事業者，コンサルタント業務に携わる方々の参考になれば幸甚である。

　末筆ではありますが，道路騒音に関する各種の測定，調査データを提供頂きました名古屋市環境局に感謝致します。また，自治体のアセスメント等の審査において道路事業に関する多くの事例に接する機会が与えられたこと，編著者の一人が日本音響学会の道路交通騒音調査研究委員会のメンバーとして，種々の課題に対し長年にわたりアクティブで刺激的な議論に参加できたことは本書の源泉であり，様々な機会にご指導賜わりました石井聖光先生，池谷和夫先生をはじめ諸先生に厚くお礼申し上げます。

　さらに著者等とともに調査，研究活動に従事した学生諸君並びに資料の整理や原稿の作成にご協力頂いた山本好弘技官（三重大学）に謝意を表します。最後になりましたが，本書の出版に際し，種々貴重なアドバイスをいただきました天野重雄氏（技報堂出版）に厚くお礼申し上げます。

2004年新春　　著者一同

# 目 次

第 1 章 序論 　　　　　　　　　　　　　　　　　　　　　　　　　　　1
　1.1 騒音問題とアセスメント ................................. 1
　1.2 道路交通騒音予測と学会活動 ............................. 2
　1.3 変革の時代 ............................................. 4
　　1.3.1 騒音の一元的評価への期待（騒音評価の簡素化） ....... 6
　　1.3.2 計測処理技術の進歩 ................................. 6
　　1.3.3 国際的動向 ......................................... 7
　　1.3.4 自動車騒音の状況 ................................... 7
　　1.3.5 社会的要請（最高裁判決） ........................... 7
　　1.3.6 $L_{Aeq}$ に基づく新環境基準の誕生 ................. 8
　　1.3.7 道路の環境整備及び環境技術開発の動き ............... 9
　　1.3.8 公害対策基本法から環境基本法へ ..................... 10
　　1.3.9 環境影響評価法の成立 ............................... 11
　1.4 道路交通騒音予測の課題 ................................. 14
　1.5 本書の目的及び概要 ..................................... 16

第 2 章 時間率騒音レベル $L_{A\alpha}$ と等価騒音レベル $L_{Aeq}$ 　　21
　2.1 音圧レベルと騒音レベル ................................. 21
　2.2 時間率騒音レベル $L_{A\alpha}$ ......................... 22
　2.3 等価騒音レベル $L_{Aeq}$ ............................... 24

第 3 章 環境基準と要請限度 　　　　　　　　　　　　　　　　　　　26
　3.1 $L_{A50}$ に基づく従来の環境基準（旧環境基準） ......... 26
　3.2 $L_{Aeq}$ に基づく環境基準（新環境基準） ............... 27
　3.3 自動車騒音の要請限度 ................................... 31

## 第 4 章　道路交通騒音予測の骨組み（フロー）と基本的考え方　　32

- 4.1　予測計算の骨組み ........ 32
- 4.2　予測計算の流れ ........ 32
- 4.3　予測式構築に関する考え方 ........ 34
  - 4.3.1　ASJ Model 1975 の基本姿勢 ........ 34
  - 4.3.2　ASJ Model 1998 の基本姿勢 ........ 38
  - 4.3.3　中道を行く（もう一つの姿勢）........ 39
- 4.4　バイアス誤差とランダム誤差 ........ 39
- 4.5　評価量と予測式 ........ 40
- 4.6　波動論とエネルギー音線法 ........ 41
- 4.7　音の強さと強度 ........ 42
- 4.8　予測の透明性と陽表示 ........ 42

## 第 5 章　車の音響出力（パワーレベル）　　45

- 5.1　パワーレベルの経験式 ........ 45
- 5.2　車速とパワーレベルの散布図 ........ 47
  - 5.2.1　試験車に対する散布図 ........ 48
  - 5.2.2　現場測定における散布図 ........ 49
  - 5.2.3　$W$ と $V$ の同時確率密度関数による散布図の表現 ........ 50
  - 5.2.4　パワーレベル式の導出 ........ 52
  - 5.2.5　パワーレベル式に対する車速分布の影響 ........ 53
- 5.3　波動論に基づくパワーレベルと車速の関係 ........ 54
  - 5.3.1　走行車両に対する波動方程式とその解 ........ 54
  - 5.3.2　車の音響出力 ........ 56
  - 5.3.3　車速と音響出力（回帰式との係わり）........ 60
  - 5.3.4　車速とパワースペクトル ........ 62
  - 5.3.5　音響出力の放射指向特性 ........ 63
- 5.4　音源高さの影響 ........ 65
  - 5.4.1　受音点音圧 ........ 65
  - 5.4.2　自動車騒音（広帯域ノイズ）に対する検討 ........ 67
- 5.5　排水性舗装とパワーレベル ........ 68

|   |   |   |
|---|---|---|
|   | 5.5.1 高速域におけるパワーレベルの低減効果 . . . . . . . | 69 |
|   | 5.5.2 高音域におけるパワーレベルの低減効果 . . . . . . . | 71 |
| 5.6 | 道路勾配とパワーレベル . . . . . . . . . . . . . . . . . . . . | 73 |
| 5.7 | 高架構造物音 . . . . . . . . . . . . . . . . . . . . . . . . . . | 78 |

## 第6章 騒音の伝達特性 ――ユニットパターンと単発騒音暴露量―― 88

| 6.1 | 逆自乗則に従うユニットパターン . . . . . . . . . . . . . . . . | 89 |
|---|---|---|
| 6.2 | 指数関数的な超過減衰を有するユニットパターン . . . . . . . | 90 |
| 6.3 | 一般のユニットパターン . . . . . . . . . . . . . . . . . . . . | 91 |
| 6.4 | 単発騒音暴露量 . . . . . . . . . . . . . . . . . . . . . . . . . | 92 |
| 6.5 | ユニットパターンと道路交通騒音予測 . . . . . . . . . . . . . | 94 |

## 第7章 等間隔モデル 96

| 7.1 | $L_{A50}$ の予測基本式 . . . . . . . . . . . . . . . . . . . . . . . | 96 |
|---|---|---|
| 7.2 | 車種別パワーレベルと平均パワーレベル . . . . . . . . . . . . | 99 |
| 7.3 | 回折補正値 $\alpha_d$ . . . . . . . . . . . . . . . . . . . . . . . . . | 101 |
| 7.4 | 種々の原因による補正値 $\alpha_i$ . . . . . . . . . . . . . . . . . . | 101 |
| 7.5 | 等間隔モデルの諸課題 . . . . . . . . . . . . . . . . . . . . . . | 103 |

## 第8章 指数分布モデル 106

| 8.1 | モデルの性質（音源配置に係る特性） . . . . . . . . . . . . . | 106 |
|---|---|---|
| 8.2 | 最近接音源に基づく近似法 . . . . . . . . . . . . . . . . . . . | 111 |
|   | 8.2.1 最近接音源の寄与 . . . . . . . . . . . . . . . . . . . | 112 |
|   | 8.2.2 バックグランド音源の寄与 . . . . . . . . . . . . . . | 114 |
|   | 8.2.3 $L_{A\alpha}$ と $L_{Aeq}$ . . . . . . . . . . . . . . . . . . . . . . | 115 |
| 8.3 | 等間隔モデルとの比較 . . . . . . . . . . . . . . . . . . . . . . | 118 |
| 8.4 | Rice の雑音理論等との関連 . . . . . . . . . . . . . . . . . . . | 118 |
| 8.5 | 検討及び課題 . . . . . . . . . . . . . . . . . . . . . . . . . . | 120 |

## 第9章 一般の分布モデル 125

| 9.1 | 最近接音源法による基本式の導出 . . . . . . . . . . . . . . . | 125 |
|---|---|---|
| 9.2 | 過剰減衰を考慮した基本式 . . . . . . . . . . . . . . . . . . . | 128 |

|   |   |   |
|---|---|---|
| | 9.2.1 等間隔モデル . . . . . . . . . . . . . . . . . . . . . | 131 |
| | 9.2.2 指数分布モデル . . . . . . . . . . . . . . . . . . . . | 132 |
| 9.3 | ユニットパターンの直線近似による予測計算式の簡易化 . . . . | 134 |
| 9.4 | $L_{A\alpha}$ のモデル依存性 . . . . . . . . . . . . . . . . . . . . . . . | 135 |
| 9.5 | 最近接音源の寄与度 . . . . . . . . . . . . . . . . . . . . . . . | 138 |
| 9.6 | 音源のパワーレベルが分布する場合の取扱い . . . . . . . . . . | 140 |
| 9.7 | まとめ及び課題 . . . . . . . . . . . . . . . . . . . . . . . . . | 142 |

## 第10章 沿道の騒音レベルに対する予測計算式の適用　　148

|   |   |   |
|---|---|---|
| 10.1 | 自治体における沿道騒音の調査事例 . . . . . . . . . . . . . . | 148 |
| 10.2 | 沿道騒音の予測計算式 . . . . . . . . . . . . . . . . . . . . . | 149 |
| | 10.2.1 等価騒音レベル $L_{Aeq,1h}$ の予測計算式 . . . . . . . . | 150 |
| | 10.2.2 時間率騒音レベル $L_{A\alpha}$ の予測計算式 . . . . . . . . | 150 |
| 10.3 | 実測値と予測計算式の対応 . . . . . . . . . . . . . . . . . . . | 152 |
| | 10.3.1 $L_{Aeq}$ の実測値と予測計算式との対応 . . . . . . . . . | 152 |
| | 10.3.2 $L_{A\alpha}$ の実測値と予測計算式との対応 . . . . . . . . . | 156 |
| 10.4 | 昼間と夜間の騒音レベル差 . . . . . . . . . . . . . . . . . . . | 157 |
| | 10.4.1 沿道騒音の常時監視データの分析 . . . . . . . . . . . | 159 |
| | 10.4.2 数式によるシミュレーション . . . . . . . . . . . . . | 161 |
| 10.5 | まとめ及び課題 . . . . . . . . . . . . . . . . . . . . . . . . . | 165 |

## 第11章 交通条件の変化と騒音評価量　　167

|   |   |   |
|---|---|---|
| 11.1 | 交通流に関する経験式 . . . . . . . . . . . . . . . . . . . . . | 168 |
| 11.2 | $Q-V$ 曲線 . . . . . . . . . . . . . . . . . . . . . . . . . . . | 169 |
| 11.3 | $Q-S$ 曲線 . . . . . . . . . . . . . . . . . . . . . . . . . . . | 171 |
| 11.4 | $Q$ と $w$ . . . . . . . . . . . . . . . . . . . . . . . . . . . . . | 171 |
| 11.5 | 交通量 $Q$ と等価騒音レベル $L_{Aeq}$ . . . . . . . . . . . . . . . | 172 |
| 11.6 | 交通量 $Q$ と時間率騒音レベル $L_{A\alpha}$ . . . . . . . . . . . . . | 176 |
| 11.7 | まとめ及び課題 . . . . . . . . . . . . . . . . . . . . . . . . . | 178 |

## 第12章 $L_{Aeq}$ の簡易予測計算法　　180

|   |   |   |
|---|---|---|
| 12.1 | 予測式構築の考え方 . . . . . . . . . . . . . . . . . . . . . . | 180 |

- 12.2 種々の原因による補正量 $\alpha_{i,\mathrm{eq}}$ . . . . . . . . . . . . . . 182
- 12.3 ASJ Model 1998 B 法による予測との対応 . . . . . . . . . 183
  - 12.3.1 障壁がない場合 . . . . . . . . . . . . . . . . . . 184
  - 12.3.2 障壁がある場合 . . . . . . . . . . . . . . . . . . 186
- 12.4 まとめ及び課題 . . . . . . . . . . . . . . . . . . . . . . 188

## 第13章 $L_{\mathrm{Aeq}}$ に対する観測時間長及び暗騒音等の影響 189

- 13.1 等価受音強度 $I_{\mathrm{Aeq}}(T)$ . . . . . . . . . . . . . . . . . . 189
- 13.2 $L_{\mathrm{Aeq}}(T)$ の統計的性質 . . . . . . . . . . . . . . . . . 192
  - 13.2.1 $L_{\mathrm{Aeq}}(T)$ の信頼帯 . . . . . . . . . . . . . . . . 192
  - 13.2.2 $L_{\mathrm{Aeq}}(T)$ のレベル分布 . . . . . . . . . . . . . . 195
- 13.3 暗騒音の影響 . . . . . . . . . . . . . . . . . . . . . . . 199
  - 13.3.1 $L'_{\mathrm{Aeq}}(T)$ の信頼帯 . . . . . . . . . . . . . . . . 201
  - 13.3.2 $L'_{\mathrm{Aeq}}(T)$ のレベル分布 . . . . . . . . . . . . . . 203
  - 13.3.3 偶発的な暗騒音の影響 . . . . . . . . . . . . . . . 205
- 13.4 実測との照合のための計算 . . . . . . . . . . . . . . . . 205
- 13.5 計算機シミュレーションに関する留意事項 . . . . . . . . 209
- 13.6 まとめ及び課題 . . . . . . . . . . . . . . . . . . . . . . 210

## 第14章 その他の予測方式 212

- 14.1 BEM による方式 . . . . . . . . . . . . . . . . . . . . . 212
- 14.2 物理モデルの残差補正による方式 . . . . . . . . . . . . . 214
  - 14.2.1 補正値の抽出 . . . . . . . . . . . . . . . . . . . 214
  - 14.2.2 補正値のまわりのばらつき . . . . . . . . . . . . 215
- 14.3 数量化理論及びニューラルネットワークによる方式 . . . 217
  - 14.3.1 数量化理論 I 類による予測 . . . . . . . . . . . . 218
  - 14.3.2 ニューラルネットワークによる予測 . . . . . . . 220
  - 14.3.3 数量化理論 I 類とニューラルネットワークの関係 . . . . 223
- 14.4 まとめ及び課題 . . . . . . . . . . . . . . . . . . . . . . 223

## 第15章 トンネル坑口周辺の騒音予測 226

- 15.1 坑内伝搬音のモデル化と坑口の音響出力 . . . . . . . . . 226

## 15.2 坑口音の放射指向特性 ........................ 228
## 15.3 明り部の寄与 ................................ 231
## 15.4 坑口周辺の騒音レベル ........................ 232
## 15.5 トンネルの影響範囲 .......................... 233
## 15.6 トンネルの吸音処理による騒音低減効果 ........ 234
### 15.6.1 全長を吸音処理した場合 .................. 235
### 15.6.2 坑口区間のみを吸音処理した場合 .......... 237
## 15.7 まとめ及び課題 .............................. 240

# 第16章 半地下道路周辺の騒音予測　　243
## 16.1 半地下道路内の音の強さ ...................... 243
## 16.2 開口からの音響放射 .......................... 245
### 16.2.1 反射音による拡散場 ...................... 245
### 16.2.2 直達音の回折場 .......................... 246
### 16.2.3 受音強度の合成 .......................... 246
## 16.3 半地下道路周辺の $L_{\mathrm{Aeq}}$ とその低減効果 ........ 247
## 16.4 まとめ及び課題 .............................. 250

# 第17章 市街地道路周辺の騒音予測　　251
## 17.1 市街地における建物群のモデル ................ 251
## 17.2 障害物空間における音線の伝搬・衝突過程 ...... 252
## 17.3 点音源に対する距離減衰 ...................... 255
## 17.4 線音源に対する距離減衰（建物による道路交通騒音の過剰減衰）　256
## 17.5 建物高さの影響 .............................. 259
## 17.6 建物群による反射音の影響 .................... 263
## 17.7 まとめ及び課題 .............................. 268

# 第18章 幾何音響学と回折理論　　272
## 18.1 重ねの理（線形性）と相反定理 ................ 273
## 18.2 Babinetの原理 .............................. 273
### 18.2.1 半無限障壁への適用 ...................... 274
### 18.2.2 スリットへの適用 ........................ 277

 18.3 回折と反射 . . . . . . . . . . . . . . . . . . . . . . . . 278
 18.4 回折計算の手順と考え方 . . . . . . . . . . . . . . . . . 281
 18.5 音圧合成とエネルギー加算 . . . . . . . . . . . . . . . . 282
 18.6 まとめ及び課題 . . . . . . . . . . . . . . . . . . . . . . 284

## 第 19 章 前川チャートの複素表示とその応用   **286**
 19.1 音線理論と前川チャート . . . . . . . . . . . . . . . . . 288
 19.2 前川チャートと複素回折係数 . . . . . . . . . . . . . . . 289
 19.3 前川チャートの数式表示に関する若干の修正 . . . . . . . 291
 19.4 前川チャートに基づく回折係数 $c(N)$ の意義 . . . . . . . 293
 19.5 スリットによる回折計算への適用 . . . . . . . . . . . . . 294
 19.6 二重障壁による回折計算への適用 . . . . . . . . . . . . . 296
 19.7 まとめ及び課題 . . . . . . . . . . . . . . . . . . . . . . 299

## 索引   **301**

# 第1章 序論

　公害対策基本法が環境基本法に生まれ変わるとともにアセスメント法の制定，施行により，我が国の環境行政は今大きな節目を迎えている。公害の規制からよりよい環境の保全を目ざして政策の転換がはかられている。騒音に関しても最新の科学的知見を踏まえ，評価方法の見直しが行われ，27年振りに環境基準が改定された（1999年4月施行）。これに伴い，環境騒音（道路交通騒音を含む）の評価量は騒音レベル中央値 $L_{A50}$ から等価騒音レベル $L_{Aeq}$ に変更され，新しい指針値が設定され注目を集めている。と同時に道路建設に係るアセスメント等においても従来の $L_{A50}$ を対象とした道路交通騒音の予測法から $L_{Aeq}$ に対する予測法へと急ピッチで切り替えがはかられ技術指針や技術マニュアルの改訂が行われている。日本音響学会でも道路交通騒音調査研究委員会において $L_{Aeq}$ に基づく新しい予測方式の開発に取り組んでおり，平成5年には **ASJ Model 1993** を，また平成11年にはそれを改良した **ASJ Model 1998** を提案し，実務的な予測計算法を公表，提供している。

　以下この章では，戦後の車社会の進展と道路騒音問題の発生，環境行政の変遷，道路交通騒音予測の歴史的経緯及び予測を取りまく社会的状況等について概説するとともに，本書の目的及び概要を述べる。

## 1.1　騒音問題とアセスメント

　戦後50年，焦土の中から立ち上がり，再建と復興，高度経済成長に続くバブル経済の進展と崩壊を経て，持続的発展可能な社会の構築が求められている。我が国におけるこの間の状況を端的に物語るものの一つに自動車がある。昭和25年（1950年）の保有台数を1とした場合，1960年には10倍，1975年には100倍，1990年には200倍と増え続け自動車は鉄道に替わり貨物輸送の主役となり，乗用

車は 3 人に 1 台まで普及し[1]，生活必需品（国民の足）として狭い国土に溢れんばかりである。その結果，自動車による騒音は排気ガスとともに沿道住民の日常生活に多大な影響を与えることとなり大きな社会問題となっている。さらに都市では道路が錯綜し，自動車交通は面的な広がりを呈し，一般環境騒音の主要因ともなっている。

環境への配慮を欠いた経済優先の産業育成による歪みが昭和 40 年代に至り，一気に噴き出し，大気汚染，水質汚濁，騒音などの深刻な公害問題が各所で発生した。国は昭和 42 年に公害対策基本法を制定し，これに基づき昭和 43 年には工場や建設工事等の騒音を発生源において規制した（騒音規制法），さらに昭和 46 年には「人の健康を保護し，生活環境を保全する上で維持することが望ましい騒音に係る環境基準」が閣議決定された。次いで昭和 48 年 12 月には「航空機騒音に係る環境基準」が，昭和 50 年 7 月には「新幹線鉄道騒音に係る環境基準」が環境庁からそれぞれ告示され[2]，騒音関係の主要な保全目標が整うこととなった。さらに国や地方公共団体では要項や条令を定め，大規模な新規事業や開発行為に際しては，事業者に対し，事前にその環境に与える影響を調査，予測し，適切な環境保全対策を実施するように求めている。これは環境影響評価制度（アセスメント）として定着し，環境行政の推進に大きな役割を果たすこととなった。アセスメントにおける環境保全目標としては新規事業の場合には，通常，環境基準値が適用され，対策が行われており，音環境の悪化に対する一定の歯止めとして貢献している。事業者は技術指針や技術マニュアルに沿ってアセスメントの準備書を作成・公告縦覧し，地元住民の意見や専門家よりなる審査会意見（知事意見）等を踏まえ，最終的な評価書を作り上げることとなっている。

新設道路（計画中の道路）の場合，沿道地域に対する騒音予測が事業実施に対する重要な鍵を握っており，殆どの技術指針では予測計算には日本音響学会提案の計算式を用いることとしている[3,10]。なお適用範囲を超える場合や，特殊箇所等に対してはシミュレーションや模型実験，類似事例に基づく予測が行われている。

## 1.2 道路交通騒音予測と学会活動[4]

我が国における道路交通騒音の予測計算方法の構築には日本音響学会の果たした役割が極めて大きい。歴史的には音響学会と道路交通騒音予測との係わりは昭

## 1.2. 道路交通騒音予測と学会活動 [4]

和44年3月の「道路交通騒音調査報告書」に始まる[3]。これは日本道路公団から研究委託を受け"道路交通騒音の中央値 $L_{A50}$ の推定計算方法"に関する調査研究を行い，その結果を取りまとめたものである。そこで示された推定計算式はいわゆる等間隔モデルに基づき導かれたものであり，実務的にはその後，最近に至るまで我が国の道路交通騒音予測のベースとなっていた。しかし当時は現場における実測データも少なく，予測に必要なパラメータ値の設定や回折減音量の取扱い等に課題が認められた。データの蓄積と研究が進むにつれ，予測式における車両のパワーレベルが小さい，計算値が実測値を下回る傾向（危険側の予測）にあるとの指摘が随所で聞かれるようになり，学会としても再検討の必要に迫られ，昭和49年度に道路交通騒音調査研究委員会を発足させた[3]。この委員会には当面の課題を処理し，現時点で道路設計に広く応用できる $L_{A50}$ の推定計算方法を立案する作業委員会と，永い目で見た道路交通騒音の予測方式について調査検討する作業委員会が設置され，それぞれに活発な活動を開始した。前者は昭和50年3月に道路交通騒音予測計算法（いわゆる学会式）を取りまとめ，同年8月にその骨子が日本音響学会誌に掲載された[3]。提案された計算式は基本的には前報告書（昭和44年のもの）と同じであるが，主な改訂箇所としては

- ○ 車種分類と車種別パワーレベル
- ○ 回折による補正値 $\alpha_d$ を自動車のパワースペクトルを考慮し行路差で与えたこと
- ○ 沿道の地表面条件など種々の原因による補正値 $\alpha_i$ を導入したこと
- ○ 適用範囲を明確にしたこと

などが挙げられる。なかでも $\alpha_i$ の導入は実測値と推定計算値との系統的なギャップを埋め，両者の整合を計ることにより，予測計算式の精度を高め，その実用性を確保する上で極めて重要な役割を演じている。単純な計算式であるにもかかわらず，それなりの実用的価値を有し得たのは $\alpha_i$ に負うところが大である。

もう一方の作業委員会では道路交通騒音予測に対する将来の布石とすべく，数学的モデルをはじめ，計算機シミュレーション，スケールモデルなど幅広く各種の予測方法に亘り調査を行っている。数学的モデルでは指数分布モデルやアーラン分布モデルなど様々な車頭間隔配置に従うモデルの研究開発状況について報告している。また騒音の予測は評価の問題と密接に関連することから，道路交通騒

音に関係の深い評価量として $L_{Aeq}$ や TNI, NPL などを取り上げ概説するとともに，それらの予測に関する難易度等について比較検討を行っている（音響学会誌 31 巻 9 号）[5]。

その後，道路交通騒音調査研究委員会は作業委員会のメンバーを中心に再編成され，建設省土木研究所，日本道路公団，首都高速道路公団，阪神高速道路公団，本州四国連絡橋公団，名古屋高速道路公社等の委託を基に，毎年，調査研究課題を設定し，30 年近くにわたり活動を持続している。その間の活動概要を幾つかの段階に分け表 1.1 に示す。調査研究において得られた主要な成果については音響学会誌や騒音・振動研究会などを通じ適宜公表されている[6][7][8][9][10]。パワーレベル班，伝搬計算検討班，統計・解析班等を中心に現在も意欲的な活動を展開しているが，この間の最も大きな変化は昭和 62 年より主たる予測対象を $L_{A50}$ から $L_{Aeq}$ に変更し，騒音エネルギーの時間平均レベルに基づく道路交通騒音の新しい予測計算方法の構築に取り組んでいることである。平成 5 年度にはその成果を取りまとめ **ASJ Model 1993** を発表した（音響学会誌 50 巻 3 号）[9]。この Model は一様な断面を持つ道路一般部の $L_{Aeq}$ を算出するための具体的手順を示したものである。その後，市街地道路，インターチェンジ部，トンネル坑口部周辺など適用範囲の拡大と予測精度の向上のための調査研究を進め，平成 11 年には上記の Model を改良，拡充した **ASJ Model 1998** を発表している（音響学会誌 55 巻 4 号）[10]。その後も上記モデルの改良に向けて様々な検討が行われている。

なお音響学会の他，昭和 51 年には騒音・振動分野に特化した騒音制御工学会が研究者，技術者，環境行政の担当者，音響コンサルタントらを中心に設立され，道路交通騒音予測の問題にも活発に取り組んでおり，実務的な側面から時々会誌（騒音制御）に特集等を編纂し，予測技術や騒音防止技術の普及に努めている[11]。

## 1.3 変革の時代

道路交通騒音の評価及び予測対象として等価騒音レベル $L_{Aeq}$ が我が国で現在注目されている背景には，騒音の一元的・総合的評価尺度への期待，計測技術の進歩，国際的動向，自動車騒音の現状及び社会的要請，環境基準の見直し及び改定，環境影響評価法の成立などなど世の中に大きな潮流やうねりがあり，それにより騒音の計測・評価・予測手法のみならず環境行政全体の変革が求められている。

表 1.1: 道路交通騒音調査研究委員会の活動概要

| 年度別課題 | 作業内容等 | 予測対象 |
|---|---|---|
| 音響学会式の提案と適用範囲の拡大<br><br>昭和 50 年～58 年<br>(1975～1983) | ・道路交通騒音予測計算法 ASJ Model 1975（学会式）の発表（昭.50）<br>・道路交通騒音の各種予測、評価手法の取りまとめ（昭.50）<br>・道路構造別・高さ別補正値 $\alpha_i$ の検討及び取りまとめ（昭.51）<br>・道路特殊箇所（トンネル坑口部周辺及びインターチェンジ部周辺）の騒音予測方法の検討及び取りまとめ（昭.58） | $L_{A50}$ |
| 音響学会式の見直し<br><br>昭和 59 年～61 年<br>(1984～1986) | ・学会式による計算値と実測値との照合<br>・地表等の影響 $\alpha_i$、気象の影響 $\alpha_m$ に対する検討<br>・車両の単体規制等に対する年度別パワーレベルの調査（継続中） | $L_{A50}$ |
| エネルギーベースによる騒音予測計算法の構築<br><br>昭和 62 年～平成 10 年<br>(1987～1998) | ・ユニットパターン等の計算ソフトの開発（平.1）<br>・道路一般部を対象とした計算法の基本スキームの取りまとめ（平.3）<br>・予測精度の向上と簡易計算法の検討（平.4）<br>・ASJ Model 1993 の発表（平.5）<br>・堀割部・トンネル坑口部周辺への適用を検討（平.5～）<br>・ASJ Model 1998 の発表（平.11） | $L_{Aeq}$<br>($L_{Aeq}$ →<br>$L_{A50}$) |
| 予測計算法の改良<br><br>平成 11 年～<br>(1999～) | ・パワーレベル式の改良（排水性舗装、道路勾配等に対する補正）<br>・高架構造物音の解析及び定式化<br>・伝搬計算への数値解析的手法の活用 | $L_{Aeq}$ |

## 1.3.1 騒音の一元的評価への期待（騒音評価の簡素化）

騒音の時間変動は A 特性音圧レベル（聴感を考慮し補正した音圧レベルで，騒音レベルと呼ばれる）で表示されるが，騒音の種類によりその評価量（代表値）の選び方が異なっている。個々の騒音の評価量は主としてその時間変動パターンに依存しており，我が国における現在の法制度のもとでは，新幹線鉄道騒音はピーク値により，航空機騒音はピーク値及び時間帯別離着陸機数に基づく WECPNL（うるささ指数）により，また道路交通騒音や一般環境騒音はつい最近まで時間率騒音レベルの中央値 $L_{A50}$ により評価されていた[12]。さらに同じ種類の騒音でも国によって評価方法が異なるなど極めて複雑である[13]。

したがって国際間の比較はもとより，国内においても異なる種類の騒音に対する評価の比較は困難であるばかりでなく，複数の種類の騒音が混在する場合の評価（複合騒音に対する評価）や，日常生活における騒音暴露量の評価（1日の時間経過とともに様々な騒音にさらされた場合の総合的評価）[14]も実際上不可能である。

このような状況は社会的にも学術的にも決して好ましいものではなく，騒音の種類によらない簡素でわかりやすい計測・評価方法が求められている。その有力な候補として等価騒音レベル $L_{Aeq}$ が国際的に注目されている。これは騒音エネルギーの時間平均値（A 特性音圧の実効値）をもとにすべての騒音を統一的，一元的に測定，評価しようとするものであり，$L_{Aeq}$ は聴感との対応も良好であることが多くの研究により明らかにされている[15]。

## 1.3.2 計測処理技術の進歩

最近のデジタル化と信号処理技術の急激な進歩には目を見張るものがある。騒音の計測・処理技術もその洗礼を受け，ここ 20 年程の間に大きな発展を遂げた。従来，測定が面倒で困難であった騒音の各種評価量も計測できるようになり，その結果 $L_{Aeq}$ も容易に求められるようになった。

### 1.3.3 国際的動向

ISO（国際標準化機構）の規格では最近の研究成果及び各国の環境行政の実態などを考慮し，一般環境騒音や職場における作業環境騒音の統一的な評価量として $L_{Aeq}$ を採用しており[16]，欧米諸国をはじめ世界的に広く用いられている[13]。この様な情勢を踏まえ，我が国でも JIS Z8731「騒音レベル測定方法」の全面改定の際に，騒音評価量として $L_{A50}$ に加えて $L_{Aeq}$ が新たに採用された（1983 年）[17]。その後，我が国では平成 4 年に作業環境騒音による障害防止のための測定，評価にまた平成 7 年には在来線の新設または大規模改修に際しての鉄道騒音の予測，評価においても $L_{Aeq}$ が導入されたが[18][19]，道路交通騒音や一般環境騒音の評価量は法制的には最近の改定まで $L_{A50}$ のままであり，国際的には孤立状態にあった。

### 1.3.4 自動車騒音の状況

平成 6 年度の全国の沿道における自動車騒音の実態は環境庁のまとめによれば，環境基準未達成の測定点が 87.1%，要請限度をも超過している測定点が 31.2% に達している（図 1.1）[20][21]。平成 7 年度以降の調査結果もほぼ同様の水準であり，環境基準の達成率は低い（図 3.1，図 3.2）。要請限度値を越えている場合には，都道府県知事は公安委員会や道路管理者に騒音防止の観点から適切な処置を講ずるよう要請できることになっており，全国 1/3 の地点がこの様な状況にあるということは，自動車交通の需要が増加するなかで沿道では騒音問題が顕在化し，いかに逼迫した状況にあるかを如実に物語っている。

### 1.3.5 社会的要請（最高裁判決）

上述のような自動車騒音の実状に警鐘を鳴らすものとして，平成 7 年 7 月 7 日最高裁判所において「一般国道 43 号－阪神高速道路騒音排気ガス規制等請求事件（いわゆる国道 43 号訴訟）」に対する判決が下され，騒音などによる沿道住民への生活妨害が認められた[22]。これは我が国における道路交通騒音に関する初めての最高裁判決であり，しかも道路交通騒音の評価量として $L_{A50}$ ではなく $L_{Aeq}$

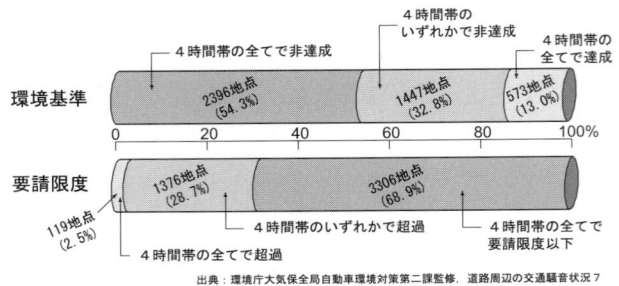

図 1.1: 騒音の環境基準，要請限度達成状況（平成 6 年度）[20)21)]

を採用し，受認限度（判断基準）を示したことの意義は大きい。この判決は立法や行政，道路管理者に大きなインパクトを与え，これを機に環境基準の見直しや，騒音・振動，排気ガス等道路の環境整備への本格的取り組みが開始されることとなった[21)]。

### 1.3.6　$L_{Aeq}$ に基づく新環境基準の誕生

騒音に係る既存の環境基準や自動車騒音に対する要請限度が $L_{A50}$ を基に設定されているにもかかわらず，国道 43 号訴訟における最高裁判決では $L_{Aeq}$ を基に受認限度が示されたことなどを受け，平成 8 年 7 月，環境庁長官は中央環境審議会会長に「騒音の評価手法等の在り方について」諮問を発し，同会長はこの諮問を同日付けで騒音振動部会長に付議し，実質的な審議のための専門委員会が設置された。諮問理由は下記の通りである。

　　『昭和 46 年に設定された一般地域及び道路に面する地域に係る騒音環境基準では，測定結果の評価については中央値（$L_{A50}$）によることを原則としてきたが，その後，騒音測定技術が向上し，近年では国際的に等価騒音レベル（$L_{Aeq}$）が採用されつつあること等の動向を踏まえ，騒音の評価手法の再検討を行う必要がある。ついては，最近の科学的知見の状況等を踏まえ，上記環境基準における騒音の評価手法の在り方，及びこれに関連して再検討が必要となる基準値等の在り

方について，意見を求めるものである。』

これに対し平成 8 年 11 月に「環境騒音の評価手法として，これまでの騒音レベルの中央値（$L_{A50}$）から等価騒音レベル（$L_{Aeq}$）に変更することが適当である。」との中間報告が出され[23]，2 年間に亘る審議を経て $L_{Aeq}$ に基づく新しい環境基準が答申（平成 10 年 5 月），告示され（同 9 月），平成 11 年 4 月から施行されている[24]。なお，自動車騒音の要請限度についても上記専門委員会において見直しが進められ，$L_{Aeq}$ に基づき改定が行われた（平成 12 年 4 月）[25]。

これら法制面の変化と平行して JIS Z8731:1983「騒音レベル測定方法」の見直しが行われ，$L_{Aeq}$ を主たる環境騒音評価量とする規格に全面改訂され，標題も「環境騒音の表示・測定方法」に変更された[26]。

### 1.3.7 道路の環境整備及び環境技術開発の動き

最高裁判決を受け，国では環境庁，建設省，運輸省，通産省，警察庁の 5 省庁よりなる「道路交通公害対策関係省庁連絡会議」が開催され，総合的な道路交通騒音対策が打ち出された。これを受け近畿地方建設局のもとに関係機関・関係市からなる「国道 43 号・阪神高速神戸線環境対策連絡会議」が開催され，平成 7 年 11 月に環境対策の中間取りまとめが行われた[27]。引き続き，

○ 自動車単体対策
○ 道路構造対策
○ 交通流対策
○ 沿道対策
○ 環境調査

など総合的な騒音防止対策について検討，実施中であり，その成果に注目と期待が集まっている。

既設の一般道路は従来，殆ど環境対策がなされないまま供用されており，幹線道路沿線では騒音問題が顕在化し，国道 43 号と同じく騒音の受認限度を超える地域が全国に数多く存在するものと推測される。判決を契機に道路交通騒音防止に関する取り組みは全国の自治体にも波及し，それぞれ自動車交通公害対策協議会

等を設置し，道路交通騒音の特に甚しい路線の抽出と，その防止対策の計画，立案に取り掛っている．

また建設省の道路局と土木研究所では「道路環境技術開発三箇年計画」を策定し，道路や沿道を利用する"住民"，"歩行者"，"運転者"のそれぞれの視点に立って，快適な生活環境の保全と創造のために必要な技術開発を積極的に推進することとしている[21)28)]．今後開発すべき技術として緊急性，必要性が高く，かつ成果の期待できる課題として表1.2の31テーマを選定し取組みを開始した．対策技術の開発のみならず，予測，評価技術の充実にも意を用いていることが分かる．ここでも道路交通騒音の予測，評価対象として $L_{Aeq}$ に注目している．

### 1.3.8 公害対策基本法から環境基本法へ

第2次世界大戦後の産業の復興期を経て，昭和30年代に入り我が国は高度経済政策により飛躍的な経済，産業の発展を遂げる一方，そのひずみが蓄積，顕在化し，大気汚染，水質汚濁，騒音・振動，悪臭などの公害問題が各地で多発することとなった．激化する公害に対し国として計画的，総合的な対応を迫られ，昭和42年に公害対策基本法が誕生した．これにより公害行政を総合的に推進するための体系が整備され，各種の規制法が制定または改正された．因みに騒音規制法は昭和43年に，振動規制法は昭和51年に制定された．従来の産業型の公害問題がこれにより徐々に沈静化する一方で $CO_2$ による地球の温暖化，フロンの放出によるオゾン層の破壊等の地球環境問題，廃棄物や生活排水など都市・生活型の環境問題がクローズアップされてきている．これらは国民の日常生活や事業活動を支える社会産業システムの根幹にかかわる問題であり，事業者に対する規制を中心とした上述の公害対策基本法の枠組みでは十分に対応し得ないものであり，公害というよりさらに広く環境という見地から捕らえ直すべきものである．

この新たな環境問題には国際間の協力が不可欠であり，国内にあっては各主体間のパートナーシップ，即ち行政（国や地方公共団体），国民（住民）及び事業者の責務を明らかにし，環境保全のために相互に分担，協力することが重要である．環境に対する国民の関心の高まりとこの様な背景のもとに平成5年に環境基本法が誕生し，それに伴い公害対策基本法はその役割を終えることとなった．そして平成6年には環境基本計画が公表され[29)]，大量生産，大量消費，大量廃棄型の社

表 1.2: 開発技術一覧表 [28]

| | | 技術開発の視点 | 対象とする環境要素 | | | | |
|---|---|---|---|---|---|---|---|
| | | | 騒音 | 大気汚染 | 振動 | 景観 | 日照等 |
| 予測技術 | 道路交通騒音における Leq の予測手法の検討 | a | ● | | | | |
| | 特殊部における騒音予測手法の充実 | c | ● | | | | |
| | 浮遊粒子状物質の予測手法の開発 | b | | ● | | | |
| | 特殊部における大気汚染物質の拡散・予測手法の充実 | c | | ● | | | |
| | 道路景観シミュレータの開発 | a | | | | ● | |
| 対策技術 | 排水性舗装の騒音低減機能の維持・回復手法の検討 | a | ● | | | | |
| | 多孔質弾性舗装の開発 | b | ● | | | | |
| | 走行車両騒音・排ガス計測システムの検討 | b | ● | | | | |
| | 騒音低減効果の高い遮音壁の開発 | a | ● | | | ● | ● |
| | 低層遮音壁の開発 | a | ● | | | ● | ● |
| | 透光型遮音壁の開発 | c | ● | | | ● | ● |
| | 高架裏面等へ設置する吸音板の開発 | a | ● | | | | |
| | 歩道の吸音化による騒音低減効果の検討 | a | ● | | | | |
| | アクティブ・ノイズ・コントロールによる騒音低減対策の検討 | b | ● | | | | |
| | 植物の密植による騒音低減効果の検討 | c | ● | | | ● | |
| | 防音性能の優れた沿道建物の検討 | a | ● | | | | |
| | 交通需要マネジメントに関する検討 | a | ● | ● | ● | | |
| | 路車間情報システムの開発 | a | ● | ● | ● | | |
| | 自動料金収受システムの開発 | b | ● | ● | ● | | |
| | 自動運転道路システム（AHS）の開発 | b | ● | ● | ● | | |
| | 窒素酸化物の低減技術の検討 | b | | ● | | | |
| | 低濃度脱硝技術の開発 | b | | ● | | | |
| | 植樹帯による浮遊粒子状物質の浄化機能の検討 | a | | ● | | ● | |
| | 高架橋の交通振動軽減対策の検討 | b | | | ● | | |
| | 環境施設帯の整備手法の検討 | c | ● | ● | | ● | |
| | 道路緑化に用いる郷土植物の選定及び供給に関する検討 | a | | | | ● | |
| | のり面緑化技術の開発及び評価 | a | | ● | | ● | |
| | 高架道路・遮音壁における緑化手法の検討 | a | | | | ● | |
| | 運転者から見た走行景観の検討 | b | | | | ● | |
| 評価技術 | 道路環境保全対策の総合評価手法の検討 | b | ● | ● | ● | ● | ● |
| | 広域環境影響評価手法の検討 | b | ● | ● | ● | ● | ● |

注）表中、「技術開発の視点」の欄の記号は次の通りである。
a : 新技術の早期確立、　b : 次世代技術への取り組み、　c : 既存技術の高度化

会から資源循環型社会への脱皮をはかり，環境への負荷を軽減し，自然との共生に向けての一歩が踏み出された。国のこの様な動きを受けて，地方公共団体では環境基本条例の制定やその具体化のための検討が進められている。

## 1.3.9　環境影響評価法の成立

道路交通騒音は道路から通常 100m 程度の領域に限られたローカルな問題である。しかし道路の至るところ自動車騒音あり。世界のあらゆる都市で自動車があ

ふれ，その騒音に悩まされているという普遍的現象からすれば，道路交通騒音は個々にはローカルであるが全世界に共通の環境問題と言えよう。道路交通騒音予測は計画中の道路による供用後の影響を事前に予測・評価するために行われることが多い。いわゆる環境影響評価（アセスメント）の一環として実施される。我が国ではアセスメントを法的に制度化しようとする活動が長年にわたり続けられてきたが，平成11年6月漸くにして環境影響評価法が成立，公布された。この間の経緯は概略以下の通りである[30]。

昭和56年に環境影響評価法案が国会に提出されたが昭和58年衆議院解散に伴い廃案となる。そのため政府は昭和59年8月に「環境影響評価実施要綱」を閣議決定することにより，国が実施しまた許認可権を有する大規模事業について統一的なアセスメントが行われるようになった。平成5年11月，前述の環境基本法が施行されるに至り，その20条では環境影響評価の推進について「国は，土地の形状の変更，工作物の新設その他これらに類する事業を行う事業者が，その事業の実施にあたりあらかじめその事業に係る環境への影響について自ら適正に調査，予測または評価を行い，その結果に基づき，その事業に係る環境の保全について適正に配慮することを推進するため，必要な措置を講ずるものとする。」と謳っている。次いで平成6年12月に公表された環境基本計画では「環境影響評価制度の今後の在り方については，我が国におけるこれまでの経験の積み重ね，環境の保全に果たす環境影響評価の重要性に対する認識の高まり等にかんがみ，内外における制度の実施状況等に関し，関係省庁一体となって調査研究を進め，その結果等を踏まえ，法制化も含め所要の見直しを行う。」との政府方針が示された。

さらに関係10省庁の参加によるアセスメント制度に関する調査研究，中央環境審議会からの「アセスメント制度のあり方について」の答申を受け，平成9年3月「環境影響評価法案」を閣議決定し，国会の審議を経て同年6月「環境影響評価法」が成立，公布され，2年の準備期間を置き，平成11年6月12日施行された。図1.2にこの法律に基づくアセスメントの実施に関する手続きのフローを示す。図中 ☐ の部分は従来の国の要綱に新たに追加された手続きである[30]。

これに先立ち，多くの地方公共団体では既に独自の要綱等によりアセスメントが実施されてきたが，この法律が成立したことにより，既存の要綱等の見直しを求められ，法律と整合のとれた条例の制定や実施の手続きの改定が行われた。さらに各省庁や自治体では実際にアセスメントを実施する際の手引きとして作成さ

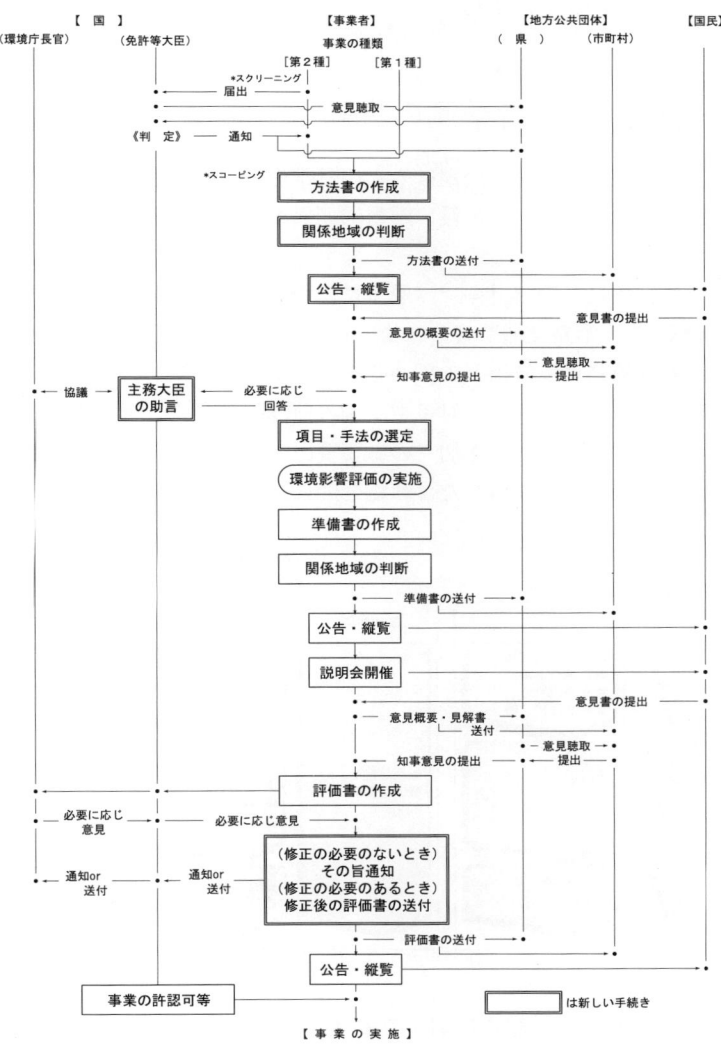

図 1.2: 環境アセスメント法の手続きフロー

れ利用されてきた技術指針やマニュアル等についても施行に併せ見直し，改訂作業が急ピッチで進められた[31]）。

## 1.4 道路交通騒音予測の課題

上述のように道路交通騒音問題は人々の日常生活，社会活動，法律や制度とも密接な関連を有しているが，最後に学術的側面からの課題について述べることにしよう。

道路環境技術開発三箇年計画では騒音に関する道路環境技術の体系を図 1.3 に要約している[28]）。道路交通騒音の「発生」→「伝搬」→「受音」というプロセスと各種要因及び道路環境技術との係わりを示している。環境技術は予測技術，対策技術及び評価技術よりなり，対策や評価の前段階として予測技術が重要であることを表している。また対策が個々の影響要因と主として個別に関係しているのに対し，予測は影響要因全体をたばね総合的に騒音評価量に結びつけるところに特色がある。

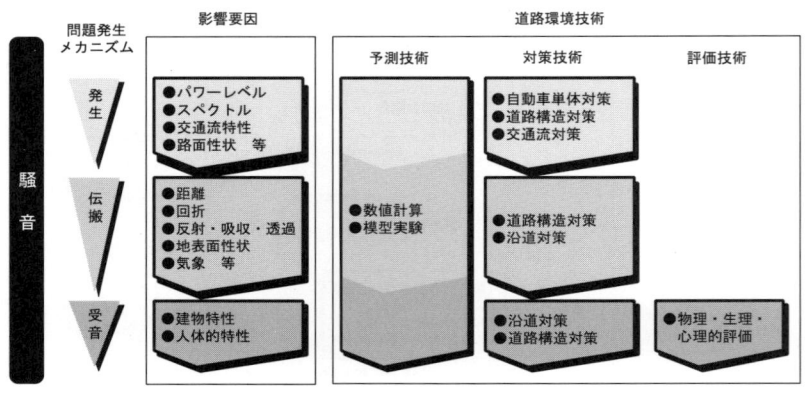

図 1.3: 騒音に関する道路環境技術の体系[28]）

騒音予測とは図 1.4 に示すように音源や伝搬過程に関する各種の情報を基に受音レベル（騒音評価量）を算定することである。即ち，音源に関する各種パラメータを設定し，伝搬法則に基づき受音レベルを算定することである。ここに入出力

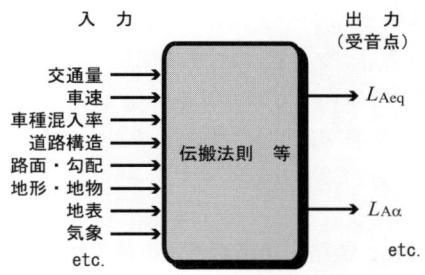

図 1.4: 騒音予測とは？

を結びつける各種の計算式や算定手順（アルゴリズム）が登場する。これらは時に予測方式，予測モデルなどと呼ばれる。なおモデルと呼ぶときには等間隔モデル，指数分布モデルなど音源配置（車頭間隔分布）を念頭に置いている場合が多い。そして通常 $L_{A50}$ など時間率騒音レベル $L_{A\alpha}$ を予測対象としている。一方，等価騒音レベル $L_{Aeq}$ を予測対象とする場合にはユニットパターン（1 台の車両の走行に伴う受音点波形，即ち騒音の伝達特性）の算定に力が注がれている。その理由は $L_{Aeq}$ がユニットパターンの積分値と交通量及び車種混入率により決定され，車頭間隔には依らないからである。

予測計算式や算定手順は幾つかのユニットやモジュールから構成されている。個々のユニットやモジュールはそれ自体予測対象と見ることもできる。たとえば走行車両のパワーレベル，道路構造や遮音壁による回折減音量，地表面による減音量などは予測条件に合わせ算定（設計）すべき重要なユニットである。したがって予測計算式や算定手順は個々のユニットやモジュールの設計と，その組立に分けて考えることができ，それぞれに課題が潜んでいる。音源（発生）→伝搬→受音という予測計算の流れに沿ってそれらの課題を列挙し，表 1.3 に示した。

これら個々の課題に対処するとともに，予測の基本スキーム（骨格）を構築し，全体のフローを明確にすることが大切である。その結果，受音点においてできるだけ多くの情報が得られることが望ましいが，予測方法によってそれぞれ制約を受けることになる。計算機シミュレーションや模型実験を用いれば $L_{Aeq}$ や $L_{A\alpha}$ （$\alpha = 5, 50, 95$）など殆どの量が求められるが，個々の条件に対し結果が一つ一つ数値で与えられることから全体的な見通しを得ることは困難である（条件が異な

ればその都度，シミュレーションや実験をやり直すことが必要である）。同様に等間隔モデルを用いれば，$L_{\mathrm{Aeq}}$ や $L_{\mathrm{A}\alpha}$ に対する簡便で見通しのよい結果（表式）が得られるが，このモデルでは現実を過度に単純化しているため，実際とのギャップが問題とされる。現実を適切にモデル化し，$L_{\mathrm{Aeq}}$ や $L_{\mathrm{A}\alpha}$ などの諸量を見通し良く予測できる方式の開発が望まれる所以である。

表 1.3: 道路交通騒音予測に係る検討課題

| | 検 討 課 題 |
|---|---|
| 音源 | ● 車速とパワーレベル及びスペクトル<br>　－ 物理的考察<br>　－ 経験式（回帰式）に対する検討<br>● 道路勾配とパワーレベル<br>● パワーレベルに対する舗装の影響<br>● 高架構造物音 |
| 伝搬 | ● 波動論と音線理論<br>● 干渉性と非干渉性<br>● 音響障害物による回折<br>● 地表面の影響<br>● 気象の影響 |
| 受音 | ● 予測対象の設定<br>　－ 瞬時レベル，レベル分布<br>　－ $L_{\mathrm{A}\alpha}(\alpha = 5, 50, 95)$<br>　－ $L_{\mathrm{Aeq}}$<br>　－ 補正値 |

## 1.5　本書の目的及び概要

　以上，我が国の環境行政の変遷と，道路交通騒音予測を取りまく社会的状況について述べた。騒音に係る環境基準も変わり，道路交通騒音の評価量も $L_{\mathrm{A}50}$ から $L_{\mathrm{Aeq}}$ に変更され，道路建設に伴うアセスメントにおける予測計算も従来の等間隔

## 1.5. 本書の目的及び概要

モデルによる時間率騒音レベル $L_{A50}$ の推定(いわゆる音響学会式 **ASJ Model 1975**)からユニットパターンのエネルギー加算に基づく等価騒音レベル $L_{Aeq}$ の推定(**ASJ Model 1998**)へと移行しつつある。ある時点における科学的知見を踏まえ,騒音の評価量とその予測計算法に関する合意(コンセンサス)を形成し,活用することは実務の遂行上必要であり,有意義でもある。一方,学術,研究上からは様々な視点から評価量や予測計算法を見直し,自由に検討することが新たな知見の獲得と将来の発展のために不可欠である。

道路交通騒音の $L_{A50}$ や $L_{Aeq}$ を実務的に予測,算定するためには,解説書やマニュアルが既に流布しており[31)32)],それを参照すればよい。従って本書では,後者の視点に立ち,実務的な予測計算法の課題を取上げ検討するとともに,$L_{Aeq}$ 及び $L_{A50}$ 等に関する各種の予測法の構築が可能であることを示す。また道路交通騒音予測は音の発生,伝搬,回折等に関する物理的側面をはじめ,計測・処理に係る技術的,統計的な側面など音響学を中心とする広範な分野と密接な関係を有し,興味ある様々な課題の宝庫となっている。実務的な問題の背後には基礎的な研究の種が数多く潜んでおり,それらの幾つかに遭遇できれば幸いである。以下,本書ではまず道路交通騒音の代表的な評価量及び新旧環境基準について概説し,伝統的な

- 等間隔モデル
- 指数分布モデル

など音源配置(車頭間隔)を考慮したモデルに対し,$L_{Aeq}$ や $L_{A\alpha}$ を算定する方法を示すとともに,受音点への影響を最近接音源からの寄与とその他の音源群からの寄与(バックグランド)に分けて取扱うことにより,簡便で見通しのよい近似式を導き,モデルの様々な方向への拡張について記述する。

予測対象として等価騒音レベル $L_{Aeq}$ を選ぶのであれば,1台の車の走行に伴う受音点波形と交通量(ユニットパターンと車種別車両台数)から算定される。従って車両(音源)の配置に固執する必要はなく,その分ユニットパターンの詳細な計算に力が注がれているのが現在の趨勢である。しかしながら $L_{Aeq}$ の算定にはユニットパターン自体ではなくその積分値が重要であることに留意すべきである。積分値は道路上の連続的な音源分布(線音源又は帯状音源)からの放射場と等価であり,ユニットパターンを介さない計算法の開発にも関心が持たれる。ユニットパターンに基づく $L_{Aeq}$ の計算の長所や短所についても種々の側面から検討を

行い，特に反射音の影響の顕著なトンネル坑口部や堀割道路周辺の $L_{Aeq}$ の予測計算にはユニットパターンを用いることは必ずしも得策でないことを示す．

また既存の予測方式を純物理的（理論的）なもの，実測データに根ざしたもの（経験式及び実測データの分析・合成によるもの），両者の折衷，すり合わせによるものに分類し，それぞれの現状と実用化に向けての課題を整理する．さらに等間隔モデルによる $L_{A50}$ に対する従来の予測計算式（**ASJ Model 1975**）と同様，理想化された単純な条件下での予測式を骨格に据え，実測結果との系統的な差を抽出し，種々の原因による補正値として予測式にフィードバックし計算値を補正する方法についても検討を加える．これにより，$L_{Aeq}$ に対する簡便で実務的な予測計算法を導き，目下実用に供されつつある **ASJ Model 1998** による計算結果との対応状況を示す．

交通量が夜間大幅に減少しても $L_{Aeq}$ は $L_{A50}$ と異なりさほど低下しないと言われている．この問題についても交通工学的視点から交通量 $Q$ と車速 $V$ との関係（$Q-V$ 曲線）を導入し，騒音評価量 $L_{Aeq}$ 及び $L_{A\alpha}$（$\alpha = 5, 50, 95$）と交通量 $Q$ との関係を詳細に検討する．

また $L_{Aeq}$ や $L_{A\alpha}$ が統計量として観測時間長や交通量に対し如何なる変動特性を有するか，安定な評価値を得るには如何なる配慮が必要であるかについて述べる．その他，

- 車速とパワーレベル
- 排水性舗装とパワーレベル
- 道路勾配とパワーレベル
- 高架構造物音
- 塀，建物等音響障害物による減音効果
- トンネル坑口音と低減対策

など道路交通騒音予測において重要な諸課題を取り上げ，その解決策（モデル化及び定式化の方法）を示すことにする．

# 文献

1) 総務庁統計局編, 第46回日本統計年鑑 (1997).

2) 通商産業省環境立地局監修, 公害防止の技術と法規, 騒音編 (産業環境管理協会, 1995).
3) 石井聖光, "道路交通騒音予測計算方法に関する研究（その1） －実用的な計算式について－", 日本音響学会誌, 31 巻 (1975) 507-517.
4) 日本音響学会, 日本音響学会道路交通騒音調査研究委員会 20 周年報告会・資料 (1994).
5) 池谷和夫, "数学的モデルと評価量について －道路交通騒音予測計算方法に関する研究 その (2) －", 日本音響学会誌, 31 巻 (1975) 559-565.
6) 石井聖光, "道路交通騒音予測計算方法に関する研究 －高さ別補正値 $\alpha_i$ について－", 日本音響学会誌, 33 巻 (1977) 426-430.
7) 佐々木実, 山下充康, "道路特殊箇所の騒音予測方法に関する検討 －トンネル坑口部周辺－", 日本音響学会誌, 40 巻 (1984) 554-558.
8) 佐々木実, 山下充康, "道路特殊箇所の騒音予測方法に関する検討 －インターチェンジ部周辺－", 日本音響学会誌, 40 巻 (1984) 638-643.
9) 橘秀樹他, 小特集 －道路交通騒音の予測：道路一般部を対象としたエネルギーベース騒音予測法 （日本音響学会道路交通騒音調査研究委員会報告）－, 日本音響学会誌, 50 巻 (1994) 227-252.
10) 日本音響学会道路交通騒音調査研究委員会, "道路交通騒音の予測モデル ASJ Model 1998", 日本音響学会誌, 55 巻 (1999) 281-324.
11) 特集 新しい環境影響評価の手法 －道路事業, 騒音制御, 24 巻 4 号 (2000).
12) 久野和宏, "騒音・振動評価の現状と問題点", 騒音制御, 17 巻 (1993) 1-3.
13) D. Gottlob, "Regulations for community noise", inter-noise 94 (1994) 43-56.
14) 久野和宏, "音と生活", 日本音響学会誌, 45 巻 (1989) 800-806.
15) 難波精一郎, "主観評価からみた等価騒音レベルによる騒音評価と課題", 騒音制御, 20 巻 (1996) 84-91.
16) 五十嵐寿一, "環境騒音測定に関する規格", 日本音響学会誌, 45 巻 (1989) 697-701.
17) 五十嵐寿一, "JIS-Z-8731:騒音レベル測定方法制定の経過", 騒音制御, 21 巻 (1997) 73-76.
18) 輿重治, "作業環境の騒音評価における $L_{Aeq}$ 導入の経緯", 騒音制御, 20 巻 (1996) 97-100.
19) 立川裕隆, "$L_{Aeq}$ を導入した在来線鉄道騒音指針の考え方", 騒音制御, 21 巻 (1997) 77-81.
20) 環境庁大気保全局自動車環境対策第二課監修, "道路周辺の交通騒音状況 7" ぎょうせい (1995.12).
21) 建設省道路局・土木研究所, 道路環境技術開発三箇年計画 (1996.12).
22) 下門優枝, "国道 43 号線訴訟最高裁判所判決について", 騒音制御, 20 巻 (1996) 74-77.
23) 環境庁大気保全局大気生活環境室, 騒音評価手法の在り方について －中央環境審議会騒音振動部会騒音評価手法等専門委員会中間報告－ (1996.11).

24) 環境庁, 騒音に係る環境基準の評価マニュアル I, 基本評価編 (1999.6).
25) 中央環境審議会, 騒音の評価手法等の在り方について（自動車騒音の要請限度）答申 (1999.10).
26) JIS Z8731:1999「環境騒音の表示・測定方法」, 日本工業標準調査会 (1999).
27) 国道 43 号・阪神高速神戸線環境対策連絡会議, 国道 43 号及び阪神高速神戸線に係る環境対策の検討状況について（中間取りまとめ）(1995.11).
28) 道路環境技術研究会, 道路環境技術開発の新たな展開 (1997.3).
29) 環境庁編, 環境基本計画, 大蔵省印刷局 (1994.12).
30) 環境庁環境影響評価制度推進室, 速報環境影響評価法, ぎょうせい (1997.7).
31) 建設省土木研究所, 道路環境影響評価の技術手法 その 1～その 4 (2000.10).
32) 日本道路協会, 道路環境整備マニュアル（丸善, 1989）.

# 第2章　時間率騒音レベル $L_{A\alpha}$ と等価騒音レベル $L_{Aeq}$

　道路交通騒音をはじめ，一般の環境騒音のレベルは時々刻々不規則かつ大幅に変化する。この様な変動騒音を評価するには観測波形（騒音レベルの時間変化）を処理し，適切な代表値を求める必要がある。この代表値を騒音評価量といい，時間率騒音レベル $L_{A\alpha}$ （$\alpha = 5, 50, 95$）や等価騒音レベル $L_{Aeq}$ が用いられる。

　本章では道路交通騒音の計測・評価，従って予測対象として重要である $L_{A\alpha}$ 及び $L_{Aeq}$ について概説する。

## 2.1　音圧レベルと騒音レベル

　音の定量表示には通常，マイクロホンにより音圧 $p$ を測定し，対数に変換した音圧レベル

$$L_p = 20 \log_{10} \frac{p}{p_0} = 10 \log_{10} \left(\frac{p}{p_0}\right)^2 \quad [\text{dB}] \tag{2.1}$$

を用いる。単位はデシベル [dB] で，基準値 $p_0$ は最小可聴音圧 $20\mu\text{Pa}$ である。

　この音圧レベル $L_p$ を耳の感度を考慮し，周波数重みを持つ電気回路（A 特性フィルタ）で補正したレベルを騒音レベル又は A 特性音圧レベル $L_{pA}$ という。図 2.1 に音圧レベルと騒音レベルの概念図を示す。単位はともに dB であるが，騒音レベル $L_{pA}$ は A 特性音圧 $p_A$ （A 特性フィルタを通した音圧）のレベル表示

$$L_{pA} = 10 \log_{10} \left(\frac{p_A}{p_0}\right)^2 \quad [\text{dB}] \tag{2.2}$$

であることに留意すべきである。騒音計により計測表示される騒音レベルはこの

A 特性音圧レベルであり，耳で聞く音の大きさのレベルを模擬した量である [1)2)]。

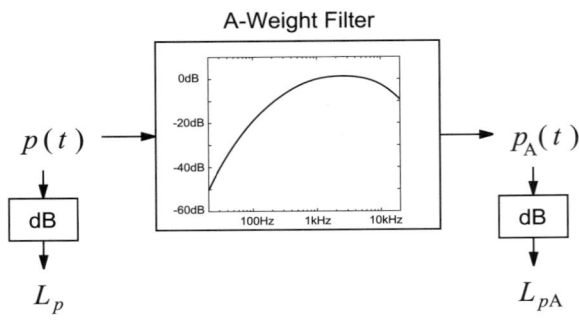

図 2.1: 音圧レベルと騒音レベル（概念図）

## 2.2 時間率騒音レベル $L_{A\alpha}$

時々刻々不規則に変動する騒音レベルの大きさを代表する評価量として従来から用いられてきたものに時間率騒音レベル $L_{A\alpha}$ がある。$L_{A\alpha}$ はこの値を越える騒音レベルの時間が全体の $\alpha\%$ を占めるレベルをいい（図 2.2），騒音レベルの累積度数分布における $(100-\alpha)\%$ 値，即ち上位 $\alpha\%$ 値に相当する。我が国の従来の環境基準は $\alpha = 50$，いわゆる騒音レベルの中央値 $L_{A50}$ を用いて設定されており，道路交通騒音の測定においては図 2.3 に示すように $L_{A50}$ とともに騒音の変動幅の尺度として $L_{A5}$ 及び $L_{A95}$（騒音レベルの 90%レンジの上下端値）を同時に求めるのが通例であった。適切な時間間隔（通常 0.5 秒～数秒）で騒音レベルをサンプリングし，累積度数分布を描き，$L_{A50}$ 及び $L_{A5}$，$L_{A95}$ を読みとればよい。

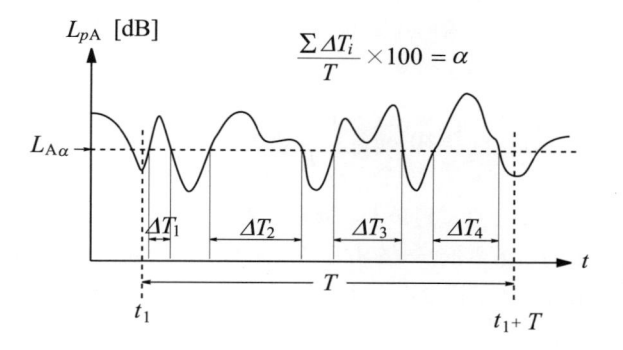

図 2.2: 変動騒音と時間率騒音レベル $L_{A\alpha}$ の関係

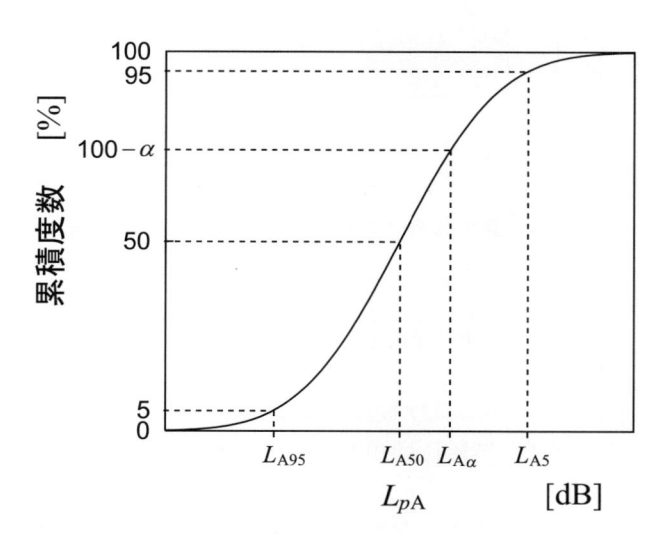

図 2.3: 騒音レベルの累積度数分布

## 2.3 等価騒音レベル $L_{\mathrm{Aeq}}$

瞬時 A 特性音圧 $p_{\mathrm{A}}(t)$ の時間長 $T$ にわたる実効値（自乗時間平均）のレベル表示を等価騒音レベルといい

$$L_{\mathrm{Aeq},T} = 10\log_{10}\left\{\frac{1}{T}\int_{t_1}^{t_1+T}\frac{p_{\mathrm{A}}^2(t)}{p_0^2}\,dt\right\} \tag{2.3}$$

で表される。これは受音点に到来する騒音エネルギーの時間平均レベルであり，変動騒音をそれと同じエネルギーを有する一定レベルの騒音（定常騒音）により評価することを意味する（図 2.4）。上式は瞬時騒音レベル $L_{p\mathrm{A}}(t)$ を用いれば

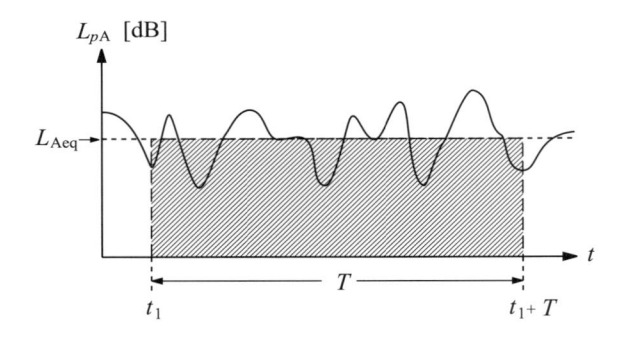

**図 2.4:** 変動騒音と等価騒音レベル $L_{\mathrm{Aeq}}$ の関係

$$L_{\mathrm{Aeq},T} = 10\log_{10}\left\{\frac{1}{T}\int_{t_1}^{t_1+T}10^{L_{p\mathrm{A}}(t)/10}dt\right\} \tag{2.4}$$

と書かれる。時間長 $T$ の単位は秒 [s] であるが時間 [h] 又は分 [min] で表示してもよく，$L_{\mathrm{Aeq},T}$ の添字 $T$ は時間長が明白な場合には省略し $L_{\mathrm{Aeq}}$ と表されることも多い。

平成 11 年 4 月 1 日に施行された新しい環境基準では環境騒音の評価量として，従来用いられてきた $L_{\mathrm{A}50}$ に代わり $L_{\mathrm{Aeq}}$ が採用され注目を集めている。実際面では $L_{\mathrm{Aeq}}$ の役割が高くなるのは必然である。とは言え，変動騒音の評価量として $L_{\mathrm{A}50}$ の学術上における関心と重要さが減じた訳ではない。本書ではこの点と

我が国における道路交通騒音の計測・評価に関する歴史的経緯を踏まえ，予測対象として等価騒音レベル $L_{\text{Aeq}}$ 及び時間率騒音レベル $L_{\text{A}\alpha}(\alpha = 5, 50, 95)$ を標的に掲げている。

なお，騒音評価量 $L_{\text{A}\alpha}$ 及び $L_{\text{Aeq}}$ の詳細については JIS Z8731:1983「騒音レベル測定方法」，同:1999「環境騒音の表示・測定方法」又はそれらの解説書を参照されたい[3][4]。

# 文献

1) 西山静男, 池谷和夫, 山口善司, 奥島基良, 音響振動工学（コロナ社,1979）.
2) 久野和宏編, 騒音と日常生活（技報堂出版, 2003）.
3) 五十嵐寿一, "JIS-Z-8731:騒音レベル測定方法制定の経過", 騒音制御, 21 巻 (1997) 73-76.
4) JIS Z8731:1999「環境騒音の表示・測定方法」, 日本工業標準調査会 (1999).

# 第3章　環境基準と要請限度

　環境基準とは生活環境を保全し，人の健康の保護に資する上で維持されることが望ましい基準である．道路交通騒音の影響を抑制し，周辺の音環境を保全する上で騒音に係る環境基準の果たす役割は大きく，新設道路のアセスメント等における保全目標とされることが多い．一方，都道府県知事が道路周辺の生活環境が著しく損なわれているとして交通規制を要請する場合の基準となるものが自動車騒音の限度（いわゆる要請限度）である．要請限度は供用中の道路における交通規制という発生源対策の要否を判断する際の基準であり，環境基準とはその性格が異なる．

　環境基準も要請限度も我が国では従来いずれも騒音レベルの中央値 $L_{A50}$ を基に設定されていたが，騒音評価の在り方について見直しが行われ，前述（1.3.6項）のごとく $L_{Aeq}$ に基づく新しい環境基準及び要請限度が誕生した．

　本章では $L_{A50}$ に基づく従来の環境基準（旧環境基準），$L_{Aeq}$ に基づく新しい環境基準（新環境基準）及び両者の主要な相違点について概説するとともに，新・旧要請限度の対応についても述べる．

## 3.1　$L_{A50}$ に基づく従来の環境基準（旧環境基準）

　昭和46年5月25日，閣議決定された騒音に係る環境基準（旧環境基準）は騒音レベルの中央値 $L_{A50}$ により設定されている．一般地域と道路に面する地域に分け，時間帯ごとに基準値が定められている（表3.1）．道路に面する地域とは道路騒音の寄与が卓越している地域であり，地域類型と道路の車線数により区分されている[1]．この $L_{A50}$ による基準は平成11年3月31日まで30年近くにわたり我が国の騒音行政の支柱となっていた．

表 3.1: $L_{A50}$ に基づく旧環境基準

(a)一般地域

| 地域の類型 | 該当地域 | 時間の区分 | | |
|---|---|---|---|---|
| | | 昼間(8:00~19:00) | 朝(6:00~8:00) 夕(19:00~22:00) | 夜間(22:00~6:00) |
| AA | 特に静穏を要する地域 | 45dB 以下 | 40dB 以下 | 35dB 以下 |
| A | 住居専用地域及び住居地域 | 50dB 以下 | 45dB 以下 | 40dB 以下 |
| B | 商業系地域及び工業系地域 | 60dB 以下 | 55dB 以下 | 50dB 以下 |

(b)道路に面する地域

| 地域の区分 | 時間の区分 | | |
|---|---|---|---|
| | 昼間(8:00~19:00) | 朝(6:00~8:00) 夕(19:00~22:00) | 夜間(22:00~6:00) |
| A 地域のうち二車線を有する道路に面する地域 | 55dB 以下 | 50dB 以下 | 45dB 以下 |
| A 地域のうち二車線を超える車線を有する道路に面する地域 | 60dB 以下 | 55dB 以下 | 50dB 以下 |
| B 地域のうち二車線以下の車線を有する道路に面する地域 | 65dB 以下 | 60dB 以下 | 55dB 以下 |
| B 地域のうち二車線を超える車線を有する道路に面する地域 | 65dB 以下 | 65dB 以下 | 60dB 以下 |

## 3.2　$L_{Aeq}$ に基づく環境基準（新環境基準）

平成 10 年 9 月 30 日環境庁告示第 64 号により等価騒音レベル $L_{Aeq}$ に基づく新しい環境基準（表 3.2）が誕生し，平成 11 年 4 月 1 日より施行されている [2)3)4)]。旧環境基準（表 3.1）との主な相異点を列挙すれば

- 騒音評価量が $L_{A50}$ から $L_{Aeq}$ に変更された
- 1 日の時間区分が朝，昼間，夕，夜間の 4 区分から昼間（午前 6 時から午後

表 3.2: $L_{\text{Aeq}}$ に基づく新環境基準

(a)一般地域

| 地域の類型 | 該当地域 | 時間の区分 | |
|---|---|---|---|
| | | 昼間（6:00〜22:00） | 夜間（22:00〜6:00） |
| AA* | 特に静穏を要する地域 | 50dB 以下 | 40dB 以下 |
| A* | 住居専用地域 | 55dB 以下 | 45dB 以下 |
| B* | 住居地域 | | |
| C* | 商業系地域及び工業系地域 | 60dB 以下 | 50dB 以下 |

(b)道路に面する地域

| 地域の区分 | 時間の区分 | |
|---|---|---|
| | 昼間（6:00〜22:00） | 夜間（22:00〜6:00） |
| A*地域のうち2車線以上の車線を有する道路に面する地域 | 60dB 以下 | 55dB 以下 |
| B*地域のうち2車線以上の車線を有するか、C*地域のうち車線を有する道路に面する地域 | 65dB 以下 | 60dB 以下 |
| 特例 幹線道路に近接する空間 | 70dB 以下 [45dB 以下] | 65dB 以下 [40dB 以下] |

注：[　] 内は屋内基準

10 時）と夜間（午後 10 時から翌朝 6 時）の 2 区分に変更された
- 地域類型において住居系 A 地域を住居専用 A*地域及び住居 B*地域に細分した
- 車線数による道路の区分を廃止し，幹線道路とその他に 2 分するとともに「道路に面する地域」に特例として幹線道路近接空間を導入した．また幹線道路近接空間においては場合により屋内基準を適用できるとした
- 評価は個別の住居等が影響を受ける騒音レベルによることを基本とした（従来のアセスメントでは道路騒音の予測，評価は官民境界，地上高さ 1.2m において行われていた）

ことなどである。

なお新環境基準の地域類型には A*, B* のように便宜上 * を付し，旧基準のそれらと区別した。

図 3.1 および図 3.2 は全国の自動車騒音の状況を新環境基準に基づき平成 11 年度に調査した結果である。全国 3,380 地点において地方自治体が行った自動車騒音の測定結果を環境庁が取りまとめたものである。$L_{Aeq}$ による新しい基準の達成状況は沿道 (道路に面する地域) では昼夜とも不適合が約 50%を占めている。特に大都市における幹線道路近接空間では 70%が不適合となっている [5]。また近接空間において基準を 5dB 以上超える地点は全国で昼間 7%，夜間 24%，10dB 以上超える地点は昼間 0.1%, 夜間 3.4%あることが知られる。

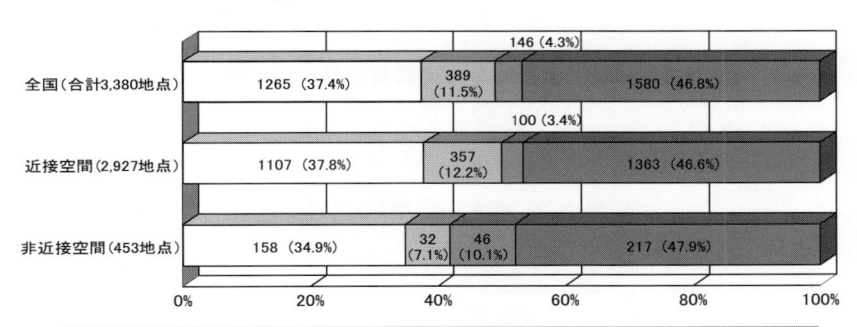

| 区分 | 昼夜間とも基準値以下 | 昼間のみ基準値以下 | 夜間のみ基準値以下 | 昼夜間とも基準値超過 |
|---|---|---|---|---|
| 全国(合計3,380地点) | 1265 (37.4%) | 389 (11.5%) | 146 (4.3%) | 1580 (46.8%) |
| 近接空間(2,927地点) | 1107 (37.8%) | 357 (12.2%) | 100 (3.4%) | 1363 (46.6%) |
| 非近接空間(453地点) | 158 (34.9%) | 32 (7.1%) | 46 (10.1%) | 217 (47.9%) |

(注)　「近接空間」：2 車線以下の車線を有する幹線交通を担う道路※　15メートル
　　　　　　　　　　2 車線を越える車線を有する幹線交通を担う道路　20メートル
　　　　　※幹線交通を担う道路：高速自動車国道，一般国道，都道府県道，
　　　　　　　　　　　　　　　　4 車線以上の市町村道及び自動車専用道路
　　　「非近接空間」：近接空間以外
(出典　環境庁：平成 11 年度自動車交通騒音の現況について，平成 12年12月)

図 3.1: 全国の自動車交通騒音の状況（平成 11 年度）

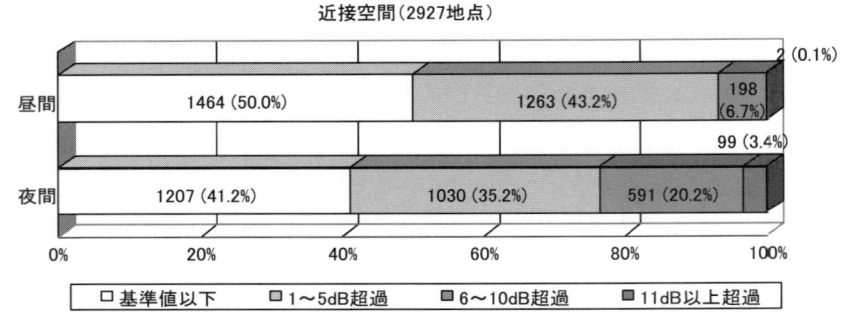

近接空間（2927地点）

昼間: 1464 (50.0%) | 1263 (43.2%) | 198 (6.7%) | 2 (0.1%)
夜間: 1207 (41.2%) | 1030 (35.2%) | 591 (20.2%) | 99 (3.4%)

□ 基準値以下　■ 1～5dB超過　■ 6～10dB超過　■ 11dB以上超過

（出典　環境庁：平成 11 年度自動車交通騒音の現況について，平成 12 年 12 月）

図 3.2: 時間帯別の自動車交通騒音の状況（平成 11 年度）

表 3.3: 新・旧要請限度の比較

単位(dB)

| 地域区分 | 旧要請限度($L_{A50}$) | | | 新要請限度($L_{Aeq}$) | |
|---|---|---|---|---|---|
| | 1 車線 | 2 車線 | 2 車線超 | 1 車線 | 2 車線以上 |
| 住居専用地域 | 55/45 | 70/55 | 75/60 | 65/55 | 70/65 (75/70) |
| 住居地域 | 60/50 | | | | |
| 商工業系地域 | 70/60 | 75/65 | 80/65 | 75/70 (75/70) | |

注 1 : 欄内の数値は要請限度で　昼間／夜間
　　　（　）内の数値は幹線道路近接空間における特例
注 2 : 旧要請限度の朝・夕の値は省略した

## 3.3 自動車騒音の要請限度

　騒音に係る環境基準の改定に引き続き，自動車騒音の要請限度に関しても騒音の評価方法及び限度値等について見直しが行われた。従来の要請限度（自動車騒音の限度を定める命令：昭和46年6月23日，総理府・厚生省令第3号）は旧環境基準と同様，騒音レベルの中央値 $L_{A50}$ により地域区分別，時間帯別に車線数を考慮し設定されている（表3.3）。この場合の地域区分及び車線数は旧環境基準の道路に面する地域（表3.1）より細かく区分されているが，概ね対応付けが可能であり，要請限度は旧環境基準に5～15dB加算した値となっている[1]。

　改定に際しては，従来の要請限度（旧要請限度）との継続性及び新環境基準との整合性に留意しつつ検討が進められた。その結果，$L_{Aeq}$ に基づく新しい要請限度（新要請限度）が設定され，平成12年4月1日施行された。表3.3に新・旧要請限度の比較を示す。新しい要請限度では時間帯のみならず地域区分や車線数に関する大幅な統合が行われていることが分る[3,6]。

## 文献

1) 子安勝編, 騒音・振動（上）, （コロナ社, 1978）.
2) 環境庁, 騒音に係る環境基準の評価マニュアル I, 基本評価編 (1999.6).
3) 通商産業省環境立地局監修, 三訂・公害防止の技術と法規　騒音編　5版（丸善, 2000）.
4) 藤田八暉, "騒音防止関係法制の現状", 騒音制御, 25巻 (2001) 59-65.
5) 滝沢晶, "道路交通騒音に関する対策", 騒音制御, 25巻 (2001) 70-79.
6) 中央環境審議会, 騒音の評価手法等の在り方について（自動車騒音の要請限度）答申 (1999.10).

# 第4章　道路交通騒音予測の骨組み（フロー）と基本的考え方

　道路交通騒音の予測計算法はどの様な考えに基づき組み立てられているのであろうか。本章ではその骨組みと基本となる考え方を **ASJ Model 1975** 及び **ASJ Model 1998** を例に概説する。また予測（推定）精度を高め，実用的な計算法を構築する上での留意事項について述べる。

## 4.1　予測計算の骨組み

　道路交通騒音の予測計算の骨子は言わば交通流からの音の放射（発生）・伝搬・受音のプロセスをモデル化し定式化することである。それには交通流（交通条件）から車両の音響出力（パワーレベル）を設定し，道路及びその周辺条件から騒音の伝達関数を求め，各車両からの寄与（騒音影響）を受音点において合成する方法を与えればよい。図 4.1 にその概要を示す。即ち，道路交通騒音予測とは道路・交通条件及び周辺条件から騒音評価量を算定する手続き（アルゴリズム）であると言えよう。予測計算の骨子となる図の3つの構成要素と関連事項をまとめ表 4.1 に示す。この様に騒音の発生→伝搬→受音という物理的なプロセスに従い，予測の前提条件を用いながら計算が実行される。通常，この予測計算の手順は流れ図として表現される。

## 4.2　予測計算の流れ

　代表的な流れ図の例を2つ示す。図 4.2 はいわゆる音響学会式（**ASJ Model 1975**）に基づき道路交通騒音の $L_{A50}$ を算定するための流れ図としてアセスメン

## 4.2. 予測計算の流れ

```
騒音の発生                  ←---- 道路・交通条件
(音源の出力、配列など)
    ↓
伝　搬                      ←---- 道路構造及び周辺条件
(伝達関数)
    ↓
受　音　など                ←---- 騒音評価量
($L_{Aeq}$、$L_{A\alpha}$など)
```

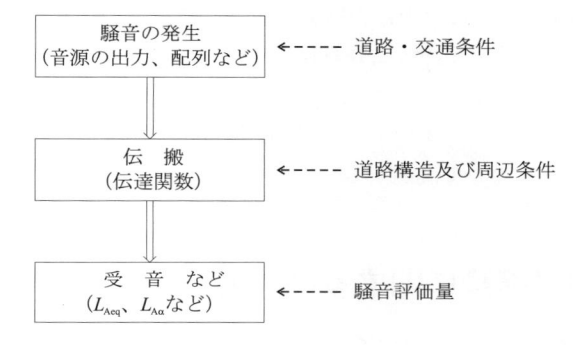

図 4.1: 予測のプロセス

表 4.1: 予測のプロセスと関連事項

| 予測プロセス | 予測の前提条件 | | 予測の構成要素 |
|---|---|---|---|
| 発生（音源） | 交通条件 | 交通量<br>車速<br>車種構成・配列 | 車両の音響出力(PWL)<br>及びパワースペクトル<br>車種配列 |
| | 道路条件 | 舗装・道路勾配 | |
| 伝　搬 | | 道路構造 | 伝達関数（ユニットパターン）<br>回折補正 |
| | 周辺条件 | 遮音壁・建物等<br>地形・地表面<br>気象（風、温湿度） | |
| 受　音 | 騒音評価量 | | $L_{Aeq}$<br>$L_{A\alpha}$<br>補正（実測とのギャップ） |

**34** 第 4 章 道路交通騒音予測の骨組み（フロー）と基本的考え方

ト等において従来しばしば引用されてきたものである [1][2]。また図 4.3 は道路交通騒音の $L_\text{Aeq}$ を算定するために音響学会が新たに開発した **ASJ Model 1998** のフローチャートである [3][4]。これらはいずれも騒音の発生→伝搬→受音に沿って構成されており，前節で述べた予測の骨組みと手順を理解するのに便利である。なお，この 2 つのフローチャートには予測式を構築する際の基本的な考え方に差があり，次にそれについて説明する。

## 4.3 予測式構築に関する考え方

流れ図 4.2（**ASJ Model 1975**）では電卓と補正量 $\alpha_d$, $\alpha_i$ に関する簡単な図表があれば誰でも $L_\text{A50}$ を手軽に算定することができる。一方，流れ図 4.3 及び 4.4（**ASJ Model 1998**）に依れば $L_\text{Aeq}$ の算定手続きは単純明快であるが，実際に実行するとなると計算機を駆使することが必要となる。この差はどこから生ずるのであろうか。後述（4.5 参照）の様に通常 $L_\text{Aeq}$ の方が $L_\text{A50}$ に比し予測が容易であることから原因は他に求めなければならない。実は上記の 2 つのモデルでは予測式構築に関する考え方に根本的な相異があり，それが騒音の伝搬計算への対応に色濃く投影されている。

### 4.3.1　ASJ Model 1975 の基本姿勢

この Model の基本的な考えは "Simple is best" である。単純明快な予測モデルを構築するために

① 理想化された状況下での予測式をベースとする。
② 現実とのギャップは補正量により対応する。

ことの 2 点が柱となっている。

上記①に関しては車両の音響出力や騒音の伝搬特性を理想化し $L_\text{A50}$ を算定するための簡単な基本式を与えている。

また②としては回折補正量 $\alpha_d$ と種々の原因による補正量 $\alpha_i$ からなる。このうち $\alpha_d$ は騒音の伝搬途中における音響障害物による減音量（回折補正）であり，模型実験結果を基に簡単な図表に整理されている。一方，①の基本式に回折補正 $\alpha_d$

4.3. 予測式構築に関する考え方　**35**

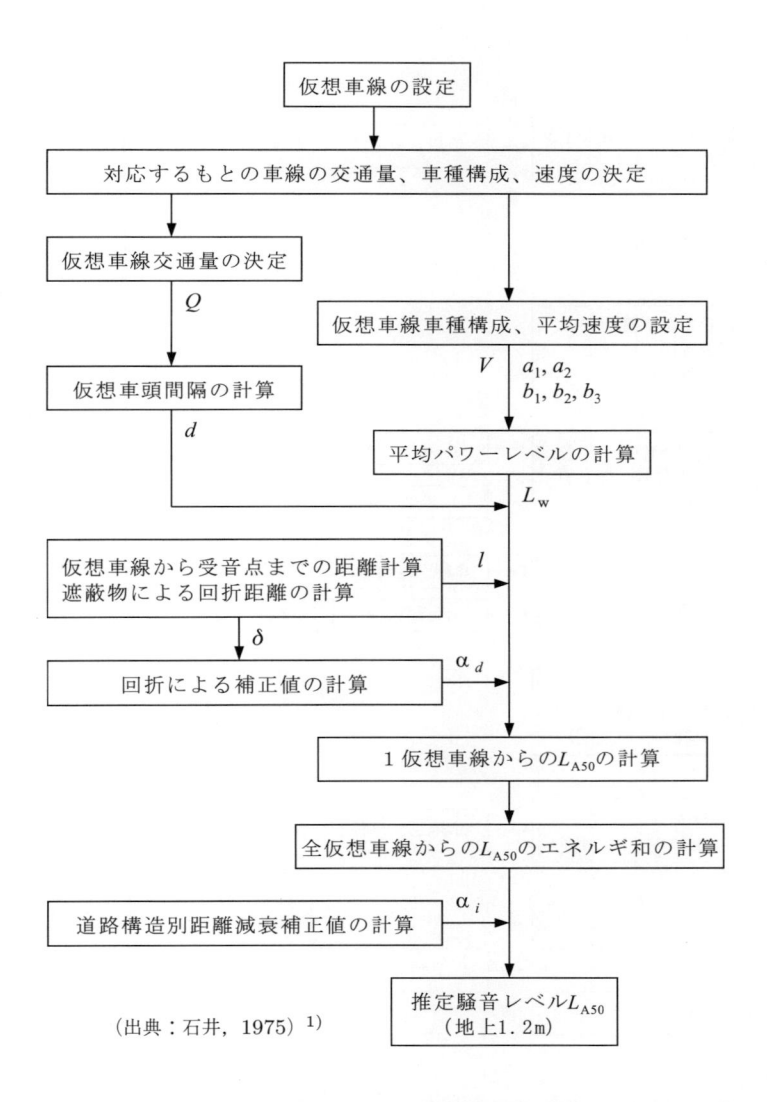

```
                           ┌──────────────────┐
                           │  仮想車線の設定  │
                           └────────┬─────────┘
                                    ↓
              ┌──────────────────────────────────────────┐
              │ 対応するもとの車線の交通量、車種構成、速度の決定 │
              └──┬─────────────────────────────┬─────────┘
                 ↓                              ↓
       ┌──────────────────┐         ┌──────────────────────────┐
       │ 仮想車線交通量の決定 │         │ 仮想車線車種構成、平均速度の設定 │
       │        Q         │         └──────────────┬───────────┘
       └────────┬─────────┘            V │ $a_1, a_2$
                ↓                        │ $b_1, b_2, b_3$
       ┌──────────────────┐              ↓
       │ 仮想車頭間隔の計算  │         ┌──────────────────┐
       │        d         │         │ 平均パワーレベルの計算 │
       └────────┬─────────┘         └────────┬─────────┘
                │                            │ $L_\mathrm{w}$
                │                            │
       ┌────────┴──────────────────┐        │ $l$
       │ 仮想車線から受音点までの距離計算 │────────→│
       │ 遮蔽物による回折距離の計算    │         │
       └────────────┬──────────────┘         │
                    ↓ δ                      │ $\alpha_d$
       ┌──────────────────────┐              │
       │  回折による補正値の計算  │─────────────→│
       └──────────────────────┘              ↓
                                ┌─────────────────────────┐
                                │ 1仮想車線からの$L_{A50}$の計算 │
                                └────────────┬────────────┘
                                             ↓
                                ┌──────────────────────────────┐
                                │ 全仮想車線からの$L_{A50}$のエネルギ和の計算 │
                                └────────────┬─────────────────┘
       ┌──────────────────────────┐         │ $\alpha_i$
       │ 道路構造別距離減衰補正値の計算 │─────────→│
       └──────────────────────────┘         ↓
                                ┌──────────────────────┐
                                │ 推定騒音レベル$L_{A50}$ │
                                │   （地上1.2m）        │
                                └──────────────────────┘
```

（出典：石井, 1975）[1]

**図 4.2: 騒音レベル中央値 $L_{A50}$ 推定計算の流れ (ASJ Model 1975)**

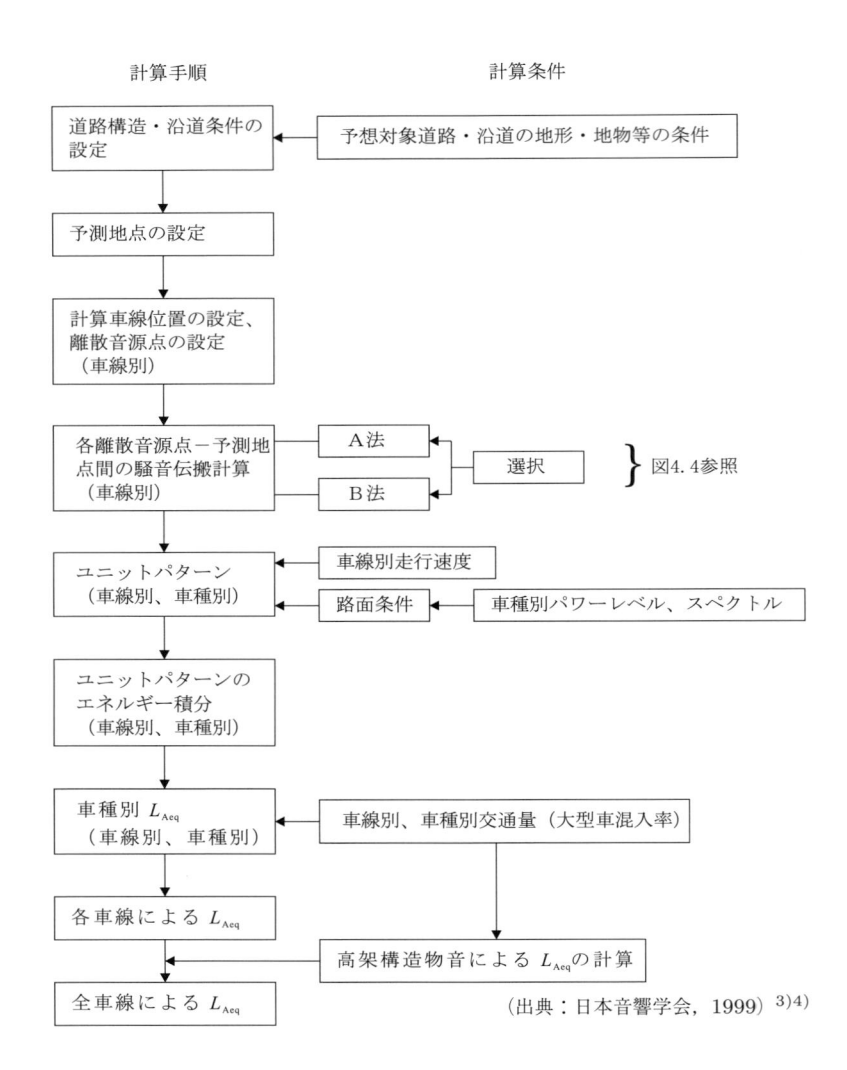

# 第4章 道路交通騒音予測の骨組み（フロー）と基本的考え方

```
計算手順                           計算条件

道路構造・沿道条件の  ←  予想対象道路・沿道の地形・地物等の条件
設定
    ↓
予測地点の設定
    ↓
計算車線位置の設定、
離散音源点の設定
（車線別）
    ↓
各離散音源点－予測地 → A法  ←
点間の騒音伝搬計算       選択  } 図4.4参照
（車線別）          → B法  ←
    ↓
ユニットパターン    ← 車線別走行速度
（車線別、車種別）
                    ← 路面条件 ← 車種別パワーレベル、スペクトル
    ↓
ユニットパターンの
エネルギー積分
（車線別、車種別）
    ↓
車種別 $L_{Aeq}$    ← 車線別、車種別交通量（大型車混入率）
（車線別、車種別）
    ↓
各車線による $L_{Aeq}$
    ↓              ← 高架構造物音による $L_{Aeq}$ の計算
全車線による $L_{Aeq}$
                （出典：日本音響学会，1999）[3)4)]
```

図 4.3: 道路交通騒音の予測計算の手順 (ASJ Model 1998)

4.3. 予測式構築に関する考え方   37

```
                            ┌──────────────┐
                            │ 騒音伝搬計算  │
                            └──────┬───────┘
                    ┌──────────────┴──────────────┐
                    ▼                             ▼
                 ┌─────┐                       ┌─────┐
                 │ A法 │                       │ B法 │
                 └──┬──┘                       └──┬──┘
```

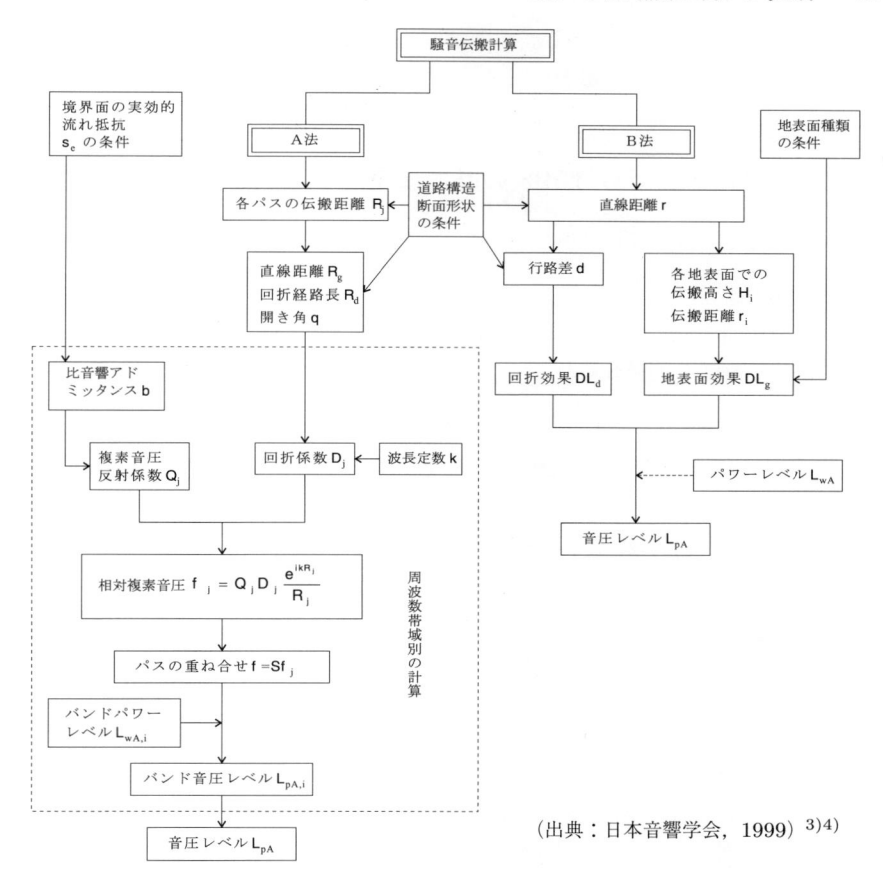

境界面の実効的流れ抵抗 $s_e$ の条件

道路構造断面形状の条件

地表面種類の条件

A法:
- 各パスの伝搬距離 $R_j$
- 直線距離 $R_g$、回折経路長 $R_d$、開き角 $q$
- 比音響アドミッタンス $b$
- 複素音圧反射係数 $Q_j$
- 回折係数 $D_j$ ← 波長定数 $k$
- 相対複素音圧 $f_j = Q_j D_j \dfrac{e^{ikR_j}}{R_j}$
- パスの重ね合せ $f = S f_j$
- バンドパワーレベル $L_{wA,i}$
- バンド音圧レベル $L_{pA,i}$
- 音圧レベル $L_{pA}$

(周波数帯域別の計算)

B法:
- 直線距離 $r$
- 行路差 $d$
- 各地表面での伝搬高さ $H_i$、伝搬距離 $r_i$
- 回折効果 $DL_d$
- 地表面効果 $DL_g$
- パワーレベル $L_{wA}$
- 音圧レベル $L_{pA}$

(出典：日本音響学会，1999)[3][4]

**図 4.4: 騒音伝搬計算の手順 (ASJ Model 1998)**

を加えて得られる計算値と実測値の間の系統的な差を抽出した量が $\alpha_i$ であり，道路構造別，高さ別，距離別に整理され図表化されている。かくして単純な計算式に簡単な補正（$\alpha_d$ 及び $\alpha_i$）を施すことにより手軽に $L_{A50}$ が求められる。この予測法は現実離れした仮定（条件）から導かれた基本式をベースに組み立てられているにもかかわらず，簡便で実用的な価値を有するのは $\alpha_i$ によるところが大きい。$\alpha_i$ が実測値と計算値との間の系統的なギャップを埋め，それにより両者の整

合がはかられているからである。この予測法の特徴である単純，明快さと実用性は $\alpha_i$ により支えられているといっても過言ではない。

## 4.3.2　ASJ Model 1998 の基本姿勢

とは言え予測計算法の

- 精度の改善
- 適用範囲の拡大
- 物理的意味の明確化

などを目ざすとき，$\alpha_i$ は大きな障害（物理的にあいまいな予測残差）と映るであろう。事実，道路交通騒音調査研究委員会においても前述の **ASJ Model 1975** の見直しと改良に際し矢面に立たされたのが $\alpha_i$ であり，急速に $\alpha_i$ 離れが始まった。それに主たる予測対象となる騒音評価量が環境基準の改定に伴い $L_{A50}$ から $L_{Aeq}$ に変更されたことにより

- 車種配列（車頭間隔分布）から開放され
- 騒音エネルギーの時間平均値を算定すればよく

これらは何れも予測法構築にとって好都合な材料であり，予測における物理的側面がさらに強調されることとなった。路面や地表面，音響障害物に対し現実的な条件設定を行い，騒音の伝達関数を精密に求めることに関心が集まった。即ち道路及び周辺条件をできるだけ現実に即し設定することにより $\alpha_d$（回折効果）のみならず，$\alpha_i$ に含まれる地表面効果等をも取り入れた伝達関数の算定法の開発に力が注がれた。かくして，登場した **ASJ Model 1993** 及びその改良版である **ASJ Model 1998** では

① モデルの物理的意味をできるだけ明確にすること（モデルを物理的に純化させること）
② 道路及び周辺条件の設定を現実に近づけること

を柱とし，1 台の走行車両に伴う受音波形（ユニットパターン）を精密に算出することに意を用いている。ユニットパターンが与えられればその積分値と交通条件とから容易に $L_{Aeq}$ が算定されるからである。しかしながら現実の道路や周辺

条件に対し，ユニットパターンを正確に求めることは極めて困難であり，かつ手間のかかる作業である．そのためにユニットパターンの算定式の中にある種の未知パラメータ（地表面の流れ抵抗など）を含ませ，実測データと照合するなど適切な方法で推定し用いることとなる．

　以上，一般論としてユニットパターンは大変有用である．実測等によりユニットパターンが与えられれば $L_{\text{Aeq}}$ や $L_{\text{A50}}$ はこれと交通条件から容易に算定できる．しかしながら計算によりユニットパターンを正確に求めようとすればするほど面倒で困難な作業が増加する．**ASJ Model 1998** の流れ図 4.3 及び 4.4 はこのことを端的に物語っている．ユニットパターンを精度よく求めるためには計算機に頼らざるを得ないし，予測結果の見通しも悪くなる．

### 4.3.3　中道を行く（もう一つの姿勢）

　**ASJ Model 1975** ではユニットパターンと車種配列を理想化した代償として補正値 $\alpha_i$ を導入し現実との調整をはかっている．一方，**ASJ Model 1998** では現実に即したユニットパターンを計算機を駆使して求めることによりあいまいな補正値を排除している．ここに予測式構築に関する基本的な姿勢の相異がある．然るに $L_{\text{Aeq}}$ や $L_{\text{A50}}$ などの騒音評価量を算定するにはユニットパターンの微細な形状はあまり重要ではない．ピーク近傍の主要な概形が得られれば十分であろう．そのための方策として理想的な状況下でのユニットパターンに適切な過剰減衰因子（地表面効果等）を加味することにより現実を模擬することが考えられる．これにより簡便でコンパクトな（見通しのよい）予測法構築の可能性がある．

　さらに評価量として $L_{\text{Aeq}}$ に注目するのであれば，最終的にはユニットパターンの積分値が算定できれば良く，この点に留意すれば線音源モデル（道路を線音源と見なしたモデル）等に基づく簡易な予測式の導出が可能となる．

## 4.4　バイアス誤差とランダム誤差

　よい予測法の条件は適用範囲が広く，結果が見通せ，誤差（実測値との差）が小さいことである．予測誤差には図 4.5 に示すように実測値からの系統的な偏差（バイアス誤差）とその周りの不規則なばらつき（ランダム誤差）がある．この 2

種類の誤差がともに小さいことが大切であるが，前者はそれを抽出し，予測式にフィードバックすることにより予測値を補正し，精度を高めることができる。一方，後者は不規則な誤差であり，これを軽減するにはばらつきの原因をつきとめ対策を立てる必要がある。

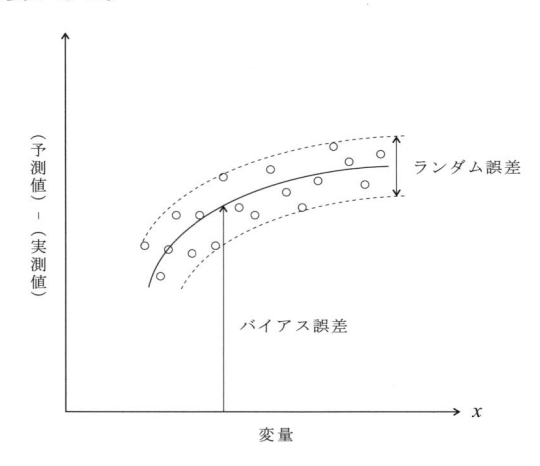

図 4.5: バイアス誤差とランダム誤差

## 4.5 評価量と予測式

予測計算法は騒音評価量によっても影響を受ける。等価騒音レベル $L_{Aeq}$ の算定には交通条件として車種別交通量と平均車速が与えられればよいが，時間率騒音レベル $L_{A\alpha}$（$\alpha = 5, 50, 95$）の算定にはさらに車種配列（車頭間隔の分布）が必要である。道路上の車の配列にはさまざまな場合が考えられるが，等間隔または無秩序であると想定して取扱うことが多く，前者を等間隔モデル，後者を指数分布モデルと呼んでいる。**ASJ Model 1975** は良く知られているごとく，等間隔モデルに基づく $L_{A50}$ の予測計算法である。$L_{A\alpha}$ や騒音レベルの分布を予測するには車種配列をも与えねばならず，$L_{Aeq}$ の予測に比し一般に複雑になる。従って $L_{A\alpha}$ に関する簡便な予測式を得るには車種配列（車頭間隔の分布）を適切に処理する必要がある。またこれにより $L_{Aeq}$ と $L_{A\alpha}$ の関係を導くことも可能となる。

## 4.6　波動論とエネルギー音線法

　音の放射及び伝搬等の物理現象を記述するには大別して波動論と音線（音のエネルギー流）を用いる方法がある。道路交通騒音予測においても両者が用いられている。波動論は通常，厳密で一般的な方法とされ，エネルギー音線法は簡便で近似的な方法と見なされている。因に従来の **ASJ Model 1975** はエネルギー音線法に基づく簡易な方法である。一方，**ASJ Model 1998** には伝搬計算に関しA法とB法があり，A法は波動論に基づく精密な方法とされ，B法はそれをエネルギー音線法により近似した簡易法とされている。波動論を適用するには精細な条件設定と複雑で面倒な計算が必要となる。即ち

① 音源のパワースペクトル
② 地表面や音響障害物などの境界条件

を設定し，周波数成分ごとに伝搬計算を行い合成する。地表面による音の吸収や障壁等による回折効果は音波の周波数や位相に依存するため細かな配慮が要求される。波動論は物理的に厳密で一般論としては優れているが具体的な道路交通騒音予測に適用するには現場の条件設定が困難であり，かつ膨大な計算を必要とすることから必ずしも得策ではない。従って実務的にはエネルギー音線法に基づく予測が主流となっている。それにはまた道路交通騒音に特有の次のような事情もある。

- 個々の自動車は音源として独立であり，放射波は相互に非干渉（無相関）である。
- 自動車騒音は周波数帯域が広く，かつ各周波数成分の位相は不規則である（放射音の位相は無秩序で雑音的である）。

このように非干渉的で位相関係が不確かな波はエネルギー的に合成（加算）することができるからである。とは言え，音響障害物（遮音壁，建物等）による騒音の回折は純波動現象であり，車のパワースペクトル（音響出力の周波数構成）を考慮し補正値を算定する必要がある。以上，要約すれば道路交通騒音の実務的な予測法はエネルギー音線法をベースとし，部分的に（回折補正等において）波動論を考慮して構築されている。

## 4.7 音の強さと強度

波動論で通常，対象とされる物理量は音圧 $p$ 又は速度ポテンシャル $\phi$ である。両者の間には

$$p = \rho \frac{\partial \phi}{\partial t} \quad (\rho：空気の密度) \tag{4.1}$$

なる関係が成立し，角周波数 $\omega$ の正弦波に対しては

$$p = j\omega\rho\phi \tag{4.2}$$

なる比例関係がある[5]。ここに $j$ は虚数単位（$\sqrt{-1}$）である。一方，音線法では音のエネルギー流に着目し，実際の計算対象（物理量）としては音の強さ又は強度を取扱う。ここに音の強さとは観測点を含む単位面積を単位時間に垂直に通過する音のエネルギーであり，また音の強度とは観測点に単位時間に到来する音のエネルギーである。音の強さは特定の方向へのエネルギー流を表すベクトル量であり，音圧と粒子速度（音圧勾配）を計測することにより得られる。それに対し，音の強度は音圧の 2 乗に比例するスカラー量（方向に依らない）であり，マイクロホンによる音圧計測により得られる。一般に音の強さと強度は異なることに留意すべきである（付録 4.1 参照）。騒音計による通常の計測では A 特性音圧が求められることから，騒音予測においては受音強度（A 特性音圧の 2 乗に比例した量）を対象とすればよい。

## 4.8 予測の透明性と陽表示

結果の見通しの良いことも予測法にとって大切なことである。実務的には見通しうんぬんよりも精度が重要であることは言うまでもないが，入力と出力しか分からないブラックボックス的な予測法（装置）よりも，内部が透明で結果が分かり易いことが望まれる。そのためには予測の前提条件である

① 交通条件
② 道路条件
③ 周辺条件

を規定するパラメータ（変量）を用いて，騒音評価量（予測結果）が簡潔に陽表示されていることが肝要である．これにより

- 予測条件と結果とが明確に結び付けられ，前提条件の変化が結果に及ぼす影響を容易に把握でき，騒音対策の指針が立て易くなる
- 予測方法による結果の差異が比較し易くなる
- 予測値や実測値の物理的性質のみならず統計的性質の議論が容易となる

などのメリットが生まれる．騒音評価量は騒音の伝達関数（ユニットパターン）を車両の音響出力で重み付け加算して得られる受音強度から導かれる．騒音評価量を陽表示し予測の透明性を獲得するためにはこの受音強度を適切に処理する必要がある．本書ではこの予測の透明性に配慮し，多くの議論を展開している．また予測を構成する基本的なユニット（車両のパワーレベル，騒音のユニットパターン，回折補正等）の有する諸課題についても物理的，統計的に種々検討を加え，その解明に努めることとした．

## 付録4.1：非干渉性線音源（直線道路）の周りの音の強さと強度

観測点における音の強さと強度が異なる簡単な具体例を1つ挙げておこう．非干渉性点音源の集合よりなる線音源の周りの放射場を考える．線音源として直線道路を想定し，図4.6に示すごとく単位長さあたりの出力を $\mu w$[W]，また各音源要素からの音の放射は逆自乗則に従うものとする．

観測点P(線音源からの距離 $\rho$) における受音強度を $I$，$x$ 方向及び垂直方向の音の強さを $I_x$ 及び $I_n$ とすれば，それぞれ

$$I = \frac{1}{2\pi} \int_{-\infty}^{\infty} \frac{\mu w dx}{\rho^2 + x^2} = \frac{\mu w}{2\rho} \tag{4.3}$$

$$I_x = \frac{1}{2\pi} \int_{-\infty}^{\infty} \frac{\mu w \sin\theta}{\rho^2 + x^2} dx = \frac{1}{2\pi} \int_{-\pi/2}^{\pi/2} \frac{\mu w \sin\theta}{\rho} d\theta = 0 \tag{4.4}$$

$$I_n = \frac{1}{2\pi} \int_{-\infty}^{\infty} \frac{\mu w \cos\theta}{\rho^2 + x^2} dx = \frac{1}{2\pi} \int_{-\pi/2}^{\pi/2} \frac{\mu w \cos\theta}{\rho} d\theta = \frac{\mu w}{\pi \rho} \tag{4.5}$$

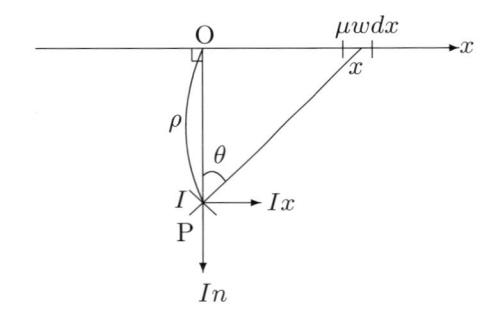

**図 4.6: 音源，受音点配置**

で与えられる．従って道路に平行な方向の音の強さ $I_x$ は 0，垂直方向の強さ $I_n$ は，

$$I_n = \frac{2}{\pi} I \tag{4.6}$$

即ち受音強度の $2/\pi$ 倍である（受音強度に比し 2dB 低い）ことが知られる．

# 文献

1) 石井聖光，"道路交通騒音予測計算方法に関する研究（その 1）－実用的な計算式について－"，日本音響学会誌, 31 巻 (1975) 507-517.
2) 日本道路協会，道路環境整備マニュアル（丸善, 1989）．
3) 日本音響学会道路交通騒音調査研究委員会，"道路交通騒音の予測モデル ASJ Model 1998"，日本音響学会誌,55 巻 (1999) 281-324.
4) 日本音響学会，第 10 回音響技術セミナー　道路交通騒音の新たな予測法 "ASJ Model 1998" (1999).
5) 西山静男, 池谷和夫, 山口善司, 奥島基良, 音響振動工学（コロナ社, 1979）．

# 第5章　車の音響出力（パワーレベル）

　車の音響出力 $w$ とは，走行車両が1秒間に放射する音のエネルギー（単位はワット [W]）のことである。

　また，これを 1pW（$= 10^{-12}$W）を基準にとりレベル表示したもの

$$W = 10 \log_{10} \frac{w}{10^{-12}} \quad [\text{dB}] \tag{5.1}$$

をパワーレベルと呼んでいる。パワーレベルは，車の音源としての大きさを規定する量であり，道路交通騒音予測における最も基本的な構成要素である。主として車種及び走行速度（車速）により定まり，路面の舗装や勾配等の影響を受ける。本章では，実務的な予測式に用いられているパワーレベル（実測データに基づく経験式）について概説し，物理的，統計的側面から種々検討を加え，経験式の妥当性や，その意味内容の明確化に努める。また路面性状（舗装や勾配）がパワーレベルに及ぼす影響や高架構造物音の取扱いについても述べる。

## 5.1　パワーレベルの経験式

　供用中の道路において個々の車のパワーレベルと車速を測定したデータが多数集められている。これを，車種別に2～4分類し，車速とパワーレベルの関係を散布図に描き，回帰式を基に実験式を得ている。実験式としては，通常

$$W = A^* \log_{10} V + B^* \quad [\text{dB}] \tag{5.2}$$

又は，

$$W = c^* V + d^* \quad [\text{dB}] \tag{5.3}$$

の形のものが用いられている。ここに $V$ は車速 [km/h] であり，係数 $(A^*, B^*)$，$(c^*, d^*)$ は車種により異なる。因に音響学会提案の **ASJ Model 1975** では式

(5.3) が，**ASJ Model 1993** 及び **1998** では式 (5.2) が用いられており，それぞれ係数が車種別に与えられている（表 5.1〜表 5.3）[1)2)3)]。これら 3 つのモデルにおける車速とパワーレベルの関係（2 車種分類のパワーレベル式）を比較のため，図 5.1 に示した．実線は定常走行に対する，また点線は非定常走行に対するものである．

モデルとともに（時代を追って）パワーレベル式が変化してきた背景には，

① 車の音響出力 $w$ は車速 $V$ の指数関数（式 (5.3)）よりもべき乗に比例する（式 (5.2)）と考える方が，合理的である．
② テストコースにおける試験車走行（ギヤーを固定）によれば，$w$ は，$V$ の 2 乗よりも 3 乗により良く適合する．
③ 自動車騒音の単体規制等により車のパワーレベルが製造年次を追って減少傾向にある．

ことなどによる．**ASJ Model 1975** から **Model 1993** におけるパワーレベル式の変化は，上記①の理由により，また **Model 1993** から **Model 1998** への変化は②の理由による．さらに図 5.1 より **ASJ Model 1975** に対し，**ASJ Model 1993** や **1998** では，パワーレベルの減少傾向（上記③）がうかがえる．

なお，パワーレベル式の係数 $(A^*, B^*)$，$(c^*, d^*)$ は散布図の回帰式を踏まえ，基準車速（60km/h 又は 80km/h）においてパワー平均レベルと一致するよう定められている．

表 5.1: **ASJ Model 1975** における車種別パワーレベル式の係数（定常走行）[1)]

| | 車種 | $W = c^* V + d^*$ 30km/h $\leq V \leq$ 100km/h | |
|---|---|---|---|
| | | $c^*$ | $d^*$ |
| 3 車種分類 | 大型車 | 0.2 | 97 |
| | 小型貨物車 | 0.2 | 90 |
| | 乗用車 | 0.2 | 85 |
| 2 車種分類 | 大型車 | 0.2 | 97 |
| | 小型車 | 0.2 | 87 |

表 5.2: ASJ Model 1993 における車種別パワーレベル式の係数（定常走行）[2]

| 車種 | | $W = A^* \log_{10} V + B^*$ | |
|---|---|---|---|
| | | $60\text{km/h} \leq V \leq 120\text{km/h}$ | |
| | | $A^*$ | $B^*$ |
| 3車種分類 | 大型車 | 20 | 71.6 |
| | 小型貨物車 | 20 | 66.5 |
| | 乗用車 | 20 | 64.7 |
| 2車種分類 | 大型車 | 20 | 71.5 |
| | 小型車 | 20 | 65.1 |

表 5.3: ASJ Model 1998 における車種別パワーレベル式の係数 [3]

| 車種 | | $W = A^* \log_{10} V + B^*$ | | | |
|---|---|---|---|---|---|
| | | 非定常走行区間 | | 定常走行区間 | |
| | | $10\text{km/h} \leq V \leq 60\text{km/h}$ | | $40\text{km/h} \leq V \leq 140\text{km/h}$ | |
| | | $A^*$ | $B^*$ | $A^*$ | $B^*$ |
| 4車種分類 | 大型車 | 10 | 90.0 | 30 | 54.4 |
| | 中型車 | 10 | 87.1 | 30 | 51.5 |
| | 小型貨物車 | 10 | 83.2 | 30 | 47.6 |
| | 乗用車 | 10 | 82.0 | 30 | 46.4 |
| 2車種分類 | 大型車 | 10 | 88.8 | 30 | 53.2 |
| | 小型車 | 10 | 82.3 | 30 | 46.7 |

## 5.2 車速とパワーレベルの散布図

　供用中の幾つかの道路において個々の車のパワーレベルと車速が測定されている。これらのサンプルを多数蓄積し，車種別にパワーレベルと車速の散布図が描かれる。この散布図を統計的に処理することにより，予測に必要なパワーレベル式（車速からパワーレベルを求める式）が導かれる。

　散布図には，さまざまな道路における測定サンプルを集めた上記のような散布図の他，測定場所ごとの散布図，テストコースで試験車ごとに得られる散布図がある。本節では **ASJ Model 1998** を例に [3]，これら散布図相互の関連について述べるとともに，散布図から得られる回帰式の統計的性質や予測に用いられるパワーレベル式の導出過程及びその意味について考える。

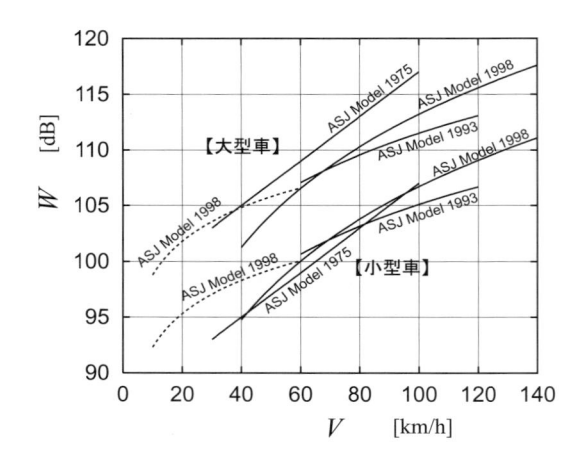

図 5.1: モデル間のパワーレベル式の比較（実線：定常走行，点線：非定常走行）[1)2)3)]

## 5.2.1 試験車に対する散布図

　図5.2 は特定の試験車（大型車）についてギヤー位置を固定しテストコースを走行させた場合の車速 $V$ に対するパワーレベル $W$ の測定結果をプロットしたものである[3)]。いずれのギヤー位置においてもパワーレベルと車速の関係はほぼ

$$W \simeq 30 \log_{10} V + B \tag{5.4}$$

で表され，車の音響出力 $w$ は車速 $V$ の 3 乗に比例

$$w \simeq bV^3 \tag{5.5}$$

することが知られる。なお係数 $B$ 及び $b$ の値はギヤーをローからトップに移すにつれ小さくなる。試験車に小型貨物車，乗用車など他の車種を用いた場合にも同様な結果が得られている。

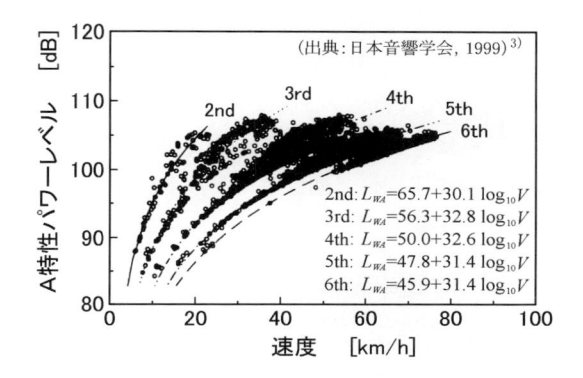

図 5.2: 速度とパワーレベルの関係（大型車，試験車）

## 5.2.2 現場測定における散布図

実際の道路を走行中の車両についてパワーレベル $W$ と車速 $V$ を測定し，車種別に両者の散布図を描き，回帰式を求めることがよく行われる．式 (5.4) に留意し $W$ を車速の対数 $\log_{10} V$ で直線回帰し

$$W = A \log_{10} V + B \tag{5.6}$$

パラメータ $A, B$ を求めると，測定場所のサンプル値の集合ごとに様々な値をとる．通常 $A$ は 10～40 の範囲にあるが，場合によると負の値をとることすらある．また $B$ は $A$ が小さいほど大きくなる傾向が見られる．このように個々の現場での実測データ（サンプル）に対する回帰パラメータ $A, B$ について眺めると

① $A$ が物理的に不可解な値をとることがある．
② $A, B$ は独立ではなく，密接な関連を有する．

など興味ある事実が浮かび上がってくる．回帰式の怪とも言うべき，パラメータ $A, B$ のこの不思議な振舞は，

- 測定サンプル数 $N$ が少ない
- 車速 $V$ の変域が狭い

場合にごく自然に発生する確率統計事象である[4]。いろいろな測定場所での多数のデータを蓄積し，$N$ を増やし，$V$ の変域を広げることにより，安定で合理的な $A$，$B$ の値が得られる。図 5.3 はこのようにして得られた車種別の散布図であり[3]，回帰係数 $A$ は試験車に対する場合と同様ほぼ 30 に近い値となっている。なお $B$ の値は同一車種の算術平均値（期待値）と考えられる。

### 5.2.3　$W$ と $V$ の同時確率密度関数による散布図の表現

　回帰式は散布図の概要（平均的な姿）を捕らえるには便利である。しかし実際のデータはその周りに散在しており，その分布状況をも含め表示するには，変量間の同時確率密度関数を用いる必要がある。予測に必要なパワーレベル式は $W$ と $V$ の同時確率密度関数 $f(W,V)$ から導かれる。また $f(W,V)$ は $W$ の $V$ に対する条件付確率密度関数 $f(W|V)$ と $V$ の確率密度関数 $f(V)$ により

$$f(W,V) = f(W|V)f(V) \tag{5.7}$$

と書かれる。さらに条件付確率密度関数 $f(W|V)$ は，いわゆる $V$ を固定した場合の $W$ の度数分布であることから，散布図の回帰式（図 5.3 の $L_{WA}$）を平均値

$$\overline{W}(V) = A\log_{10} V + B \tag{5.8}$$

とする正規分布

$$f(W|V) = \frac{1}{\sqrt{2\pi}\,\sigma_W} e^{-\frac{(W-\overline{W}(V))^2}{2\sigma_W^2}} \tag{5.9}$$

で近似することができよう。ただしパワーレベルの分散 $\sigma_W^2$ は，簡単のため $V$ によらない定数とする。これより式 (5.7) の同時確率密度関数は，

$$f(W,V) = \frac{1}{\sqrt{2\pi}\,\sigma_W} e^{-\frac{(W-\overline{W}(V))^2}{2\sigma_W^2}} f(V) \tag{5.10}$$

と表される。

5.2. 車速とパワーレベルの散布図　51

(出典：日本音響学会, 1999)[3]

【大型車】
$L_{WA,n}=55.4+29.1\log V$
$s=0.85, \sigma=2.51$
$n=3005$

【中型車】
$L_{WA,m}=51.1+29.8\log V$
$s=0.86, \sigma=2.51$
$n=2554$

【小型貨物車】
$L_{WA,l}=44.0+31.5\log V$
$s=0.84, \sigma=2.83$
$n=735$

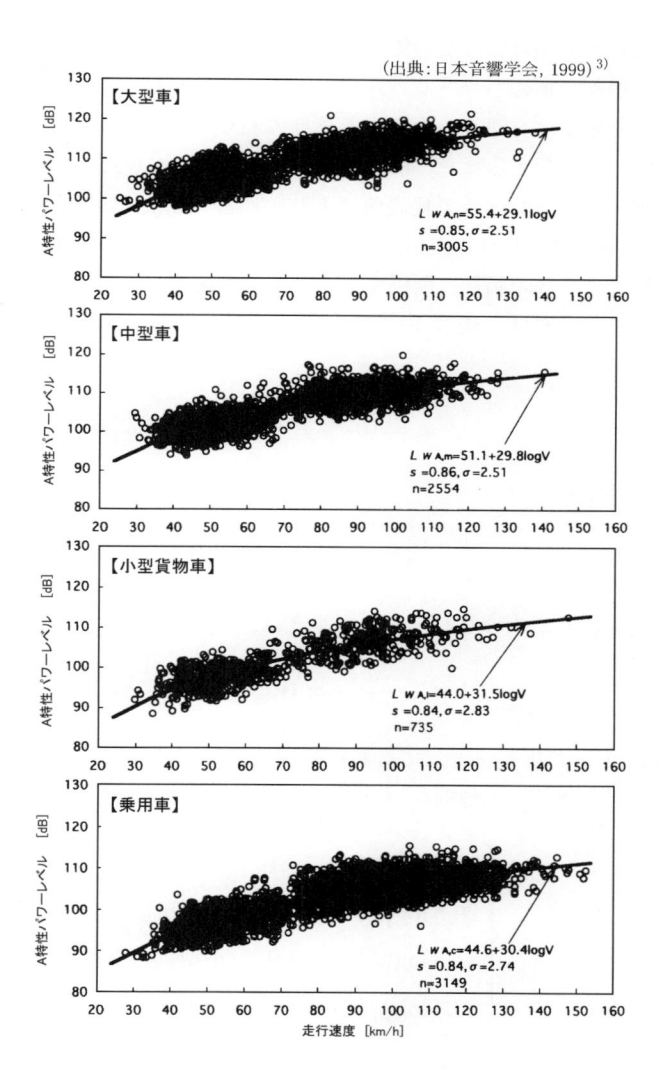

【乗用車】
$L_{WA,c}=44.6+30.4\log V$
$s=0.84, \sigma=2.74$
$n=3149$

図 5.3: 車速と車種別パワーレベルの関係（定常走行）

## 5.2.4 パワーレベル式の導出

　道路交通騒音の予測計算は交通流（車群）を対象としている。車種及び車速 $V$ を設定しても個々の車のパワーレベルは同一ではなく，ばらつきを有する。散布図 5.3 はある意味では交通流を形成する車群のパワーレベルや車速のばらつき具合を表現していると考えられる。予測に用いるパワーレベル式とは交通流（車群）に対する車種別パワーレベルの代表値であり，通常（$L_{\text{Aeq}}$ 等の予測には），車の音響出力 $w$ の平均値のレベル表示（パワー平均レベル）が用いられる。この代表値も本来，算定すべき評価量に関係する。さて，車速 $V$ を設定（固定）した場合のパワーレベルの分布は，式 (5.9) の条件付確率密度関数 $f(W|V)$ で表され，これより

$$w = 10^{-12} 10^{W/10} \tag{5.11}$$

の平均値（期待値）$\overline{w}$ は，

$$\frac{\overline{w}}{10^{-12}} = 10^{0.0115\sigma_W^2 + 0.1\overline{W}(V)} \tag{5.12}$$

で与えられる。従って求めるパワーレベル式は，

$$L_{\overline{w}} = 10 \log_{10} \frac{\overline{w}}{10^{-12}} = \overline{W}(V) + 0.115\sigma_W^2 \tag{5.13}$$

となる。$\overline{W}(V)$ および $\sigma_W$ として散布図の回帰式及び標準偏差（図 5.3 の $L_{WA}$ 及び $\sigma$）を代入すれば，車種別のパワーレベル式として，

$$L_{\overline{w}} = \begin{cases} 29.1 \log_{10} V + 56.1 & \text{（大型車）} \\ 29.8 \log_{10} V + 51.8 & \text{（中型車）} \\ 31.5 \log_{10} V + 44.9 & \text{（小型貨物車）} \\ 30.4 \log_{10} V + 45.5 & \text{（乗用車）} \end{cases} \tag{5.14}$$

が得られる。なお音響学会提案の **ASJ Model 1998** におけるパワーレベル式は試験車走行の結果（5.2.1）を踏まえ，表 5.3 に示すごとく定常走行区間では

## 5.2. 車速とパワーレベルの散布図

$30 \log_{10} V$ の車速依存性をベースに

$$L_{\overline{w}} = \begin{cases} 30 \log_{10} V + 54.4 & (\text{大型車}) \\ 30 \log_{10} V + 51.5 & (\text{中型車}) \\ 30 \log_{10} V + 47.6 & (\text{小型貨物車}) \\ 30 \log_{10} V + 46.5 & (\text{乗用車}) \end{cases} \quad (5.15)$$

で与えられている（表5.3）。式 (5.14) 及び式 (5.15) は適用範囲（車速域 40km/h $\leq V \leq$ 140km/h ）において殆ど差はなく，実用上同一と見なされる。

### 5.2.5 パワーレベル式に対する車速分布の影響

パワーレベル式（交通流に対するパワーレベル）は通常，平均車速 $\overline{V}$ に対して算定される。従って車速のばらつき（標準偏差 $\sigma_V$）がパワーレベル式に与える影響についても検討しておくべきであろう。

定常な交通流では車速の変動率

$$\delta_V = \frac{\sigma_V}{\overline{V}} \quad (5.16)$$

は通常 0.2 以下と考えられ，ばらつきの幅は比較的狭い。車速 $V$ は $\overline{V}$ を中心とした $\pm 3\sigma_V$ の範囲に殆ど含まれることから，散布図のこの領域のデータについてパワー平均レベルを求めれば良い。従って

$$\begin{aligned} \frac{\overline{w}}{10^{-12}} &= \int_0^\infty \int_{-\infty}^\infty 10^{\frac{W}{10}} f(W, V) dW dV \\ &= \int_0^\infty 10^{0.0115\sigma_W^2 + 0.1\overline{W}(V)} f(V) dV \\ &= 10^{0.0115\sigma_W^2 + 0.1B} \int_0^\infty V^3 f(V) dV \\ &\simeq 10^{0.0115\sigma_W^2 + 0.1B} \overline{V}^3 (1 + 3\delta_V^2) \end{aligned} \quad (5.17)$$

より，車速のばらつき（分布）を考慮したパワーレベル式は

$$L_{\overline{w}} \simeq 30 \log_{10} \overline{V} + B + 0.115\sigma_W^2 + 10 \log_{10}(1 + 3\delta_V^2) \quad (5.18)$$

で与えられる。なお式 (5.17) の導出においては式 (5.10) を用いるとともに

$$\overline{W}(V) = 30 \log_{10} V + B \tag{5.19}$$

とおいた。式 (5.18) より，車速のばらつきはパワーレベル式に

$$10 \log_{10}(1 + 3\delta_V^2) \tag{5.20}$$

の増加をもたらすことが知られる。しかしながら上述のごとく $0 \leq \delta_V \leq 0.2$ とすれば，この増加量は高々

$$10 \log_{10}(1 + 0.12) \simeq 0.5 \quad [\text{dB}] \tag{5.21}$$

であり，実際上は無視しても差し支えない。

## 5.3 波動論に基づくパワーレベルと車速の関係[5)]

前節では実測データの散布図から車のパワーレベル $W$ と車速の間には，

$$W = 30 \log_{10} V + B \tag{5.22}$$

なる実験式が精度良く成立することを述べた。このことは車の音響出力 $w$ が車速 $V$ の 3 乗に比例

$$w = b\, V^3 \tag{5.23}$$

することを表している。散布図の分析（統計処理）から得られたこの単純な実験式（経験則）が物理的に見て妥当であるか否か，興味の持たれるところである。本節では車の音響出力及びその周波数スペクトルの車速依存性，放射指向性等について波動論を基に物理的側面から検討を加えることにする。

### 5.3.1 走行車両に対する波動方程式とその解

自動車の騒音は発生箇所（音源）別に眺めれば，エンジン音，排気系音，タイヤ音，車体振動音などに分類されるが，波動論的には単極子，双極子，四重極子及

びその他の多重極子から放射される音により合成される。音源としては通常は単極子放射が優勢であるが，単極子放射が弱い場合や車速が速い場合などには，双極子放射等の影響が前面に現れることもある。このことを踏まえ，以下では定常走行車両を対象とし，次の仮定をおく。

① 走行車両は単極子及び双極子よりなる点音源と見なす。
② 直線（$z$ 軸）上を一定速度 $v$[m/s] で移動する。
③ 音響放射は定常確率過程に従う。

このとき，音圧 $p(\bm{r},t)$ は非同次の波動方程式

$$\left(\nabla^2 - \frac{1}{c^2}\frac{\partial^2}{\partial t^2}\right)p(\bm{r},t) = -\frac{\partial}{\partial t}\{\rho\, q(t|v)\delta(x)\delta(y)\delta(z-vt)\} \\ + \nabla\cdot\left\{\rho\frac{d}{dt}\bm{D}(t|v)\delta(x)\delta(y)\delta(z-vt)\right\} \quad (5.24)$$

を満たす[6]。ここに

$c$：音速
$\rho$：媒質（空気）の密度
$q(t|v)$：単極子音源の強さ
$\bm{D}(t|v)$：双極子音源の強さ（ベクトル）

であり，$q(t|v)$ 及び $\bm{D}(t|v)$ はともに定常な時間関数である。単極子 $q(t|v)$ は体積変化に起因する音源であり，主としてエンジン系音を，また双極子 $\bm{D}(t|v)$ は，形状変化に由来する（体積変化を伴わない）タイヤ系音を表すと考えられる。路面上方の半空間への音源の出力は路面による吸音を無視すれば，自由空間における音源出力と同じと見なされる。従って自由空間における音響放射から音源出力を算出することができる。この場合，波動方程式 (5.24) の解は単極子放射及び双

極子放射の和として

$$\left(\frac{4\pi}{\rho}\right) p(\boldsymbol{r},t) = \frac{\dot{q}(t_e|v)}{R_1(1-\hat{v}\cos\theta)} + \frac{v(\cos\theta - \hat{v})}{R_1^2(1-\hat{v}\cos\theta)}q(t_e|v)$$
$$+ \frac{x}{cR_1^2}\ddot{D}_x(t_e|v) + \frac{x}{R_1^3}\dot{D}_x(t_e|v)$$
$$+ \frac{y}{cR_1^2}\ddot{D}_y(t_e|v) + \frac{y}{R_1^3}\dot{D}_y(t_e|v)$$
$$+ \frac{\ddot{D}_z(t_e|v)}{cR_1(1-\hat{v}^2)}\left(\hat{v} + \frac{z-vt}{R_1}\right) + \frac{z-vt}{R_1^3}\dot{D}_z(t_e|v) \quad (5.25)$$

で与えられる。ここに $D_x(t|v), D_y(t|v), D_z(t|v)$ は双極子ベクトル $\boldsymbol{D}(t|v)$ の x,y,z 成分を，˙は時間 $t$ に関する微分を，また $\hat{v}$ は車速 $v$ と音速 $c$ との比（マッハ数）

$$\hat{v} = \frac{v}{c} \quad (5.26)$$

を表し，通常 1 に比し十分小さい (0.1 以下)。また，図 5.4 を参照し，時点 $(\boldsymbol{r}_e, t_e)$ で音源より放射された音が時点 $(\boldsymbol{r},t)$ において観測されることを考慮すれば，$R, R_1, t, t_e$ などの間には次の関係があることがわかる。

$$R = |\boldsymbol{r} - \boldsymbol{r}_e|$$
$$t_e = t - \frac{R}{c}$$
$$R_1 = R(1 - \hat{v}\cos\theta)$$
$$z - vt = R(\cos\theta - \hat{v})$$

## 5.3.2 車の音響出力

さて，単極子と双極子は互いに無相関でありかつ双極子成分間にも相関がないものとすれば，受音点音圧 $p(\boldsymbol{r},t)$ の 2 乗期待値は式 (5.25) より

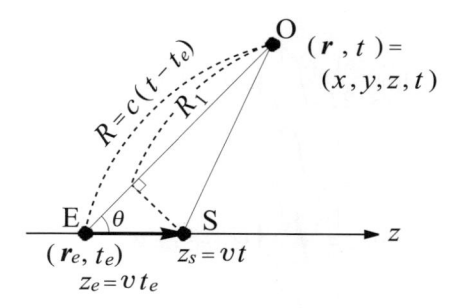

## 5.3. 波動論に基づくパワーレベルと車速の関係[5]

図 5.4: 音源・受音点配置

$$\left(\frac{4\pi}{\rho}\right)^2 \langle p^2(\bm{r},t)\rangle = \frac{1}{R_1^2(1-\hat{v}\cos\theta)^2}\left\{\Gamma_{\dot{q}}(0) + \frac{v^2(\cos\theta-\hat{v})^2}{R_1^2}\Gamma_q(0)\right\}$$
$$+ \frac{\Gamma_{\ddot{D}_z}(0)}{c^2R_1^2(1-\hat{v}^2)^2}\left(\hat{v}+\frac{z-vt}{R_1}\right)^2 + \frac{\Gamma_{\dot{D}_z}(0)}{R_1^4}\left(\frac{z-vt}{R_1}\right)^2$$
$$+ \frac{\Gamma_{\ddot{D}_x}(0)}{c^2R_1^2}\left(\frac{x}{R_1}\right)^2 + \frac{\Gamma_{\dot{D}_x}(0)}{R_1^4}\left(\frac{x}{R_1}\right)^2$$
$$+ \frac{\Gamma_{\ddot{D}_y}(0)}{c^2R_1^2}\left(\frac{y}{R_1}\right)^2 + \frac{\Gamma_{\dot{D}_y}(0)}{R_1^4}\left(\frac{y}{R_1}\right)^2 \tag{5.27}$$

で与えられる。ここに $\Gamma_h(\tau)$ は定常な時間関数 $h(t)$ の自己相関関数

$$\Gamma_h(\tau) = \langle h(t)h(t+\tau)\rangle$$
$$= \lim_{T\to\infty}\frac{1}{2T}\int_{-T}^{T}h(t)h(t+\tau)dt \tag{5.28}$$

である。従って

$$\Gamma_q(0) = \lim_{T\to\infty} \frac{1}{2T}\int_{-T}^{T} \{q(t|v)\}^2 dt$$

$$\Gamma_{\dot{q}}(0) = \lim_{T\to\infty} \frac{1}{2T}\int_{-T}^{T} \{\dot{q}(t|v)\}^2 dt$$

$$\Gamma_{\dot{D}_i}(0) = \lim_{T\to\infty} \frac{1}{2T}\int_{-T}^{T} \{\dot{D}_i(t|v)\}^2 dt$$

$$\Gamma_{\ddot{D}_i}(0) = \lim_{T\to\infty} \frac{1}{2T}\int_{-T}^{T} \{\ddot{D}_i(t|v)\}^2 dt \qquad (i = x, y, z) \tag{5.29}$$

は関数 $q(t|v), \dot{q}(t|v), \dot{D}_i(t|v)$ 及び $\ddot{D}_i(t|v)$ の2乗時間平均, いわゆるパワーを表している[7]。

直線上を一定速度 $v$（マッハ数 $\hat{v}$）で運動している定常な単極子及び双極子音源（走行車両）から放射される音響出力 $w$ は式 (5.27) を参照し $\langle p^2(\boldsymbol{r},t)\rangle/\rho c$ を点 $\boldsymbol{r}_e$（音源位置）を中心とする半径 $R$ の大きな球面上で積分することにより

$$\begin{aligned}
w &= \lim_{R\to\infty}\int_0^{2\pi} d\phi \int_0^{\pi} \frac{1}{\rho c}\langle p^2(\boldsymbol{r},t)\rangle R^2 \sin\theta d\theta \\
&= \frac{\rho c}{12\pi c^2(1-\hat{v}^2)^3}\left[(3+\hat{v}^2)\Gamma_{\dot{q}}(0) + \frac{1+3\hat{v}^2}{c^2}\Gamma_{\ddot{D}_z}(0) \right. \\
&\qquad\qquad \left. + \frac{1-\hat{v}^2}{c^2}\{\Gamma_{\ddot{D}_x}(0) + \Gamma_{\ddot{D}_y}(0)\}\right] \tag{5.30}
\end{aligned}$$

で与えられる。

この結果をもとに自動車の音響出力 $w$ と車速 $v$ との関係を議論するためには, $\Gamma_{\dot{q}}(0)$ や $\Gamma_{\ddot{D}_i}(0)$ の車速依存性について考察しなければならない。即ち, 単極子及び双極子音源の強さ $q(t|v), D_i(t|v)$ と車速 $v$ に関する情報が必要である。ところで, これらの音源は車両の運動に起因するものであり, 音源の強さ $q(t|v), D_i(t|v)$ は車速 $v$ に比例して時間軸が圧伸する関数形

$$\begin{aligned}
q(t|v) &= \tilde{q}(\alpha vt) \\
D_i(t|v) &= \tilde{D}_i(\alpha vt) \qquad (i=x,y,z)
\end{aligned} \tag{5.31}$$

を持つと考えるのが自然である。ここに $\alpha$ は時間軸圧伸に係る定数である。これ

より $q(t|v)$, $D_i(t|v)$ の $t$ に関する導関数は

$$\dot{q}(t|v) = \alpha\, v \dot{\tilde{q}}(\alpha\, vt)$$
$$\ddot{D}_i(t|v) = (\alpha\, v)^2 \ddot{\tilde{D}}_i(\alpha\, vt) \qquad (i = x, y, z) \tag{5.32}$$

となり，また各々の 2 乗時間平均は式 (5.29) より

$$\Gamma_{\dot{q}}(0) = (\alpha\, v)^2 \Gamma_{\dot{\tilde{q}}}(0)$$
$$\Gamma_{\ddot{D}_i}(0) = (\alpha\, v)^4 \Gamma_{\ddot{\tilde{D}}_i}(0) \qquad (i = x, y, z) \tag{5.33}$$

で与えられる。この結果を式 (5.30) に代入することにより，走行車両の音響出力 $w$ と車速 $v$（マッハ数 $\hat{v}$）との関係として

$$w = \frac{\rho\, c \alpha^2\, \hat{v}^2}{12\pi\, (1-\hat{v}^2)^3} \Big[ (3+\hat{v}^2)\Gamma_{\dot{\tilde{q}}}(0)$$
$$+ (1+3\hat{v}^2)\alpha^2\, \hat{v}^2 \Gamma_{\ddot{\tilde{D}}_z}(0)$$
$$+ (1-\hat{v}^2)\alpha^2\, \hat{v}^2 \Big\{ \Gamma_{\ddot{\tilde{D}}_x}(0) + \Gamma_{\ddot{\tilde{D}}_y}(0) \Big\} \Big] \tag{5.34}$$

が得られる。さらに通常，車速 $v$ は音速 $c$ に比し十分小さく，マッハ数 $\hat{v}(= v/c)$ は概ね 0.1 以下であることから

$$\hat{v}^2 \ll 1 \tag{5.35}$$

従って，音響出力 $w$ は式 (5.34) より

$$w \simeq \frac{\rho\, c}{4\pi}\alpha^2\hat{v}^2 \left[ \Gamma_{\dot{\tilde{q}}}(0) + \frac{\alpha^2\hat{v}^2}{3} \left\{ \Gamma_{\ddot{\tilde{D}}_x}(0) + \Gamma_{\ddot{\tilde{D}}_y}(0) + \Gamma_{\ddot{\tilde{D}}_z}(0) \right\} \right]$$
$$= K_1\hat{v}^2 + K_2\hat{v}^4 \tag{5.36}$$

となり，マッハ数 $\hat{v}$ の 2 乗及び 4 乗に比例する項の和で表される。ただし係数 $K_1$, $K_2$ は

$$K_1 = \frac{\rho\, c}{4\pi}\alpha^2\, \Gamma_{\dot{\tilde{q}}}(0)$$
$$K_2 = \frac{\rho\, c}{12\pi}\alpha^4 \left\{ \Gamma_{\ddot{\tilde{D}}_x}(0) + \Gamma_{\ddot{\tilde{D}}_y}(0) + \Gamma_{\ddot{\tilde{D}}_z}(0) \right\} \tag{5.37}$$

とおいた。これより，$\hat{v}^2$ に比例する項は単極子放射による出力を，$\hat{v}^4$ に比例する項は双極子放射による出力に関係していることがわかる。従って車速と音響出力との関係としては以下の 3 つの場合が考えられる。

① 単極子放射が優勢な場合には音響出力は車速の 2 乗に比例し

$$w \simeq K_1 \hat{v}^2 = K_1' v^2 \tag{5.38}$$

と表される。ここに $K_1' = K_1/c^2$ である。

② 双極子放射が優勢な場合には音響出力は車速の 4 乗に比例し

$$w \simeq K_2 \hat{v}^4 = K_2' v^4 \tag{5.39}$$

と表される。ただし，$K_2' = K_2/c^4$ である。

③ 一般には単極子と双極子音源が共存しており，低速度では車速の 2 乗に比例する単極子放射が目立ち，高速度になるにつれ，4 乗に比例する双極子放射の影響が顕著になる。

なお，車両の運動エネルギーに基づく次元解析からも同様な結果が得られるが，それについては付録 5.1 を参照されたい。

## 5.3.3　車速と音響出力（回帰式との係わり）

波動論的には，自動車の音響出力 $w$ は車速 $v$ の 2 乗に比例する単極子放射と 4 乗に比例する双極子放射よりなり

$$w = K_1' v^2 + K_2' v^4 \tag{5.40}$$

と表されることが導かれた。これよりパワーレベル $W$ と車速 $v$ との関係として

$$\begin{aligned} W &= 10 \log_{10} \frac{w}{10^{-12}} \\ &= 10 \log_{10}(K_1^* v^2 + K_2^* v^4) \\ &\simeq \begin{cases} 10 \log_{10} K_1^* + 20 \log_{10} v & (v < \sqrt{K_1^*/K_2^*}) \\ 10 \log_{10} K_2^* + 40 \log_{10} v & (v > \sqrt{K_1^*/K_2^*}) \end{cases} \end{aligned} \tag{5.41}$$

が得られる[8]。ただし

$$K_i^* = \frac{K_i'}{10^{-12}} \quad (i = 1, 2) \tag{5.42}$$

である。従ってパワーレベル $W$ は車速 $v$ に対し，はじめは $20\log_{10} v$ で増加するが，ある限度を越えると $40\log_{10} v$ で増加するようになる。即ち，車速がある値以下であれば，パワーレベルと車速との関係は

$$W = 20\log_{10} v + B \tag{5.43}$$

で近似されるが，車速の広い範囲に対し

$$W = A\log_{10} v + B \tag{5.44}$$

なる一本の回帰式で表そうとすると，$A$ としては20〜40の値（30前後の値）を取ることになろう[3)8)]。供用中の個々の道路での測定に比し，テストコースでの試験車走行の場合には低速から高速まで車速範囲を広く設定でき，30に近い $A$ の値が得られている。

これはまた式 (5.40) を，次のように変形することにより容易に説明される。

$$\begin{aligned} w &= K'_1 v^2 + K'_2 v^4 \\ &= K' v_0^3 \left(\frac{v}{v_0}\right)^3 \left\{\left(\frac{v}{v_0}\right)^{-1} + \left(\frac{v}{v_0}\right)\right\} \end{aligned} \tag{5.45}$$

ここに $v_0$ 及び $K'$ は，

$$K'_1 v_0^2 = K'_2 v_0^4 \equiv K' v_0^3 \tag{5.46}$$

を満足するように定めるものとする。すなわち単極子と双極子の出力がバランスする（等しくなる）車速を $v_0$ とした。また式 (5.45) をレベル表示すれば

$$\begin{aligned} W &= W_0 + 30\log_{10}\left(\frac{v}{v_0}\right) + 10\log_{10}\left\{\left(\frac{v}{v_0}\right)^{-1} + \left(\frac{v}{v_0}\right)\right\} - 3 \\ &\simeq W_0 + 30\log_{10}\left(\frac{v}{v_0}\right) \qquad \left(\frac{1}{2} \le \frac{v}{v_0} \le 2\right) \end{aligned} \tag{5.47}$$

となり，車速を $1/2 \le v/v_0 \le 2$ の範囲に限れば，$W$ を式 (5.47) で近似したことによる誤差は1dB以下であり，パワーレベルはほぼ $30\log_{10} v$ で変化し，車両の音響出力 $w$ は，$v^3$ に比例すると見なされる。ここに $W_0$ は車速 $v_0$[m/s]（$V_0 = 3.6v_0$[km/h]）におけるパワーレベルである。今 $V_0 = 50$km/h とすれば，$25$[km/h] $\le V = 3.6v \le 100$[km/h] の範囲でこの関係が成り立つことになる。

## 5.3.4 車速とパワースペクトル

道路構造や遮音壁，建物等の音響障害物による騒音の回折効果（補正量）を求めるには，自動車騒音のパワースペクトルが必要である。多数の測定サンプルの平均として **ASJ Model 1998** ではこのパワースペクトルの代表値が与えられている。パワースペクトルは車速により変化し，便宜上低速域（80km/h 以下）と高速域（80km/h 以上）に分けて示されている。高速域のパワースペクトルは低速域に比し高音部が持ち上がっているのが特徴である（図 5.5）[3]。

さて，5.3.2 項の結果を基に，車速とパワースペクトルの関係についても議論することができる。5.3.2 項で導出した車の音響出力 $w$ は，単極子及び双極子音源の自己相関関数を用いて表されており，パワースペクトルに容易に変換される（ウィナー・ヒンチンの定理）[7]。

例えば，

$$w = \frac{1}{2\pi} \int_{-\infty}^{\infty} S_w(\omega) d\omega$$

$$\Gamma_{\dot{q}}(0) = \frac{1}{2\pi} \int_{-\infty}^{\infty} \left(\frac{1}{\alpha v}\right)^2 S_{\dot{q}}\left(\frac{\omega}{\alpha v}\right) d\omega$$

$$\Gamma_{\ddot{D}_x}(0) = \frac{1}{2\pi} \int_{-\infty}^{\infty} \left(\frac{1}{\alpha v}\right)^2 S_{\ddot{D}}\left(\frac{\omega}{\alpha v}\right) d\omega \tag{5.48}$$

などの関係に留意すれば，音響出力 $w$ のパワースペクトル $S_w(\omega)$ は式 (5.36) より

$$S_w(\omega) = \frac{1}{4\pi}\left(\frac{\rho}{c}\right)\left\{S_{\dot{q}}\left(\frac{\omega}{\alpha v}\right) + \frac{1}{3}(\alpha \hat{v})^2 S_{\ddot{D}}\left(\frac{\omega}{\alpha v}\right)\right\} \tag{5.49}$$

で与えられる。ここに $S_{\dot{q}}(\omega)$ は単極子 $\dot{q}(t)$ のパワースペクトルを

$$S_{\ddot{D}}(\omega) = S_{\ddot{D}_x}(\omega) + S_{\ddot{D}_y}(\omega) + S_{\ddot{D}_z}(\omega) \tag{5.50}$$

は双極子成分 $\ddot{D}_x(t), \ddot{D}_y(t), \ddot{D}_z(t)$ のパワースペクトルの和（双極子のパワースペクトル）を表す。従って式 (5.49) より車速とパワースペクトルの関係として

- 高速になるにつれ，双極子放射の影響が大きくなる。
- 高速になるにつれ，周波数帯域が拡大する。

ことが知られる。すなわち車速の増減に伴い車のパワースペクトルは大略，図 5.5 に示すような変化が予想される。

(出典：日本音響学会, 1999)[3]

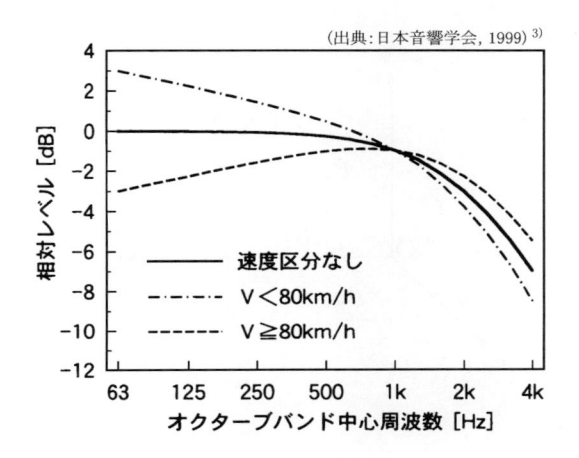

図 5.5: 車のパワースペクトル（ASJ Model 1998）

## 5.3.5 音響出力の放射指向特性

沿道地域における騒音の高さ方向の予測精度の向上には，自動車の音響出力の放射指向特性に関する検討が必要となる。出力の詳しい指向性は式 (5.27) から得られるが，近似的には，

- 単極子放射は無指向性である
- 双極子放射は主軸に対する方向余弦 $\cos\theta_i$ $(i = x, y, z)$ の 2 乗に比例する（図 5.6）

ことを考慮すれば式 (5.36) より

$$w(\theta_x, \theta_y, \theta_z) = K'_1 v^2 + (K'_{2x}\cos^2\theta_x + K'_{2y}\cos^2\theta_y + K'_{2z}\cos^2\theta_z)v^4 \tag{5.51}$$

と書かれる（付録 5.2）。特に関心の持たれる道路に垂直な $xy$ 面では

$$\theta_z = \pi/2$$
$$\theta_x = \pi/2 - \theta_y$$

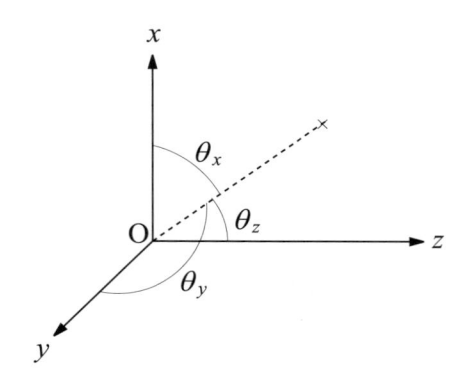

図 5.6: 放射方向と $x, y, z$ 軸との角度

とおけることから，鉛直面内の指向性出力は

$$\begin{aligned}
w(\theta_x, \theta_y, \pi/2) &= K_1' v^2 + (K_{2x}' \sin^2 \theta_y + K_{2y}' \cos^2 \theta_y) v^4 \\
&= (K_1' v^2 + K_{2y}' v^4) - (K_{2y}' - K_{2x}') v^4 \sin^2 \theta_y \\
&= (K_1' v^2 + K_{2y}' v^4) \left( 1 - \frac{K_{2y}' - K_{2x}'}{K_1' + K_{2y}' v^2} v^2 \sin^2 \theta_y \right)
\end{aligned} \quad (5.52)$$

と表される。自動車の構造上，双極子は上方より側方への放射が優勢と考えられることから

$$K_{2y}' > K_{2x}'$$

従って，側方 ($\theta_y = 0$) に比し垂直方向 ($\theta_y = \pi/2$) の出力は

$$10 \log_{10} \left( 1 - \frac{K_{2y}' - K_{2x}'}{K_1' + K_{2y}' v^2} v^2 \right) \quad \text{[dB]}$$

低くなる。この指向性によるレベル差は車速 $v$ の上昇に伴い増加することが知られる。

## 5.4 音源高さの影響 [5]

道路交通騒音の物理モデルにおいて,しばしば問題となることの一つに,音源高さの設定がある。従来の予測計算 **ASJ Model 1975** では路面からの音源の高さは経験的,便宜的に定められており,路面から 0.3m の高さに設定されることが多い。また,音源高さを 0m とし,自動車のパワーレベルを 3dB アップして予測計算を行うこともあるが,両者の結果には大差はないようである。ただし,前者の計算では音源・受音点間の伝搬経路数が 2 倍となり,計算量(なかでも防音壁等による回折計算)が倍増する。一方,後者(音源高さを 0 m とした場合)では,路面反射による音圧レベルの上昇は 3dB でよいのか,理論的には 6dB 上昇するのではないかとの疑問があるようである。本節では路面が受音点音圧に与える影響を波動論的に考察し,路面を考慮した場合のパワーレベル設定法について述べる。

### 5.4.1 受音点音圧

走行車両を道路面から高さ $h$ にある点音源 S として取扱うことにする。このとき図 5.7 に示す如く受音点 R における音圧は直達音及び反射音の和として,角周波数 $\omega$ の成分に対しては

$$P(\omega) = \frac{F(\omega)}{r} e^{-jkr} + Q(\omega) \frac{F(\omega)}{r'} e^{-jkr'} \tag{5.53}$$

と表される。ここに

$r$:音源・受音点間距離(直達音の経路長)

$r'$:虚音源・受音点間距離(反射音の経路長)

$k = \omega/c$:波数

$F(\omega)$:$r = 1\mathrm{m}$ における直達音の振幅

$Q(\omega)$:路面の複素音圧反射係数

である。音源のごく近くを除けば

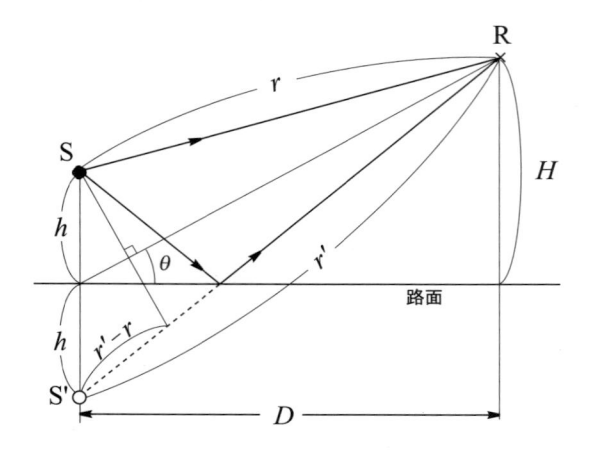

図 5.7: 路面（地表面）に対する音源と受音点の幾何学的配置

$$r' \simeq r + 2h\sin\theta \simeq r + 2h\theta$$
$$r, r' \gg h$$
$$0 < \theta \ll 1 \tag{5.54}$$

であることから，式 (5.53) は

$$P(\omega) \simeq P_d(\omega)\left[1 + q(\omega)e^{-j\{2kh\theta + \phi(\omega)\}}\right] \tag{5.55}$$

と書かれる。ただし

$$P_d(\omega) = \frac{F(\omega)}{r}e^{-jkr}$$
$$Q(\omega) = q(\omega)e^{-j\phi(\omega)} \tag{5.56}$$

と置いた。即ち $P_d(\omega)$ は直達音を，$q(\omega), \phi(\omega)$ はそれぞれ複素音圧反射係数 $Q(\omega)$ の振幅特性及び位相特性を表す。従って受音点音圧の直達音に対する強度比（自乗音圧の比）は式 (5.55) より

$$G(\omega) = |P(\omega)/P_d(\omega)|^2$$
$$= 1 + q^2(\omega) + 2q(\omega)\cos\Phi(\omega) \tag{5.57}$$

で与えられる。ここに

$$\Phi(\omega) = \phi(\omega) + 2kh\theta$$
$$= \phi(\omega) + 2h\theta\,(\omega/c) \tag{5.58}$$

は反射音と直達音の位相差である。

### 5.4.2　自動車騒音（広帯域ノイズ）に対する検討

実際の路面や地表面における音の反射では，直達音に対する反射音の位相は，周波数成分ごとにいろいろな値を取ると考えるのが自然である。そして周波数の関数としてこの反射波の位相 $\Phi(\omega)$ が $0$ から $2\pi$ の間の値をほぼ一様に取るとき，$\Phi(\omega)$ を等価的に $[0, 2\pi]$ の一様分布に従う確率変数と見なすことができる。このことをさらに具体的に述べれば以下の通りである。自動車などの騒音源では広い帯域にわたり周波数が分布しており，受音点音圧の自乗時間平均（自乗平均音圧）は各周波数成分の和として式 (5.57) より

$$\overline{|p(t)|^2} = \frac{1}{2\pi}\int_{-\infty}^{\infty} \lim_{T\to\infty} \frac{1}{2T}|P(\omega)|^2 d\omega$$
$$= \frac{1}{2\pi r^2}\int_{-\infty}^{\infty} S_F(\omega)\left\{1 + q^2(\omega) + 2q(\omega)\cos\Phi(\omega)\right\}d\omega \tag{5.59}$$

と表される。ここに，

$$S_F(\omega) = \lim_{T\to\infty} \frac{1}{2T}|F(\omega)|^2 \tag{5.60}$$

は自動車のパワースペクトルである。

路面での反射や地表に沿っての伝搬に伴い，反射波の位相特性 $\Phi(\omega)$ は複雑かつ不規則に変化する。この $\Phi(\omega)$ の変化が $\omega$ の関数として $S_F(\omega)$ 及び $q(\omega)$ の変化に比し激しくかつ $[0, 2\pi]$ の範囲の値をほぼ一様に取るものとすれば，上式のうち位相項 $\Phi(\omega)$ を含む積分は $\cos\Phi(\omega)$ を期待値 $\langle\cos\Phi(\omega)\rangle (= 0)$ でおきかえることにより

$$\int_{-\infty}^{\infty} S_F(\omega)q(\omega)\cos\Phi(\omega)d\omega \simeq \langle\cos\Phi(\omega)\rangle \int_{-\infty}^{\infty} S_F(\omega)q(\omega)d\omega$$
$$= 0 \tag{5.61}$$

となり自乗平均音圧（式 (5.59)）は

$$\overline{|p(t)|^2} \simeq \frac{1}{2\pi\,r^2}\int_{-\infty}^{\infty}\{1+q^2(\omega)\}S_F(\omega)d\omega \tag{5.62}$$

で与えられる。特に音波の各周波数成分を完全に反射し、位相のみ変化させる路面では

$$q(\omega) = 1 \tag{5.63}$$

とおくことにより、上式は

$$\begin{aligned}\overline{|p(t)|^2} &= 2\frac{1}{2\pi\,r^2}\int_{-\infty}^{\infty}S_F(\omega)d\omega \\ &= 2\overline{|p_d(t)|^2}\end{aligned} \tag{5.64}$$

となる。ここに

$$\begin{aligned}\overline{|p_d(t)|^2} &= \frac{1}{2\pi}\int_{-\infty}^{\infty}\lim_{T\to\infty}\frac{1}{2T}|P_d(\omega)|^2 d\omega \\ &= \frac{1}{2\pi\,r^2}\int_{-\infty}^{\infty}S_F(\omega)d\omega\end{aligned} \tag{5.65}$$

は直達音の自乗平均音圧を表す。従ってこの場合の自乗平均音圧は直達音の2倍となり、路面上の半空間への音響放射に対して音源出力が 3dB 上昇したことと等価になる。実際には受音点では各周波数成分に対し入射波と反射波の間にさまざまな干渉が起こっているのであるが、それらを加算（積分）することにより、干渉の効果が相殺し、見掛上インコヒーレントな波を合成した場合と同一の結果を与えるのである。

## 5.5　排水性舗装とパワーレベル[9]

　排水性舗装は通常の密粒アスファルト舗装（以下、通常舗装という）に比し自動車騒音に対する低減効果があり、注目されている。低減効果はタイヤ音の減少と舗装路面上の伝搬損失からなるとされるが、その詳細は不明である。現在得られている主な知見を要約すれば以下の通りである[3]。

## 5.5. 排水性舗装とパワーレベル [9]

① 車のパワーレベルの車速依存性の変化（高速域におけるパワーレベルの低減）
② 車のパワースペクトルの変化（高周波成分の減少）
③ 上記効果の経年変化（経年的消失）

図 5.8 は実際の道路で測定された排水性舗装による車のパワーレベルの低減量（舗装施工後 1 年目まで）と車速との関係をプロットしたものである。図 5.8 中の実線はこれらのデータに対する回帰曲線を表し，

$$\Delta L = -3.5 \log_{10} V + 3.2 \quad (\Delta L: 補正値, V: 車速)$$

で与えられる。また図 5.9 は排水性舗装によるパワースペクトルの低減量の実測例である [3]。本節では簡単な物理モデルを用い，これらの知見（実測結果）の説明を試みる。

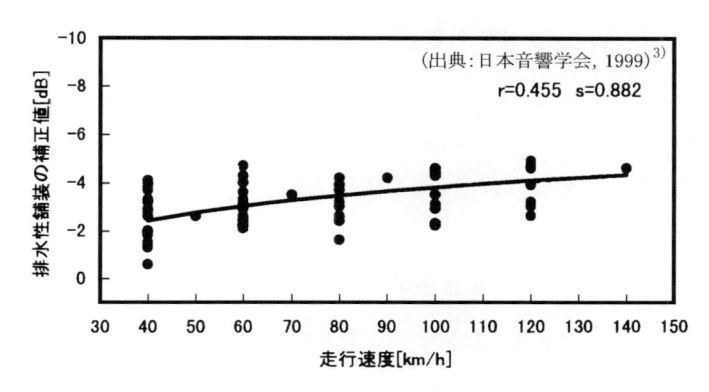

図 5.8: 通常舗装に対する排水性舗装のパワーレベル補正値

### 5.5.1 高速域におけるパワーレベルの低減効果

走行車両はエンジン系音（エンジン音，吸排気音等），タイヤ系音などさまざまな音源からなるが，前述のように物理的（波動論的）には主として単極子音源，及び双極子音源として表現される。単極子は体積変化に由来する音源であるのに対し，双極子は形状の変化に起因する（体積変化に依らない）音源であり，それ

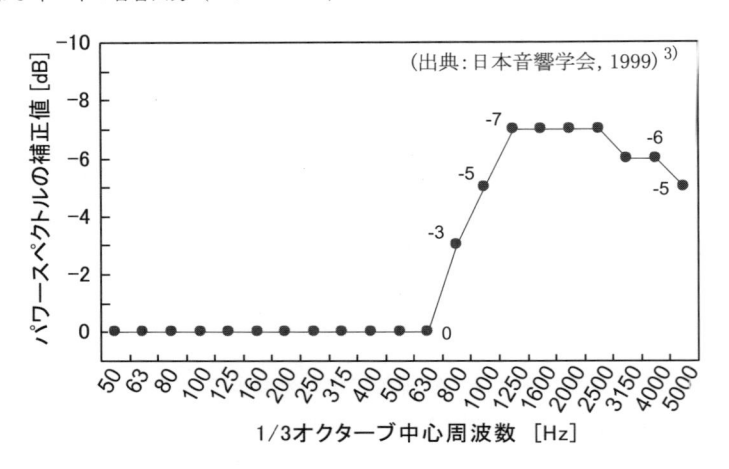

図 5.9: 排水性舗装のパワースペクトル補正値

ぞれ前者は主としてエンジン系音に，後者はタイヤ系音に該当すると考えられる[8]。単極子の放射パワーは，移動速度（車速）$v$ の2乗に，双極子のそれは4乗に比例することから，走行車両の音響出力は次式で与えられる（5.3.2 および 5.3.3 参照）。

$$w = K_1' v^2 + K_2' v^4 \tag{5.66}$$

ここに $K_1', K_2'$ は単極子及び双極子の放射強度を表す係数である。上式はまた，

$$K_1' v_0{}^2 = K_2' v_0{}^4 \equiv K' v_0{}^3 \tag{5.67}$$

とおけば，

$$w = K' v_0{}^3 \left(\frac{v}{v_0}\right)^3 \left\{ \left(\frac{v}{v_0}\right)^{-1} + \left(\frac{v}{v_0}\right) \right\} \tag{5.68}$$

と書かれる。さて，排水性舗装では主としてタイヤ系音（出力が $v^4$ に比例）が減少することから，$K_2'$ が $k_2'$ に変化（減少）すると考えられ，車の放射パワーは，

$$\begin{aligned} w^* &= K_1' v^2 + k_2' v^4 \\ &= K' v_0{}^3 \left(\frac{v}{v_0}\right)^3 \left\{ \left(\frac{v}{v_0}\right)^{-1} + \left(\frac{k_2'}{K_2'}\right) \left(\frac{v}{v_0}\right) \right\} \end{aligned} \tag{5.69}$$

となる．従って通常舗装に対するパワーレベルの減少量は

$$\begin{aligned}\Delta W &= W - W^* \\ &= 10\log_{10}\frac{w}{w^*} \\ &= 10\log_{10}\frac{\left(\dfrac{v}{v_0}\right)^{-1}+\left(\dfrac{v}{v_0}\right)}{\left(\dfrac{v}{v_0}\right)^{-1}+\left(\dfrac{k_2'}{K_2'}\right)\left(\dfrac{v}{v_0}\right)}\end{aligned} \quad (5.70)$$

で与えられる．この結果を $k_2'/K_2'$ をパラメータとして図 5.10 に示す．図よりパワーレベルの低減量は $k_2'/K_2' = 0.2$ の場合，低速域 ($v/v_0 \simeq 1/2$) で 1dB，中速域 ($v/v_0 = 1$) で 2dB，高速域 ($v/v_0 \simeq 2$) で 4dB 程度と見積られる．経年的に $k_2'/K_2'$ が 0.3, 0.5, 0.8 と上昇すれば高速域での低減量は順次 3dB，2dB，1dB と目減りすることになる．また図 5.10 中の破線は，$v_0$=40km/h として図 5.8 中の回帰曲線を（$-\Delta L$ を $\Delta W$ と考え）プロットしたものである．この実測値を基にした回帰曲線は $v_0$=40km/h とすれば，$k_2'/K_2' = 0.3$ の場合の計算値に近いことがわかる．

なお，最近では自動車騒音のさらなる低減を目ざして多孔質弾性舗装の開発が進められている[10)11)]．ゴム粒子を樹脂で固めて舗装材としたものであり，吸音性を有することからエンジン系音の低減にも効果がある．従ってこの種の舗装では自動車の音響出力はタイヤ系音が上述の様に $k_2'v^4$ に減少するのみならず，エンジン系音も $k_1'v^2$ に低下するものとして

$$w^* = k_1'v^2 + k_2'v^4 \quad (5.71)$$

とおき，密粒舗装に対する音響出力（式 (5.68)）と比較すればよい（付録 5.3 参照）．

## 5.5.2 高音域におけるパワーレベルの低減効果

通常舗装と排水性舗装に対する受音強度の相違は両舗装による路面反射音の差としてモデル化することも可能である．音源が路面上にあるか，または路面に十分近くかつ受音点までの距離が大であれば，角周波数 $\omega$ に対する受音点音圧 $P(\omega)$

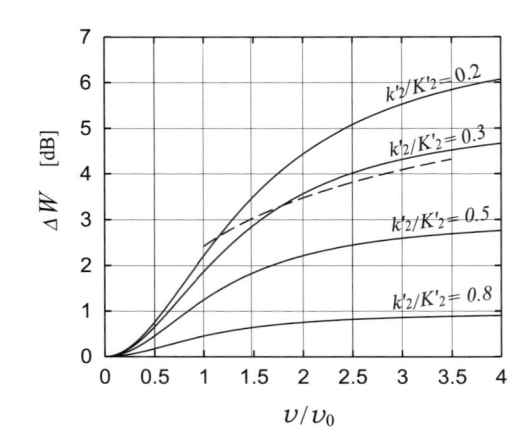

図 5.10: 排水性舗装によるパワーレベルの低減量と車速（点線は図 5.8 の回帰曲線）

は式 (5.53) より直達音及び反射音の和として

$$P(\omega) \simeq P_d(\omega) + Q(\omega)P_d(\omega)$$
$$= \{1 + Q(\omega)\}P_d(\omega) \qquad (5.72)$$

と表される。ここに $Q(\omega)$ は路面による複素音圧反射係数であり，式 (5.56) で与えられる。

通常舗装に対しては，路面が十分固く，完全反射（$Q=1$）とすれば，上式は

$$P(\omega) \simeq 2P_d(\omega) \equiv P_0(\omega) \qquad (5.73)$$

となる。

一方，排水性舗装では高周波成分の低減（抑制）に効果があることを考慮し，反射係数が以下のように Butterworth 型の Low pass 特性を有するものとする。

$$Q(\omega) = \frac{1}{1 + j\left(\frac{\omega}{\omega_c}\right)^N} = q(\omega)e^{-j\phi(\omega)} \qquad (5.74)$$

ここに $\omega_c (= 2\pi f_c)$ は遮断角周波数であり，$\omega_c$ が高くなるにつれ，通常舗装の反射係数 ($Q \to 1$) に近づくことを示している。また，$q(\omega)$, $\phi(\omega)$ は $Q(\omega)$ の振幅及び位相である。

従って，排水性舗装の場合の受音点音圧 $P^*(\omega)$ は式 (5.72)，式 (5.74) より

$$P^*(\omega) \simeq \left\{1 + q(\omega)e^{-j\phi(\omega)}\right\} P_d(\omega) \tag{5.75}$$

となり，角周波数 $\omega$ の正弦波については通常舗装に対するレベル差（低減量）は

$$\begin{aligned}
\Delta L(\omega) &= 10 \log_{10} \left|\frac{P_0(\omega)}{P^*(\omega)}\right|^2 \\
&= 6 - 10 \log_{10} \left|1 + q(\omega)e^{-j\phi(\omega)}\right|^2 \\
&= 6 - 10 \log_{10} \left\{1 + \frac{3}{1 + (\omega/\omega_c)^{2N}}\right\}
\end{aligned} \tag{5.76}$$

で与えられる。図 5.11 は低減量の周波数特性を計算した結果である。図中の記号（◆）は $f_c$ =800Hz とし，図 5.9 の結果を転記したものである。$N = 3$ に対する曲線（路面の反射係数が 3 次の Low-pass 特性を有する場合）との対応が良いことが知られる。また排水性舗装による騒音低減効果の経年的な劣化（空隙の目詰まり等による）はこのモデルでは遮断角周波数 $\omega_c$ の経年的な上昇として把握することができよう。

## 5.6 道路勾配とパワーレベル[9]

路面の傾き（道路勾配）は走行車両のパワーレベルに影響を与える。登り勾配では傾きが急なほどパワーレベルの上昇は大きく，車速にも依存することが知られている。また下り勾配ではパワーレベルが若干減少すると言われている。本節ではこれらの事実を説明するための簡単なモデルを考えることにしよう。

自動車の音響出力は 5.3.1〜5.3.3 によれば主としてエンジン系音及びタイヤ系音よりなり，平坦路では前者は車速の 2 乗に，後者は 4 乗に比例すると想定される[8]。車速を $v_0$ とすれば，平坦路における音響出力は

$$w_0 = K_1' v_0^2 + K_2' v_0^4 \tag{5.77}$$

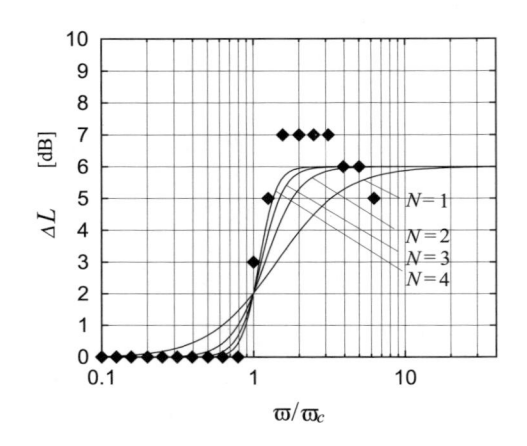

図 5.11: 排水性舗装によるパワースペクトルの低減量

と書かれる。

勾配 $\theta$ の坂道を車速 $v_0$ で登る場合，タイヤ系音はその発生メカニズムからして上式と同じく $K_2' v_0^4$ と考えられるが，エンジン系音はエンジンの動作状態に依存し変化する。登り坂ではエンジンの出力並びに回転数が増加し，平担路に換算した場合，$v_0$ よりも高速の $v_\theta$ に対応する動作状態にあり，エンジン系音の出力は，$K_1' v_\theta^2$ となる。従って勾配 $\theta$ の登り坂における自動車の音響出力は

$$w_\theta = K_1' v_\theta^2 + K_2' v_0^4 \tag{5.78}$$

と表される。

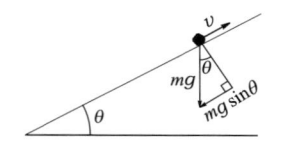

図 5.12: 車両重量 $mg$ と勾配抵抗 $mg\sin\theta$

自動車はエンジンからの推進力によりころがり抵抗（路面との摩擦力）や空気

## 5.6. 道路勾配とパワーレベル[9]

抵抗に打ち勝って前進する[12]。いま，簡単のため，平坦路における推進力は自動車の荷重 $mg$ に比例するものと仮定すれば，エンジンから毎秒供給される仕事量（エンジン出力）は

$$P_0 = \mu mg v_0 \tag{5.79}$$

と表される。一方，図 5.12 に示すごとく勾配 $\theta$ ($\geq 0$) の坂路では

$$L = mg\sin\theta \simeq mg\theta$$

なる勾配抵抗による仕事量

$$Lv_0 \simeq mg\theta v_0 \tag{5.80}$$

が毎秒エンジンに付加されることから，エンジン出力は

$$\begin{aligned} P(\theta) &\simeq \mu mg v_0 + mg\theta v_0 \\ &= \mu mg v_0 (1 + \theta/\mu) \end{aligned} \tag{5.81}$$

に増加する。

従って上記エンジン出力に対応する平坦路の車速を $v_\theta$ と置けば，

$$P(\theta) = \mu mg v_\theta \tag{5.82}$$

であることから，

$$v_\theta = (1 + \theta/\mu) v_0 \tag{5.83}$$

が得られる。この結果を式 (5.78) に代入すれば

$$\begin{aligned} w_\theta &= K_1' v_0^2 (1 + \theta/\mu)^2 + K_2' v_0^4 \\ &= w_0 \left\{ 1 + 2\frac{K_1' v_0^2}{w_0} \frac{\theta}{\mu} \left(1 + \frac{\theta}{2\mu}\right) \right\} \\ &= w_0 \left\{ 1 + 2Q_{eng}(v_0/v_*) \frac{\theta}{\mu} \left(1 + \frac{\theta}{2\mu}\right) \right\} \end{aligned} \tag{5.84}$$

と表される. ここに

$$Q_{eng}(v_0/v_*) = \frac{K_1' v_0^2}{w_0}$$
$$= \frac{K_1' v_0^2}{K_1' v_0^2 + K_2' v_0^4}$$
$$= \frac{1}{1 + (v_0/v_*)^2} \quad (5.85)$$

は平坦路での車速 $v_0$ におけるエンジン系音の割合である. ただし,

$$K_1' v_*^2 = K_2' v_*^4 \quad (5.86)$$

即ち $v_*$ はエンジン系音とタイヤ系音がバランスする車速とする.

以上, 式 (5.84) より登り勾配 $\theta$ の坂路に対するパワーレベルの増加は,

$$\Delta W(\theta/\mu, v_0/v_*) = 10 \log_{10}\left(\frac{w_\theta}{w_0}\right)$$
$$= 10 \log_{10}\left\{1 + 2Q_{eng}(v_0/v_*)\frac{\theta}{\mu}\left(1 + \frac{\theta}{2\mu}\right)\right\} \quad [\text{dB}]$$
$$(5.87)$$

で与えられる.

なお通常 $\theta$ は,

$$\theta = \frac{x}{100} \quad (5.88)$$

と置き $x\%$ の傾き (道路勾配) という.

これより登り坂によるパワーレベルの上昇は

- 車速 $v_0$ におけるエンジン系音の割合 $Q_{eng}(v_0/v_*)$ に依存し, $v_0$ が小さい程大きい
- $\theta/\mu$ に依存し, $\theta$ が大きい程, また $\mu$ が小さい程大きい

即ち, 滑らかで勾配が急な路面を低速で登る程, パワーレベルの増加が大きくなることが知られる.

道路勾配 $x$ との関係をより具体的に表すためにはエンジン出力に関する係数 $\mu$ の値を推定する必要がある. 通常の路面に対するころがり抵抗係数は 0.02 程度で

あるが，ガソリンの熱効率（約 0.2）を考慮すれば，等価的な損失係数は 0.1 程度と見積もられる．従って仮に

$$\mu = 0.1$$

と置けば式 (5.87) は

$$\Delta W(x, Q_{eng}) \simeq 10 \log_{10}\{1 + 0.2 Q_{eng} x (1 + 0.05x)\} \tag{5.89}$$

と書かれる．図 5.13 には坂路（勾配 $x\%$）におけるパワーレベルの変化量を平坦路におけるエンジン系騒音の割合 $Q_{eng}$ が 0.1, 0.25 及び 0.5 の場合について示した．通常，$Q_{eng} = 0.1$ は乗用車に，また $Q_{eng} = 0.25$ は大型車の場合に相当すると考えられる [13]．$\Delta W$ は勾配 $x$ とともに増大するが ±10% 以内の道路勾配では

- 前者（乗用車）に対する変化量は 1dB 以下である
- 後者（大型車）に対する登り勾配（$x > 0$）での増加は最大 3dB 程度であり，
- 下り勾配（$x < 0$）での減少は概ね 1dB 以下である

ことなど，既存の調査結果 [13] と符合していることが知られる．

なお，上式は

$$\log_{10}(1 + \varepsilon) \simeq 0.434\varepsilon \quad (|\varepsilon| \ll 1)$$

なる関係を利用すれば

$$\Delta W(x, Q_{eng}) \simeq 0.868 Q_{eng} x (1 + 0.05x) \tag{5.90}$$

で近似され，$Q_{eng} = 0.25$（大型車）とおけば

$$\Delta W(x, 0.25) \simeq 0.22x + 0.01x^2 \tag{5.91}$$

また $Q_{eng} = 0.1$（乗用車）とおけば

$$\Delta W(x, 0.1) \simeq 0.087x + 0.004x^2 \tag{5.92}$$

となり，第 2 段規制適合車（昭和 57 年から 60 年に実施）の勾配区間における補正式（実測結果を数式化したもの）とほぼ一致している [13]．

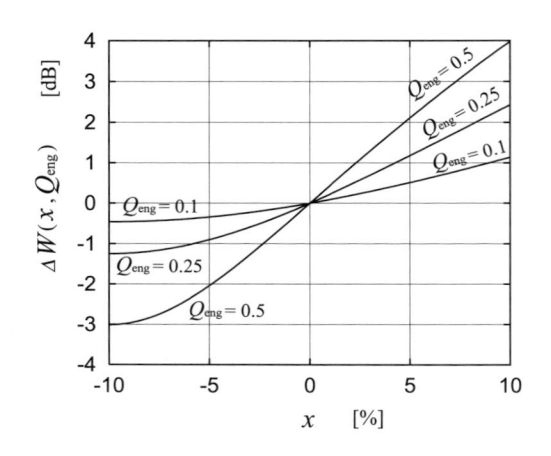

図 5.13: 道路の傾き（勾配）によるパワーレベルの増減

## 5.7 高架構造物音 [9]

　高架道路近傍では特に高架路面以下の領域においては，通常の自動車走行に伴う音響出力（車両のパワーレベル）のみでは騒音の実測結果を説明することが困難であり，計算値は過小評価となる。この領域では自動車からの放射音が回折により大きく減衰し，床板等高架構造物の振動に由来する放射音の影響が無視できないためと考えられている。この高架構造物音に対しては床板裏（上り，下り車線中央）に適当な出力の点音源を自動車走行にあわせて設定（想定）するモデルが提案されている。無指向性点音源を設定した場合のユニットパターンの計算値は実測に比しピーク近傍の立上がり立下りの特性が急峻であり（図 5.14 参照），$L_{Aeq}$ を求めるための便法として両パターンの積分値（単発騒音暴露量）が一致するよう点音源のパワーレベルを修正（上乗せ）することとしている。より実態に即したモデルへの改良が望まれている。

　さて，図 5.15 に示すように高架道路上（$\xi$ 軸上）を車速 $v$ で走行している車両があるものとする。高架構造物音は，

① 車両が道路上の各点を通過することにより発生する，
② 車両通過により励振された構造物の振動は時間とともに減衰し，各点から

## 5.7. 高架構造物音 [9]

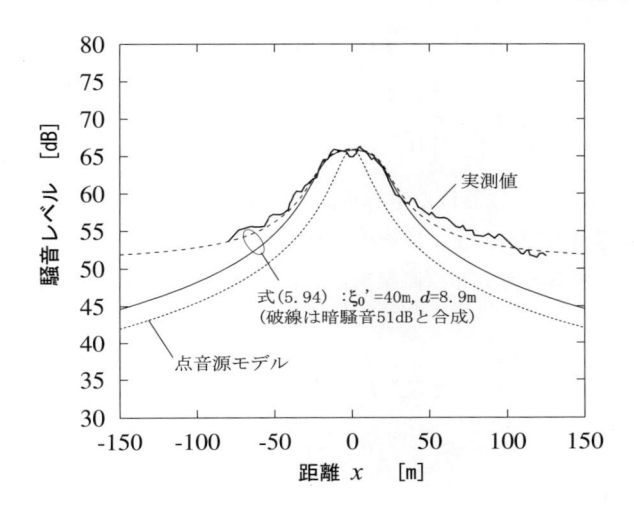

図 5.14: ユニットパターンの比較 [14] （高架道路端直下地上 $1.2\mathrm{m}$）

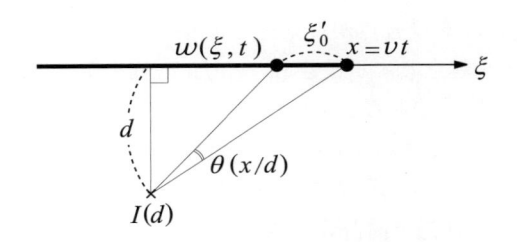

図 5.15: 走行車両に伴う高架構造物音のモデル

の放射音もそれにつれて減衰する

と考えられる．すなわち車両通過により励振される構造物の各点からの放射音は残響（余韻）を有するものと考える．車両の通過により床板に減衰振動が誘起されることに配慮すれば，構造物音の出力は時間とともに指数減衰するものと仮定

できよう。

$$w(\xi,t) = \begin{cases} w_0 e^{-\lambda(vt-\xi)/v} & (\xi \leq x = vt) \\ 0 & (\xi > x = vt) \end{cases} \tag{5.93}$$

ここに $w(\xi,t)$ は時刻 $t$ における走行車両位置を $x=vt$ とした場合の構造物単位長あたりの音響出力であり，$\lambda$ はその減衰定数である。

上記出力を有する音源分布（高架裏面）から $d$ なる地点における受音強度のユニットパターンは，

$$\begin{aligned} I(d,t) &= \frac{w_0}{2\pi} \int_{-\infty}^{x} e^{-\lambda(x-\xi)/v} \frac{d\xi}{d^2+\xi^2} \\ &\simeq \frac{w_0}{2\pi d} \theta\left(\frac{x}{d}\right) \end{aligned} \tag{5.94}$$

と表される。ここに

$$\theta\left(\frac{x}{d}\right) = \tan^{-1}\left(\frac{x}{d}\right) - \tan^{-1}\left(\frac{x-\xi_0'}{d}\right) \tag{5.95}$$

は道路区間 $[x-\xi_0', x]$ を受音点から見込む角度である（図 5.15）。式 (5.94) の受音強度は $x=vt$ を起点とする長さ $\xi_0' = v/\lambda$ の線音源（単位長あたりの出力 $w_0$）による放射場と同じである。すなわち，長さ $\xi_0'$ の線音源が速度 $v$ で $\xi$ 軸上を移動する場合に得られるユニットパターンと等価である。図 5.14 の実測結果は $\xi_0' = 40\text{m}$ とすれば大略説明し得ることが知られる。

次に 1 時間あたりの通過車両台数を $N[$台$/$時$]$ とすれば，高架構造物音による等価受音強度 $I_{\text{eq}}(d)$ は

$$\begin{aligned} I_{\text{eq}}(d) &\simeq \frac{N}{3600} \int_{-\infty}^{\infty} I(d,t) dt \\ &= \frac{(v/\lambda)w_0}{2dS} \end{aligned} \tag{5.96}$$

で与えられる。この結果は直線上を速度 $v[\text{m/s}]$，音源間隔（平均車頭間隔）

$$S = \frac{3600v}{N} \quad [\text{m}] \tag{5.97}$$

で移動する出力

$$(v/\lambda)w_0 = \xi_0' w_0 \quad [\text{W}] \tag{5.98}$$

の点音源群による放射場の $I_{eq}$ と等しいことがわかる。車両通過により励振された構造物の各点が自由振動の継続時間 $1/\lambda [\mathrm{s}]$ にわたり，$vw_0 [\mathrm{W/s}]$ の音響エネルギーを放射していることに相当する。なお，$w_0$ や $\lambda$ と車両（質量，速度）や構造物（材質，寸法）との関連については高架構造物音の発生機構の解明が必要となる。その詳細は不明であるが，自動車の運動エネルギーの一部が接触面（タイヤ/路面）の凹凸により床版等構造物の振動エネルギーに変換され，放射インピーダンスを介し，周囲に音響エネルギーとして放射されるものと考えられる [15]。

## 付録5.1：車速と音響出力（運動エネルギーに基づく次元解析）

5.3.2 では波動論を基に車速 $v$ と音響出力 $w$ との間に

$$w = K_1' v^2 + K_2' v^4$$

なる関係が成立することを導いた。一方，直観的には走行車両の運動エネルギー（$v^2$ に比例）の一部が音に変換され周囲に放射されているように思われる。この巨視的な見方をもう少し一般化し，車両の音響出力は運動エネルギーの関数であると考えることにしよう。従って $w$ と $v$ との間には

$$w = f\left(\frac{1}{2}mv^2\right) \tag{5.99}$$

なる関係があるものとする。ただし $m$ は車両の質量である。上式はまた

$$w = f\left(\frac{1}{2}mc^2 \hat{v}^2\right) = K \frac{1}{2}mc^2 F(\hat{v}^2) \tag{5.100}$$

と書くことができる。ここに

$c$:音速

$\hat{v} = v/c$:マッハ数

であり，$F(\hat{v}^2)$ は $\hat{v}^2$ の関数である。また $K$ は定数であるが $K(1/2)mc^2$ が $[\mathrm{W}] = [\mathrm{J/s}]$ の単位を持つ必要があることから，$K$ の単位は $[1/\mathrm{s}]$ となり，次元解析

より $\hat{K}$ を無名数として

$$K = \hat{K} c \left(\frac{\rho}{m}\right)^{\frac{1}{3}} \tag{5.101}$$

と置くことができる。従って式 (5.100) は

$$\begin{aligned} w &= \frac{\hat{K}}{2} m^{\frac{2}{3}} \rho^{\frac{1}{3}} c^3 F(\hat{v}^2) \\ &= \frac{\hat{K}}{2} \rho c^3 \left(\frac{m}{\rho}\right)^{\frac{2}{3}} F(\hat{v}^2) \end{aligned} \tag{5.102}$$

と表される。

さて，関数 $F(\hat{v}^2)$ であるが，マッハ数 $\hat{v}$ は通常 0.1 以下であることを考慮し，$\hat{v}^2 = 0$ のまわりにテーラー展開すれば $\hat{v}^2$ の偶数べきの和で示される。

$$F(\hat{v}^2) = F(0) + F'(0)\hat{v}^2 + \frac{1}{2}F''(0)\hat{v}^4 + \cdots \tag{5.103}$$

ここで，停車時の音響出力は 0，マッハ数が 1 に比し小さいことに留意し

$$\begin{aligned} F(0) &= 0 \\ \hat{v}^2 &\ll 1 \end{aligned} \tag{5.104}$$

とおき，$\hat{v}^6$ 以上の項を無視すれば上式は

$$F(\hat{v}^2) \simeq F'(0)\hat{v}^2 + \frac{1}{2}F''(0)\hat{v}^4 \tag{5.105}$$

となり，音響出力 $w$ は式 (5.102)，式 (5.105) より

$$w \simeq K_1 \hat{v}^2 + K_2 \hat{v}^4 \tag{5.106}$$

で与えられる。ただし

$$\begin{aligned} K_1 &= \frac{\hat{K}}{2} \rho c^3 \left(\frac{m}{\rho}\right)^{\frac{2}{3}} F'(0) \\ K_2 &= \frac{\hat{K}}{4} \rho c^3 \left(\frac{m}{\rho}\right)^{\frac{2}{3}} F''(0) \end{aligned} \tag{5.107}$$

である。従って，この場合も 5.3.2 と同じく，音響出力 $w$ は車速 $v$ の 2 乗及び 4 乗に比例する項の和として

$$w = K_1' v^2 + K_2' v^4 \qquad (5.108)$$

と表されることになる。ただし

$$K_1' = \frac{K_1}{c^2}$$
$$K_2' = \frac{K_2}{c^4} \qquad (5.109)$$

である。

巨視的な次元解析の結果に注目すると，今一つ車重（車の質量）とパワーレベル $W$ との間の興味ある関係が見いだされる。式 (5.102) より走行車両の音響出力 $w$ は車重の 2/3 乗 $m^{2/3}$ に比例しており，パワーレベル $W$ は車重とともに

$$10 \log_{10} m^{2/3} = \left(\frac{20}{3}\right) \log_{10} m \qquad (5.110)$$

のごとく増大することがわかる。従って音響放射のメカニズムが車種により変わらない場合には，同一車速に対する車種別の $W$ の差は重量比により定まり，例えば大型車及び小型車の質量をそれぞれ $m_2, m_1$ とすれば両者の $W$ の間には

$$\Delta W = \left(\frac{20}{3}\right) \log_{10} \left(\frac{m_2}{m_1}\right) \quad [\text{dB}] \qquad (5.111)$$

の開きがあることになる。因に大型車類と小型車類の平均的な重量比

$$\frac{m_2}{m_1} \simeq 12$$

を上式に代入すれば両者のパワーレベル差は

$$\Delta W \simeq 7 \quad [\text{dB}]$$

となり，大型車 1 台は音響出力の上からは（音源としては），小型車 5 台分に相当することとなる。この値は，最近の調査結果と概ね符合している。

## 付録 5.2：放射指向特性（式 (5.51)）の導出

走行車両から放射される音圧の自乗期待値は遠距離場（$R \simeq R_1 \to \infty$）においては式 (5.27) より

$$\left(\frac{4\pi}{\rho}\right)^2 \langle p^2(\boldsymbol{r},t)\rangle \simeq \frac{1}{R^2}\Gamma_{\dot{q}}(0) + \frac{\Gamma_{\ddot{D}_z}(0)}{c^2 R^2}\left(\frac{z-vt}{R}\right)^2$$
$$+ \frac{\Gamma_{\ddot{D}_x}(0)}{c^2 R^2}\left(\frac{x}{R}\right)^2 + \frac{\Gamma_{\ddot{D}_y}(0)}{c^2 R^2}\left(\frac{y}{R}\right)^2$$
$$= \frac{1}{R^2}\Gamma_{\dot{q}}(0) + \frac{\Gamma_{\ddot{D}_z}(0)}{c^2 R^2}\cos^2\theta_z$$
$$+ \frac{\Gamma_{\ddot{D}_x}(0)}{c^2 R^2}\cos^2\theta_x + \frac{\Gamma_{\ddot{D}_y}(0)}{c^2 R^2}\cos^2\theta_y \quad (5.112)$$

と表される。ただしマッハ数 $\hat{v}\,(=v/c)$ は 1 に比し十分小さいことから $\hat{v} \simeq 0$ とした。

一方，指向性出力 $w(\theta_x,\theta_y,\theta_z)$ を有する音源の遠距離場では

$$\frac{w(\theta_x,\theta_y,\theta_z)}{4\pi R^2} = \frac{1}{\rho c}\langle p^2(\boldsymbol{r},t)\rangle \quad (5.113)$$

が成り立つことから

$$w(\theta_x,\theta_y,\theta_z) = \frac{1}{4\pi}\left(\frac{\rho}{c}\right)\left\{\Gamma_{\dot{q}}(0) + \frac{\Gamma_{\ddot{D}_z}(0)}{c^2}\cos^2\theta_z\right.$$
$$\left. + \frac{\Gamma_{\ddot{D}_x}(0)}{c^2}\cos^2\theta_x + \frac{\Gamma_{\ddot{D}_y}(0)}{c^2}\cos^2\theta_y\right\} \quad (5.114)$$

が導かれる。これに式 (5.33) を代入すれば

$$w(\theta_x,\theta_y,\theta_z) = K'_1 v^2 + \left(K'_{2x}\cos^2\theta_x + K'_{2y}\cos^2\theta_x + K'_{2z}\cos^2\theta_z\right)v^4 \quad (5.115)$$

が得られる。ただし $K'_1$ は単極子に，$K'_{2x}, K'_{2y}, K'_{2z}$ は双極子成分に関係した定数である。

## 付録5.3：多孔質弾性舗装とパワーレベル

密粒アスファルト舗装における走行車両の音響出力を

$$w = K_1' v^2 + K_2' v^4 \tag{5.116}$$

多孔質弾性舗装における音響出力を

$$w^* = k_1' v^2 + k_2' v^4 \tag{5.117}$$

とする。前者においてエンジン系及びタイヤ系騒音（単極子及び双極子放射の出力）がバランスする車速を $v_0$ とし

$$K_1' v_0^2 = K_2' v_0^4 \equiv K' v_0^3 \tag{5.118}$$

とおけば上記 $w$ 及び $w^*$ はそれぞれ簡単な変形により

$$w = K' v_0^3 \left(\frac{v}{v_0}\right)^3 \left\{\left(\frac{v}{v_0}\right)^{-1} + \left(\frac{v}{v_0}\right)\right\} \tag{5.119}$$

$$w^* = K' v_0^3 \left(\frac{v}{v_0}\right)^3 \frac{k_1'}{K_1'} \left\{\left(\frac{v}{v_0}\right)^{-1} + \frac{K_1'}{k_1'}\frac{k_2'}{K_2'}\left(\frac{v}{v_0}\right)\right\} \tag{5.120}$$

と書かれる。従って密粒舗装と多孔質弾性舗装における自動車のパワーレベル差は，

$$\begin{aligned}\Delta W &= 10 \log_{10}\left(\frac{w}{w^*}\right) \\ &= 10 \log_{10}(K_1'/k_1') + 10 \log_{10} \frac{1 + (v/v_0)^2}{1 + (K_1'/k_1')(k_2'/K_2')(v/v_0)^2}\end{aligned} \tag{5.121}$$

で与えられる。図5.16には一例として

$$k_1'/K_1' = 1/2, \quad k_2'/K_2' = 2/10$$

とした場合の低減量 $\Delta W$ を示した。この場合，密粒舗装に比し低速では3dB，高速では6～7dBの低減が見込まれる。

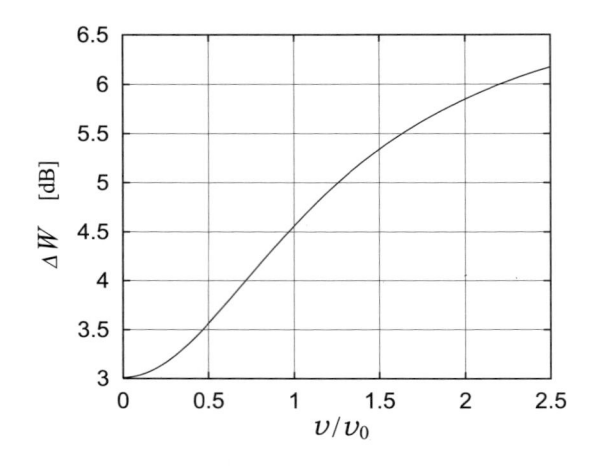

図 5.16: 多孔質弾性舗装によるパワーレベルの低減量と車速の関係

# 文献

1) 石井聖光, "道路交通騒音予測計算方法に関する研究（その 1）－実用的な計算式について－", 日本音響学会誌, 31 巻 (1975) 507-517.

2) 橘秀樹他, "道路交通騒音の予測：道路一般部を対象としたエネルギーベース騒音予測法（日本音響学会道路交通騒音調査研究委員会報告）", 日本音響学会誌, 50 巻 (1994) 227-252.

3) 日本音響学会道路交通騒音調査研究委員会, "道路交通騒音の予測モデル ASJ Model 1998", 日本音響学会誌, 55 巻 (1999) 281-324.

4) 野呂雄一, 山本征夫, 久野和宏, "自動車走行騒音のパワーレベルの速度依存式に見られる回帰係数の統計的性質", 日本音響学会誌, 53 巻 (1997) 851-856.

5) 久野和宏, 野呂雄一, "自動車の音響出力に関する波動論的考察", , 日本音響学会誌, 57 巻 (2001) 383-388.

6) P.M.Morse, K.U.Ingard, *Theoretical Acoustics* (McGraw-Hill Inc., 1968).

7) 日野幹雄, スペクトル解析 (朝倉書店, 1977).

8) C.M.Harris, *Handbook of Noise Control*, 2nd edition (McGraw-Hill Book Co., 1979) chap.32.

9) 久野和宏, "排水性舗装, 道路勾配, 高架構造物音などのこと", 日本騒音制御工学会講演論文集 (1999) 21-24.

10) 大西博文, 明嵐政司, 南里吉輝, 高木興一, "多孔質弾性舗装の自動車走行騒音低減効果", 騒音制御, 24 巻 (2000) 68-76.

11) 大西博文, "数種の低騒音舗装とそれらの諸課題", 騒音制御, 25 巻 (2001) 117-121.
12) 景山克三, 景山一郎, 自動車力学 (理工学図書, 1984) 23-30.
13) 大西博文, "自動車が勾配区間を走行する時の騒音の変化について", 土木技術資料, 37-5 (1995) 65-66.
14) 田近輝俊他, "高架構造物音の予測方法に関する検討", 騒音・振動研究会資料, N-99-16 (1999).
15) 佐野泰之, 久野和宏, 成瀬治興, "高架構造物音の発生メカニズムに関する考察", 騒音・振動研究会資料, N-2002-12 (2002).

# 第6章　騒音の伝達特性 ──ユニットパターンと単発騒音暴露量──

　車両のパワーレベルの設定の次に必要なことは，それが道路の周辺にどの様に伝搬するかである。1台の車両走行に伴う騒音の伝達特性（各受音点において観測される騒音波形）をユニットパターンという[1)2)]。またその積分値を単発騒音暴露量という。このユニットパターンと単発騒音暴露量が道路交通騒音予測において基本的な役割を担っている。交通流を形成する各車両からのユニットパターンや単発騒音暴露量を合成（加算）することにより刻々の道路騒音波形やその積分値が得られ，$L_{A\alpha}$ や $L_{Aeq}$ などの騒音評価量はこれらより比較的容易に求められる。ユニットパターンは基本的には波動方程式に対するグリーン関数（境界条件を満たす時間・空間的なインパルス応答）に相当し，音源分布をたたみ込むことにより放射場を合成することができる。

　この様にユニットパターンを導入することにより図6.1に示すごとく道路交通騒音の予測計算の手順は直観的で分り易くなる。そして予測精度向上の鍵はユニットパターンやその積分値をいかに精度よく求められるかに掛かっている。道路交通騒音の $L_{Aeq}$ に関する予測計算法 **ASJ Model 1998** は4章で述べたごとくこの考えに基づきユニットパターンの算定に主力を注いでいる。

　しかしながらグリーン関数と同様，特別な場合（理想的な場合）を除き，厳密なユニットパターンを求めることは困難である。現実の道路とその周囲条件の下でユニットパターンを計算により厳密に求めることは至難の業である。その主な原因は

① 道路や地表面，音響障害物等に対する条件設定が困難である（境界条件を正確に設定することが難しい）

② たとえ設定できたとしても，解析的にしろ，数値的にしろ，複雑で面倒な計

算を必要とする

ことである。従って，予測計算の手順は単純明解であっても，ユニットパターンを正確に求めようとすればするほど，計算の手間は増大し，予測結果の見通しも不透明となる。これに対する解決策（逃げ道）の一つは，理想化された条件下における単純なユニットパターンを予測計算の基本式に採用し，現実とのギャップを種々の方法で補正することである[3)4)]。物理的には若干あいまいな部分が混入するものの，簡便で見通しのよい予測式構築の道が拓かれる。本章では以下の各章で用いる代表的なユニットパターンとその積分値（単発騒音暴露量）について概説する。

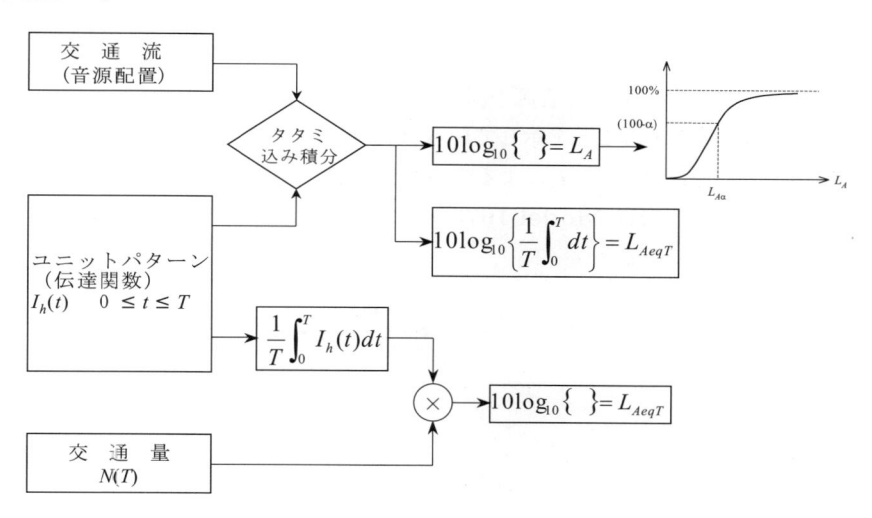

図 6.1: ユニットパターン／単発騒音暴露量と騒音評価量 $L_{A\alpha}$, $L_{Aeq}$ との関係

## 6.1 逆自乗則に従うユニットパターン

最も単純でかつ基本的なユニットパターンは路面及び地表面の反射係数を1とした場合の半自由空間への音の放射に関するものである。直線道路（$x$ 軸上）を

走行する出力 $w[\mathrm{W}]$ の点音源（車両）による受音強度は

$$
\begin{aligned}
I(d|x) &= \frac{w}{2\pi r^2} \\
&= \frac{w}{2\pi(d^2+x^2)} \\
&= wh(d|x)
\end{aligned} \tag{6.1}
$$

で与えられる（図 6.2）。ここに

$$
\begin{aligned}
h(d|x) &= \frac{1}{2\pi}\,\frac{1}{d^2+x^2} \\
&= \frac{1}{2\pi}\,\frac{1}{d^2+(vt)^2}
\end{aligned} \tag{6.2}
$$

は速度 $v[\mathrm{m/s}]$，出力 1W の点音源の周りの受音強度であり，音源からの距離 $r$ の2乗に反比例し減衰することを示している（逆自乗則）。また，この $h(d|x)$ は完全反射面上の音源位置 $x=vt$ による受音波形の変化パターン（ユニットパターン）を表しており，**ASJ Model 1975** において予測基本式を求める際の伝達特性として用いられている[3]。

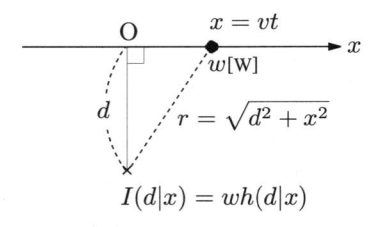

図 6.2: 直線道路上を速度 $v$ で移動する車両による放射場

## 6.2　指数関数的な超過減衰を有するユニットパターン

現実の地表面は完全反射とは異なり，騒音伝搬に対し上述の逆自乗則に比し，より大きな減衰を伴う。この余分な減衰のことを超過減衰または過剰減衰などと呼んでいる。超過減衰を表すにはいろいろな方法があるが，ここでは比較的単純

で取扱いが容易な伝搬距離に対する指数減衰因子

$$e^{-\eta r} = e^{-\eta\sqrt{d^2+x^2}} \tag{6.3}$$

を導入する。この減衰は伝搬途中における個々の減衰が独立で小さく，at random に発生する場合に成り立ち，減衰係数 $\eta$ は地表面の特性と音源，受音点配置により定まるものとする。

従ってこの場合，図 6.1 のユニットパターン $h_\eta(d|x)$ 及び受音強度 $I(d|x)$ はそれぞれ

$$\begin{aligned} h_\eta(d|x) &= h(d|x)e^{-\eta\sqrt{d^2+x^2}} \\ &= \frac{1}{2\pi}\frac{1}{d^2+x^2}\,e^{-\eta\sqrt{d^2+x^2}} \end{aligned} \tag{6.4}$$

$$I(d|x) = wh_\eta(d|x) \tag{6.5}$$

で与えられる。

減衰係数 $\eta$ をどの様に定めるかが重要な課題であるが，伝搬途中において $\eta$ が地表面性状等により種々変化しても，式 (6.3) の指数減衰の特質から $\eta$ としてはそれらの平均値（期待値）を用いればよい。実務的には $\eta$ は実測データとの照合により経験的に定めるか，他のより厳密な方法で算出されたユニットパターンに適合するよう定めることとなる。

## 6.3　一般のユニットパターン

定常走行車両による一般のユニットパターンは路面や地表面の影響のみならず，道路構造や地形，地物などの音響障害物，気象（温湿度，風向・風速）等により様々な影響を受ける。通常これらの影響はそれぞれ独立の因子

$f_g$：地表面等による補正因子
$f_d$：音響障害物による回折補正因子
$f_m$：気象による補正因子
　　　⋮

で与えられるものとし，図 6.2 の受音強度を

$$
\begin{aligned}
I(d|x) &= wh(d|x)\ f_g \cdot f_d \cdot f_m \cdots \\
&= wh_f(d|x)
\end{aligned}
\tag{6.6}
$$

で表す．ここに

$$
h_f(d|x) = h(d|x)\ f_g \cdot f_d \cdot f_m \cdots \tag{6.7}
$$

は逆自乗則に従う半自由空間のユニットパターン $h(d|x)$ を伝搬途中における様々な影響因子により補正したパターンを示している．従って受音点における騒音レベル波形は

$$
L_I = W + L_h + L_d + L_g + L_m + \cdots \tag{6.8}
$$

と表され [1)2)]，車両のパワーレベル $W$ を基準（0dB）にとれば，倍距離 6dB の減衰を示す半自由空間のユニットパターン $L_h$ に回折補正 $L_d$，地表面補正 $L_g$ 及び気象による補正 $L_m$ 等を付加したものとなっている．この様なレベル波形における加算性は因子相互が独立であるとした式 (6.7) に由来する．実用上の便宜のため（あるいは直観的に）この種の仮定を置くことが多いが，近似的に成り立つに過ぎない．一般には数値解析的手法又は実測等により $I(d|x)$ 又はそのレベル波形 $L_I$ が全体として与えられるだけである．

## 6.4 単発騒音暴露量

出力 $w[\mathrm{W}]$ の 1 台の車両が直線道路上を速度 $v[\mathrm{m/s}]$ で定常走行しているものとする．受音点に及ぼす単発騒音暴露量は時々刻々の受音強度 $I(d|x=vt)$ の総和を求めることにより

$$
\begin{aligned}
E(d) &= \int_{-\infty}^{\infty} I(d|x=vt)dt \\
&= \frac{1}{v}\int_{-\infty}^{\infty} I(d|x)dx
\end{aligned}
\tag{6.9}
$$

で与えられる。いま改めて出力 1W の車両によるユニットパターンを $h(d|x)$ と書くことにすれば，上式は

$$E(d) = \frac{w}{v} \int_{-\infty}^{\infty} h(d|x)dx \tag{6.10}$$

と表され[1)2)]，単発騒音暴露量はユニットパターンの積分値

$$\int_{-\infty}^{\infty} h(d|x)dx \tag{6.11}$$

に比例することとなる。また，この積分は単位長さあたり 1W の出力を有する線音源による受音強度と見なすこともでき，単発騒音暴露量 $E(d)$ は数値的には出力 $w/v[\text{W/m}]$ の線音源による放射場の受音強度と等しい。

さて，具体的な例として，6.1 節及び 6.2 節で述べたユニットパターンについて単発騒音暴露量を求めてみよう。まず路面及び地表面が理想的な完全反射面と見なされる半自由空間におけるユニットパターンは 6.1 節によれば次式で与えられる。

$$\begin{aligned} h(d|x) &= \frac{1}{2\pi} \frac{1}{d^2 + x^2} \\ &= \frac{1}{2\pi} \frac{1}{d^2 + (vt)^2} \end{aligned}$$

従って，この場合の単発騒音暴露量は式 (6.10) より

$$\begin{aligned} E(d) &= \frac{1}{2\pi} \frac{w}{v} \int_{-\infty}^{\infty} \frac{dx}{d^2 + x^2} \\ &= \frac{w}{2dv} \end{aligned} \tag{6.12}$$

と表され，道路からの距離 $d$ 及び車速 $v$ に反比例することが分る。

次に伝搬距離に対し指数関数的な超過減衰を有する 6.2 節のユニットパターン

$$h_\eta(d|x) = \frac{1}{2\pi} \frac{1}{d^2 + x^2} e^{-\eta\sqrt{d^2 + x^2}}$$

の場合には単発騒音暴露量は

$$\begin{aligned}
E(d) &= \frac{1}{2\pi}\frac{w}{v}\int_{-\infty}^{\infty}e^{-\eta\sqrt{d^2+x^2}}\frac{dx}{d^2+x^2} \\
&\simeq \frac{w}{2dv}\frac{e^{-\eta d}}{\sqrt{2\pi\eta d}}\Phi\left(\sqrt{\eta d}\pi/2\right) \\
&= \frac{w}{2dv}\frac{e^{-\eta d}}{\sqrt{\eta d/2}(\pi/2)}\operatorname{Erf}\left(\sqrt{\eta d/2}\pi/2\right)
\end{aligned} \tag{6.13}$$

と表される(付録9.1)。ここに

$$\begin{aligned}
\Phi(z) &= \frac{1}{\sqrt{2\pi}}\int_0^z e^{-t^2/2}dt \\
&= \frac{1}{\sqrt{\pi}}\operatorname{Erf}\left(z/\sqrt{2}\right)
\end{aligned} \tag{6.14}$$

である。

　ユニットパターンが複雑な式や計算値,実測などで与えられる一般の場合については,単発騒音暴露量はそれらの数値積分により求められる。その際,積分領域としては,ピーク値を中心とした10dB程度の範囲を考えることが多い。

## 6.5　ユニットパターンと道路交通騒音予測

　沿道の騒音波形はユニットパターンを交通条件に従い合成することにより得られる。この騒音波形から必要な評価量は全て求められる。$L_{\text{Aeq}}$ は騒音波形の積分値から,$L_{\text{A}\alpha}$ は騒音レベル波形のサンプル値の累積度数分布から求められる。従ってユニットパターンが与えられればこれらの手続き(交通条件に基づく騒音波形の生成・処理)は計算機上で容易に実行することができる。**ASJ Model 1993** 及び **1998** はこの様な考えに基づきユニットパターンの計算は勿論のこと,その後の処理をも含め計算機の使用を前提としている[1)2)]。予測値自体が重視される実務では,その精度の向上と,様々な要求に迅速,柔軟に対応する上から,計算機への依存度は益々高くなるであろう。

　一方,学術的には予測値のみならず,予測における入出力関係(因果関係)を明確にし,予測結果の把握を容易にすることが望まれる。そのためには騒音波形

の合成・処理結果を出来るだけ簡潔に陽表示し，予測の透明性を高めることが重要である。

## 文献

1) 橘秀樹他, "道路交通騒音の予測：道路一般部を対象としたエネルギーベース騒音予測法（日本音響学会道路交通騒音調査研究委員会報告）", 日本音響学会誌, 50 巻 (1994) 227-252.

2) 日本音響学会道路交通騒音調査研究委員会, "道路交通騒音の予測モデル ASJ Model 1998", 日本音響学会誌, 55 巻 (1999) 281-324.

3) 石井聖光, "道路交通騒音予測計算方法に関する研究（その1）－実用的な計算式について－", 日本音響学会誌, 31 巻 (1975) 507-517.

4) 石井聖光, "道路交通騒音予測計算方法に関する研究 －高さ別補正値 $\alpha_i$ について－", 日本音響学会誌, 33 巻 (1977) 426-430.

# 第7章　等間隔モデル

　道路交通騒音予測とは，道路交通条件を基に個々の車両の寄与を受音点において合成し，必要な評価量を算定することである．個々の車両の寄与は音響出力と騒音の伝搬特性（ユニットパターン）により定まり，それらについては5章及び6章において述べた．本章では予測式の導出方法を具体的に示すために，まず伝統的な等間隔モデルを取上げ，ユニットパターンの合成法について述べる．

　交通条件としては通常，交通量 $Q$[台/h] と車速 $V$[km/h] が与えられるが，$L_{A50}$ など時間率騒音レベルを算定するには道路上の車の配列に関する情報も必要となる．等間隔モデルとは車線上に車が等間隔に配置されていると想定するモデルである．このモデルについては従来，最も研究が進み，いわゆる音響学会式（**ASJ Model 1975**）として我が国では $L_{A50}$ の実務的な予測計算のベースとして広く用いられてきた[1]．車線上の車の配列が無秩序（ランダム）であるとするモデルについても多くの研究がなされており，それについては次章で詳しく述べる．

　なお，一口に等間隔モデルと言っても，各車両に対する音響出力の与え方，ユニットパターンの設定の仕方により様々な場合がある．本章では音響学会式 **ASJ Model 1975** を念頭におき，ユニットパターンが逆自乗則に従う等間隔等パワーモデルに対する道路交通騒音の予測基本式を導出し，実務的に活用する場合の補正方法について概説するとともに，等間隔モデルの有する諸課題と発展の方向について言及する．

## 7.1　$L_{A50}$ の予測基本式

　通常，等間隔モデルと言えば，等間隔・等パワーモデルを指す．新設道路等の騒音影響を予測するために用いられてきた日本音響学会式 **ASJ Model 1975** は交通流を直線上の点音源群と見なし，以下の3つの仮定をベースに基本式を導出

## 7.1. $L_{A50}$ の予測基本式

している [1]。

① 各音源は同一の音響出力を有する。
② 音源からの放射音の強度は距離の 2 乗に逆比例する（放射音の伝搬特性は逆自乗則に従う）。
③ 音源群は直線上の等間隔配置に従う（平均車頭間隔で配置される）。

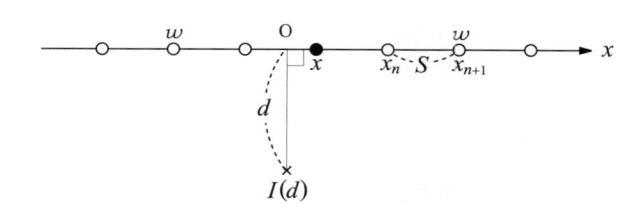

**図 7.1:** 等間隔モデルに対する音源・受音点配置

即ち，同一の音響出力と逆自乗則に従う伝搬特性を持つ点音源が直線上に等間隔に並んでいるものと仮定している。そこで図 7.1 を参照し，

① 各点音源の出力を $w$
② 音の強度の伝搬特性を

$$h(d|x_n) = \frac{1}{2\pi} \cdot \frac{1}{d^2 + x_n^2}$$

③ 音源間隔を

$$S = x_{n+1} - x_n$$

とすれば受音強度 $I(d)$ は

$$\begin{aligned} I(d) &= \sum_{n=-\infty}^{\infty} \frac{w}{2\pi} \cdot \frac{1}{d^2 + x_n^2} \\ &= \frac{w}{2\pi} \sum_{n=-\infty}^{\infty} \frac{1}{d^2 + (x + nS)^2} \end{aligned} \quad (7.1)$$

なる無限級数で表される。幸い，この級数は良く知られた関数を用いて，

$$I(d) = \frac{w}{2dS} \cdot \frac{\sinh(2\pi d/S)}{\cosh(2\pi d/S) - \cos(2\pi x/S)} \tag{7.2}$$

と表される[1)]。ただし，$x$ は最近接音源（受音点に最も近い音源）の位置座標（原点 O からの距離）である。騒音レベルは上式を対数変換することにより

$$\begin{aligned} L &= 10\log_{10}\frac{I(d)}{10^{-12}} \\ &= W - 10\log_{10}(2dS) \\ &\quad + 10\log_{10}\frac{\sinh(2\pi d/S)}{\cosh(2\pi d/S) - \cos(2\pi x/S)} \end{aligned} \tag{7.3}$$

で与えられる。ここに $W$ は点音源（自動車）のパワーレベル

$$W = 10\log_{10}\frac{w}{10^{-12}} \quad [\text{dB}]$$

である。点音源の移動速度（車速）を $v[\text{m/s}]$ とすれば

$$x = vt$$

とおくことにより，上記の騒音レベルは時間の周期関数であることがわかる。これより騒音レベルの上位 $\alpha$% 値，即ち時間率騒音レベル $L_{A\alpha}$ は

$$\begin{aligned} L_{A\alpha} &= W - 10\log_{10}(2dS) \\ &\quad + 10\log_{10}\frac{\sinh(2\pi d/S)}{\cosh(2\pi d/S) - \cos(\alpha\pi/100)} \end{aligned} \tag{7.4}$$

で与えられる。特に道路交通騒音の評価に従来我が国で用いられてきた中央値（50%値）$L_{A50}$ は

$$L_{A50} = W - 10\log_{10}(2dS) + 10\log_{10}\{\tanh(2\pi d/S)\} \tag{7.5}$$

と表される。これがいわゆる等間隔モデルにより $L_{A50}$ を算定する場合の基本式である。

なお，実際の予測ではこの基本式に回折による補正値 $\alpha_d$ と種々の原因による補正値 $\alpha_i$ を付加している。$\alpha_d$ は道路構造や防音壁等による音の回折減衰量を表

すのに対し，$\alpha_i$ はこのモデルではカバーしきれない諸々の原因による予測残差を統計的に処理した補正値である．$\alpha_i$ は主に地表面における音の過剰減衰を表すといわれているが予測値と実測値との整合をとる上で極めて重要な役割を果している[1]．

さて，通常，基本式は交通量，平均車速，大型車混入率及び受音距離を与えることにより計算される．即ち式中のパワーレベル $W$ は平均車速及び大型車混入率から，また平均車頭間隔（音源間隔）$S$ は交通量と平均車速から設定され，これと受音距離 $d$ とから容易に算定される．

上記の $L_{A50}$ に対する基本式は等価騒音レベル

$$L_{Aeq} = W - 10\log_{10}(2dS) \tag{7.6}$$

を用いれば

$$L_{A50} = L_{Aeq} + 10\log_{10}\{\tanh(2\pi d/S)\} \tag{7.7}$$

と書かれる．さらに

$$\ln\{\tanh(x/2)\} = -2\sum_{n=0}^{\infty}\frac{e^{-(2n+1)x}}{2n+1}$$
$$\simeq -2e^{-x} \quad (x \geq 1) \tag{7.8}$$

なる関係を考慮すれば[2]

$$L_{A50} \simeq L_{Aeq} - 8.68e^{-4\pi d/S} \quad (d/S \geq 0.1) \tag{7.9}$$

と表される．この式は極めて簡単であるが，$L_{A50}$ の基本式 (7.7) を良く近似していることが分る（図 7.2）．

## 7.2　車種別パワーレベルと平均パワーレベル

走行車両のパワーレベル $W[\text{dB}]$ を設定すれば前節の予測基本式から $L_{A50}$ を算定することができる．パワーレベルは車速 $V[\text{km/h}]$ の関数として実測に基づく回帰式で与えられる．回帰式としては 5.1 節で述べたように $V$ の 1 次式又は

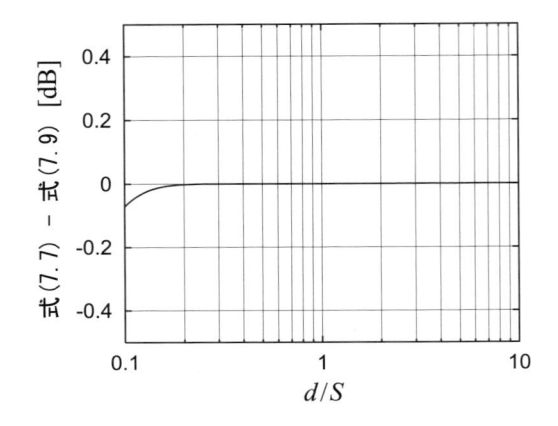

図 7.2: $L_{A50}$ の基本式 (7.7) と近似式 (7.9) の差

$\log_{10} V$ の 1 次式

$$W_i = \begin{cases} A_i \log_{10} V + B_i & (7.10) \\ c_i V + d_i & (7.11) \end{cases}$$

が用いられる。ここに回帰係数 $A_i$, $B_i$ 及び $c_i$, $d_i$ は車種 $i$ 及び年式により異なる。**ASJ Model 1975** では車種別パワーレベルとして式 (7.11) の関係を採用し,実際の $L_{A50}$ の予測計算には $W$ として車種混入率を考慮した平均パワーレベル $W_{\mathrm{eq}}$ (交通流に対する等価パワーレベル式)

$$\begin{aligned} W_{\mathrm{eq}} &= W_1 + 10\log_{10}(r_1 + Mr_2) \\ &= c_1 V + d_1 + 10\log_{10}(r_1 + Mr_2) \\ &= 0.2V + 87 + 10\log_{10}(r_1 + Mr_2) \quad [\mathrm{dB}] \end{aligned} \quad (7.12)$$

を用いることとしている。ここに

$$W_1 = c_1 V + d_1 \quad :小型車のパワーレベル$$
$$r_1, r_2 :小型車及び大型車混入率\ (r_1 + r_2 = 1)$$
$$M :音響出力に基づく大型車の小型車換算倍率$$

である。当初 $M = 10$ とされていたが，その後，大型車に対する単体規制等の対策効果により最近では $M \simeq 5$（大型車は音響的には小型車 5 台分に相当する）と見積もられている。

なお，車種別パワーレベル及びパワーレベル式（平均パワーレベル）は道路交通騒音調査研究委員会において継続的に調査が実施されており，適宜修正が行なわれている。また回帰式も最近では式 (7.10) が主に用いられている。その詳細は 5 章に述べた通りであり，$L_{A50}$ の予測基本式におけるパワーレベル $W$ としても式 (5.14) 及び車種混入率を考慮して得られる最新のパワーレベル式

$$W_{\text{eq}} = 30 \log_{10} V + 45.9 + 10 \log_{10}(r_1 + 5.1 r_2) \tag{7.13}$$

を活用すべきであろう。

## 7.3 回折補正値 $\alpha_d$

$L_{A50}$ の予測基本式 (7.5) は直線道路の周りの半自由空間への音の放射を表している。実際には道路構造（盛土，切土，高架）や防音壁など伝搬途中の音響障害物による回折の影響を考慮する必要がある。**ASJ Model 1975** では直線道路を非干渉性の線音源と見なし，半無限障壁に対する回折減衰量を模型実験により求め，自動車騒音のスペクトルで重み付けを行い，行路差 $\delta$[m] と回折補正値 $\alpha_d$[dB] との関係を図 7.3 で与えている。

行路差 $\delta$ は音源と受音点間の直達距離と障害物による迂回距離の差であり，音源が見通せない場合は正，見通せる場合には負とする（図 7.4）。

## 7.4 種々の原因による補正値 $\alpha_i$

$L_{A50}$ に対する予測基本式（$\hat{L}_{A50}$ と記すことにする）に回折補正値 $\alpha_d$ を加えた $\hat{L}_{A50} + \alpha_d$ と実際の $L_{A50}$ との間には種々の原因によるギャップが存在する。

- 車両の音響出力と配置を単純化し理想化したこと
- 地表を完全反射面としたこと
- 線音源に対する半無限障壁の回折減衰量で $\alpha_d$ を単純化したこと

(出典：石井，1975)[1]

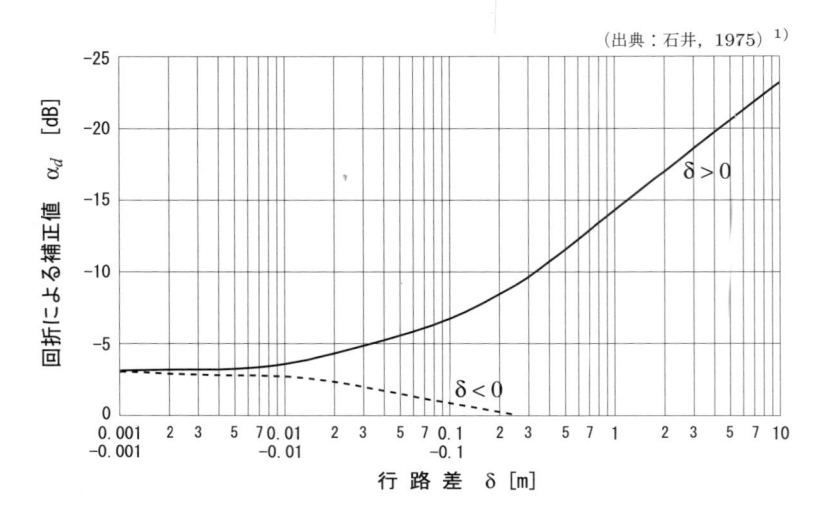

図 7.3: 回折による補正値 $\alpha_d$ の計算図表

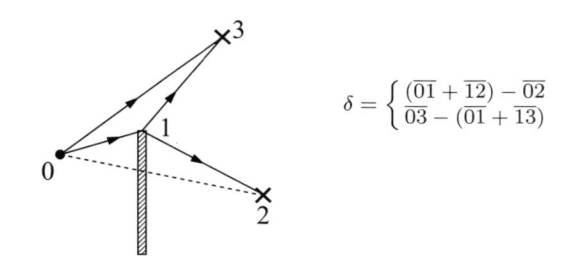

$$\delta = \begin{cases} (\overline{01} + \overline{12}) - \overline{02} \\ \overline{03} - (\overline{01} + \overline{13}) \end{cases}$$

図 7.4: 障害物による行路差 $\delta$

- 高架構造物音を無視したこと
- 気象 (風，温湿度) の影響を無視したこと

などさまざまな原因が考えられる。

一般にギャップ $L_{A50} - (\hat{L}_{A50} + \alpha_d)$ には系統的なもの $\alpha_i$(バイアス誤差) と不規則なもの $\alpha_r$(ランダム誤差) がある。4.4 節で述べたごとく前者の系統的な偏差 $\alpha_i$ を抽出し，補正値として予測式にフィードバックすることにより予測式の精度

を高めることができる．音響学会式 **ASJ Model 1975** はこのような考えに基づき，多数の実測データとの照合により偏差 $\alpha_i$ を求め，種々の原因による補正値として $\hat{L}_{A50} + \alpha_d$ に加えることにより $L_{A50}$ の予測値を算定することとしている．

即ち，**ASJ Model 1975** における $L_{A50}$ の予測計算式は最終的には次式で表される．

$$\hat{L}_{A50} + \alpha_d + \alpha_i = W_{eq} - 10\log_{10}(2dS)$$
$$+ 10\log_{10}\{\tanh(2\pi d/S)\} + \alpha_d + \alpha_i \qquad (7.14)$$

なお，$\alpha_i$ は距離減衰補正として，道路構造別・地上高さ別に図 7.5 の回帰曲線で与えられている[4]．

この $\alpha_i$ の導入により **ASJ Model 1975** は簡便で実務的な予測式としての地位を獲得したと言っても過言ではない．基本式 $\hat{L}_{A50}$ と回折補正 $\alpha_d$ の持つ過度の単純化と理想化は $\alpha_i$ により現実との整合がはかられているのである．

## 7.5　等間隔モデルの諸課題

**ASJ Model 1975** は $L_{A50}$ の実用的で簡便な算定法として，我が国の道路交通騒音予測において一世を風靡したが，

- 適用範囲が狭い
- 物理的に不明確な補正 $\alpha_i$ が含まれている
- レベルの合成方法 (パワーレベル式における合成や $L_{A50}$ の合成) が不適切である

などの課題があることは良く知られているところである[1]．
さらに基本式導出の前提となっている

① 各車両の音響出力は同一である
② 各車両から放射される騒音の伝搬特性は距離の自乗に反比例する
③ 車両は直線上に等間隔に配置されている

のうち，何れか一つでも満たされなければ予測式の簡便さは立ち所に消滅する．例えば最近公表された **ASJ Model 1998** では地表面性状を考慮し，上記②の

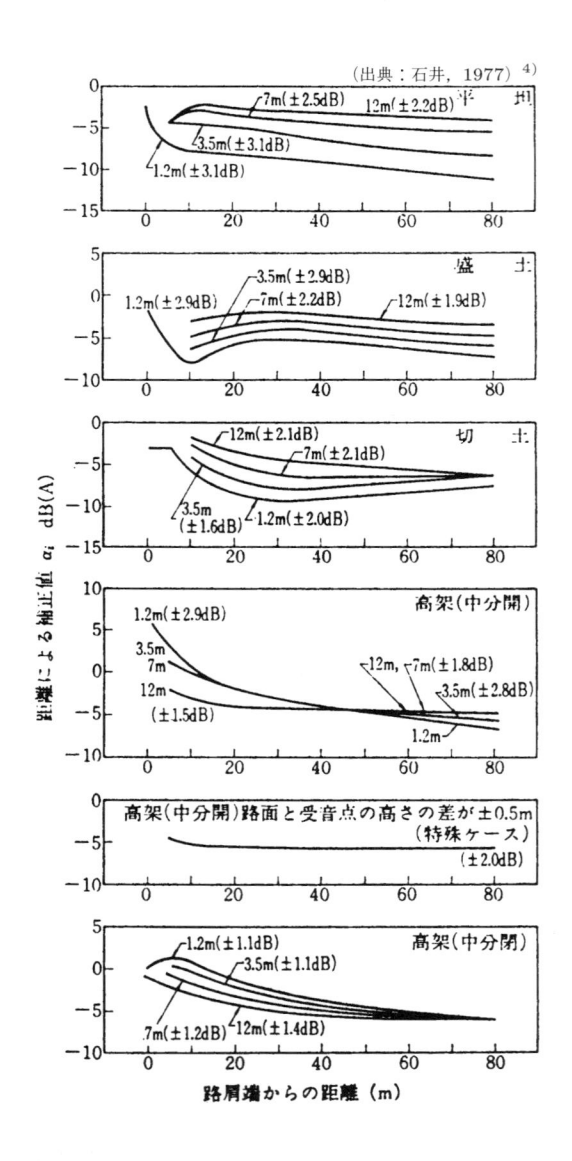

図 7.5: 騒音レベルの中央値を計算するときの道路構造別・高さ別補正値 $\alpha_i$

代わりにより現実に近い伝搬特性 (ユニットパターン) を採用しているが，予測式の簡便さと透明さは失われている [5]。

**ASJ Model 1998** は $L_{\text{Aeq}}$ を計算するためのものであるが，単位長さあたりの出力が等しい非干渉性線音源を等間隔サンプリングし点音源群に置き換えそれらの寄与の総和を求めており，実質的には等間隔・等パワーモデルと同一である。但し本章で概説したモデルとは

- ユニットパターンが異なること
- 平均車頭間隔としてサンプリング間隔を用いること

が相違している。

前提条件①，②，③をゆるめ一般化した場合の予測モデルとその取扱いについては次の 8 章及び 9 章で詳しく述べることにする。

# 文献

1) 石井聖光, "道路交通騒音予測計算方法に関する研究 (その 1) −実用的な計算式について−", 日本音響学会誌, 31 巻 (1975) 507-517.
2) 森口繁一, 宇田川銈久, 一松信, 数学公式 II, 岩波全書 229 (岩波書店, 1957) 205.
3) 久野和宏, 奥村陽三, "道路交通騒音予測のこと (IX) −等間隔モデルについて−", 騒音・振動研究会資料, N-96-07 (1996).
4) 石井聖光, "道路交通騒音予測計算方法に関する研究 −高さ別補正値 $\alpha_i$ について−", 日本音響学会誌, 33 巻 (1977) 426-430.
5) 日本音響学会道路交通騒音調査研究委員会, "道路交通騒音の予測モデル ASJ Model 1998", 日本音響学会誌, 55 巻 (1999) 281-324.

# 第8章　指数分布モデル

　車が道路上を他車の影響を受けずに全く自由に走行できる場合の間隔（車と車の間の距離）は指数分布に従うことが知られている。この無秩序な車の流れ（配置）に基づく道路交通騒音の予測計算モデルを指数分布モデルと呼んでいる。本章では交通流を直線上の点音源群と見なし，以下の3つの仮定を置き，予測計算式（基本式）の導出をはかる。

① 各音源は同一の音響出力を有する。
② 各音源からの放射音の強度は距離の2乗に逆比例する。
③ 隣接する音源間の距離（車頭間隔）は指数分布に従う。

これらのうち，等パワーであること及びユニットパターンが逆自乗則に従うことは前章のモデルと同じであり，異なるのは音源配置（間隔が一定ではなく指数分布に従うこと）のみである。

　即ち整然とした音源配置が全くデタラメ（無秩序）になった場合，騒音評価量 $L_{\mathrm{Aeq}}$ および $L_{\mathrm{A}\alpha}$ がどの様な影響を受けるかを示す。

　また，本モデルと通信工学における S.O.Rice の雑音理論等との関連についても言及し，本モデルの課題や発展の方向を示す。

## 8.1　モデルの性質（音源配置に係る特性）

　等価騒音レベル $L_{\mathrm{Aeq}}$ のみを予測対象とする場合には音源配置自体はあまり問題とならないが，時間率騒音レベル $L_{\mathrm{A}\alpha}$ をも対象とするのであれば，音源配置に関する情報が重要となる。ここでは指数分布モデルの基本的な性質を述べ，$L_{\mathrm{A}\alpha}$ の予測式（基本式）を導出する上で有用な音源配置に係る特性について整理する。

　指数分布モデルとは上述のように直線上の音源間の距離（車頭間隔）が指数分

布に従うような音源配置をいう。このような分布は直線上に点音源群を全く無秩序(ランダム)に配置する場合に得られるものであり,交通流で言えば自由走行車群(個々の車が他車の影響を受けずに走行できる状態)に対応するものである。そして,音源個数(交通量)に関する以下の分布と等価であることから交通工学の分野ではポアソン交通流と呼ばれている。即ちある一定区間内に観測される音源数(又はある点を一定時間内に通過する音源数)がポアソン分布に従う場合,音源間の距離は指数分布で与えられる[1)2)]。

さて,図 8.1 に示すように受音点から直線道路に垂線を下ろし,その足を原点 O とし,点 O から各音源までの距離を近いものから順に $x_1, x_2, x_3, \cdots$ とおく。特に受音点に最も近い点 $x_1$ にある音源を最近接音源と呼ぶことにする。また音源の平均間隔を $S[\mathrm{m}]$ とすれば,直線上の音源の平均密度 $\nu$ は

$$\nu = \frac{1}{S} \quad [\text{個}/\mathrm{m}] \tag{8.1}$$

と表される。このとき最近接音源 $x_1$ をはじめ,原点 O を起点に順序づけられた音源 $x_2, x_3, x_4, \cdots$ の分布は,原点 O からの距離に関する限りは,半直線上の図 8.2 の分布を考えることと同じである。言うまでもなく,図 8.1 は音源の平均間隔 $S$ の指数分布(平均密度 $\nu$ のポアソン分布)であるのに対し,図 8.2 は平均間隔 $S/2$ の指数分布(平均密度 $2\nu$ のポアソン分布)となることに留意すべきである。即ち,図 8.2 において点 O から各音源までの距離

$$\begin{aligned}
x_1 &= \xi_1 \\
x_2 &= \xi_1 + \xi_2 \\
x_3 &= \xi_1 + \xi_2 + \xi_3 \\
&\vdots \\
x_n &= \xi_1 + \xi_2 + \cdots + \xi_n \\
&\vdots
\end{aligned} \tag{8.2}$$

は平均値 $S/2$ の互いに独立な指数分布に従う確率変数 $\xi_1, \xi_2, \xi_3, \cdots$ の和で表される。従って $n$ 番目の音源位置 $x_n$ に関する確率密度分布 $p_n(x)$ は上記指数分布

の $n$ 重のたたみ込み積分として

$$p_n(x) = \left(\frac{2}{S}\right)^n \frac{x^{n-1}}{(n-1)!} e^{-2x/S}$$
$$= \frac{(2\nu)^n}{(n-1)!} x^{n-1} e^{-2\nu x} \quad (n=1,2,3,\cdots; x \geq 0) \quad (8.3)$$

で与えられる[3])。特に最近接音源 ($n=1$) の位置の分布は

$$p_1(x) = \frac{2}{S} e^{-2x/S}$$
$$= 2\nu e^{-2\nu x} \quad (x \geq 0) \quad (8.4)$$

なる平均値 $S/2$ の指数分布に従う。また $n$ 番目の音源位置の分布 $p_n(x)$ はいわゆる位数 $n$ のガンマ分布（電話の呼の分野では $x$ を呼と呼の間の時間間隔としたとき，これをアーラン分布[2]と呼んでいる）であり，平均値 $\overline{x}_n$ 及び分散 $\sigma_{xn}^2$ はそれぞれ次式で与えられる。

$$\overline{x}_n = n\frac{S}{2} \quad (8.5)$$

$$\sigma_{xn}^2 = n\left(\frac{S}{2}\right)^2 \quad (n=1,2,3,\cdots) \quad (8.6)$$

さらにこの分布はピーク（モード $M_{xn}$）を

$$M_{xn} = (n-1)\frac{S}{2} \quad (n=1,2,3,\cdots) \quad (8.7)$$

でとる。即ち図 8.2 において

○ 相隣る音源の平均間隔は $S/2[\mathrm{m}]$，
○ $n$ 番目の音源位置のモード（最頻発生位置）は $(n-1)S/2[\mathrm{m}]$

である。$n$ 番目の音源の平均位置（音源分布の重心）は原点 O から $nS/2[\mathrm{m}]$ であるが，最も可能性の高い場所は原点から $(n-1)S/2[\mathrm{m}]$ の位置ということになる。従って最近接音源の most probable な位置は原点 O であるのに対し，重心の位置は原点から $S/2[\mathrm{m}]$ の点であることがわかる。そして 2 番目以降の音源の重心及びモードの位置は最近接音源からそれぞれ $S/2[\mathrm{m}]$ 間隔で等間隔に並ぶことになる。これら各音源の分布（原点 O からの距離 $x$ の関数としての確率密度関数）$p_n(x)$ を図 8.3 に示す。

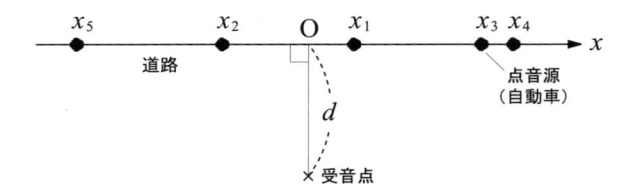

8.1. モデルの性質（音源配置に係る特性）　　**109**

図 8.1: 音源・受音点配置

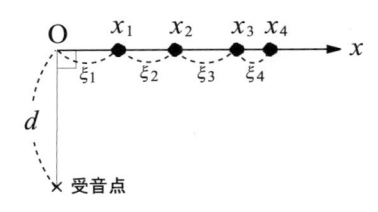

図 8.2: 原点 O から各音源までの距離

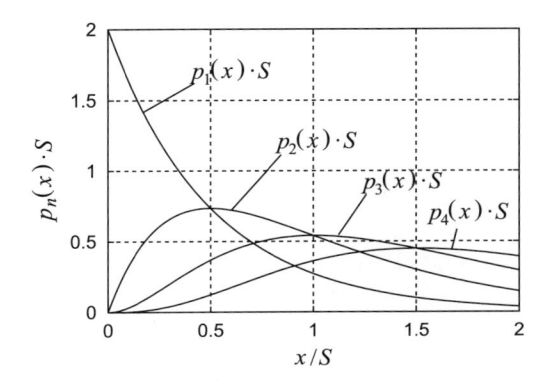

図 8.3: 各音源までの距離の確率密度分布

なお，これら分布の間には次のような興味ある関係がある．区間 $[x, x+\Delta x]$ に音源の存在する確率は

$$\begin{aligned} P([x, x+\Delta x]) &= \sum_{n=1}^{\infty} p_n(x)\Delta x \\ &= 2\nu\Delta x \end{aligned} \quad (8.8)$$

である．即ち半直線上における音源の存在確率は単位長さあたり $2\nu$（単位長さあたりの音源数は平均 $2\nu$ 個のポアソン分布）である．換言すればこの $\Delta x$ の区間に 1 番目の音源（最近接音源）を見い出す確率は $p_1(x)\Delta x$, 2 番目の音源を見い出す確率は $p_2(x)\Delta x$, 3 番目の音源を見い出す確率は $p_3(x)\Delta x$, $\cdots$ であり，それらの総和が $2\nu\Delta x$ である．

また距離 $x$ までに（区間 $[0, x]$ に）最近接音源を見い出す確率は

$$\begin{aligned} P_1(x) &= \int_0^x p_1(x)dx \\ &= 1 - e^{-2\nu x} \quad (x \geq 0) \end{aligned} \quad (8.9)$$

で与えられる．他方，最近接音源を $x$ までに見い出し得ない確率 $Q_1(x)$ は

$$Q_1(x) = e^{-2\nu x} \quad (x \geq 0) \quad (8.10)$$

と表される．

同様に距離 $x$ までに $n$ 番目の音源を見い出す確率は

$$\begin{aligned} P_n(x) &= \int_0^x p_n(x)dx \\ &= 1 - \left\{ 1 + \frac{2\nu x}{1!} + \frac{(2\nu x)^2}{2!} + \cdots + \frac{(2\nu x)^{n-1}}{(n-1)!} \right\} e^{-2\nu x} \\ &= 1 - Q_n(x) \quad (n = 1, 2, 3, \cdots) \end{aligned} \quad (8.11)$$

で与えられる．ここに $Q_n(x)$ は $n$ 番目の音源が $x$ 以遠に見い出される確率であり

$$Q_n(x) = e^{-2\nu x} \sum_{k=0}^{n-1} \frac{(2\nu x)^k}{k!} \quad (n = 1, 2, 3, \cdots) \quad (8.12)$$

と表される．

音源分布に関するこれらの性質は時間率騒音レベル $L_{A\alpha}$ を求める場合にいろいろと利用することができる。

なお，道路交通騒音予測では式 (8.3) の分布に従うモデルを位数 $n$ のアーラン分布モデルと呼んでいる [1)2)]。$n = 1$ は指数分布モデルを表すが，$n \to \infty$ は等間隔モデルに一致することが知られる（式 (8.5)，式 (8.6) において平均車頭間隔 $\overline{x}_n$ を有限の一定値とし，$n \to \infty$ とすれば分散は $\sigma_{xn}^2 \to 0$ となる）。

## 8.2　最近接音源に基づく近似法

観測時間長が十分長ければ，指数分布モデルに対する等価騒音レベル $L_{Aeq}$ は容易に求められ等間隔モデルに対する結果と一致し，

$$L_{Aeq} = W - 10\log_{10}(2dS) \tag{8.13}$$

で与えられる。ここに，$W$ は走行車両のパワーレベル，$S$ は平均車頭間隔，$d$ は道路からの距離である。

しかしながら時間率騒音レベル $L_{A\alpha}$ の厳密な陽表示を得ることは極めて困難である。幸い近似的な方法によって簡便な陽表示を得る方法が幾つか知られている [4)5)6)7)]。以下ではその物理的意味（取扱い）が明白な最近接音源に基づく近似法について概説する。

通常，観測点における騒音のレベル変動の主要部分は一番近くにある最近接音源の振舞いにより決定され，それ以外（2番目以降）の音源はバックグランド的に寄与するものと考えられる。受音点が道路に近いほど最近接音源の影響は強く現れる。道路端では最近接音源が支配的であるが，離れるにつれてバックグランドが優勢となる。そこで時間率騒音レベル $L_{A\alpha}$ を以下の手順に従い算出する [6)]。

① $L_{A\alpha}$ に対する最近接音源の寄与を求める。
② その他の音源（バックグランド音源）による寄与を求める。
③ 両者の寄与を合成する。

## 8.2.1 最近接音源の寄与 [6]

本章では簡単のため音源はみな等しい出力 $w[\mathrm{W}]$ を持ち，音源の周りの音の強度は逆自乗則に従い減衰するものとしている．さて，図 8.4 に示すように $w\,[\mathrm{W}]$ の最近接音源が原点 O から道路上 $x[\mathrm{m}]$ の位置にあるものとすれば，道路から $d[\mathrm{m}]$ の距離における受音強度は次式で表される．

$$\tilde{I}(d|x) = \frac{w}{2\pi}\frac{1}{d^2+x^2} \tag{8.14}$$

ここで音源位置 $x$ が前節で述べたように平均値 $S/2$ (ただし $S$ は平均車頭間隔) の指数分布

$$\begin{aligned}p_1(x) &= \frac{2}{S}e^{-2x/S} \\ &= 2\nu e^{-2\nu x} \quad (x \geq 0)\end{aligned} \tag{8.15}$$

に従うことを考慮すれば，$\tilde{I}(d|x)$ の上位 $\alpha\%$ 値は

$$\int_0^{x_\alpha} p_1(x)dx = \frac{\alpha}{100} \tag{8.16}$$

即ち

$$1 - e^{-2x_\alpha/S} = \frac{\alpha}{100} \tag{8.17}$$

を満たす $x_\alpha$ に音源が位置したときに生起する．ここで $\alpha\%$ 値とはその値を越える確率 (時間率) が $\alpha\%$ である値をいう．

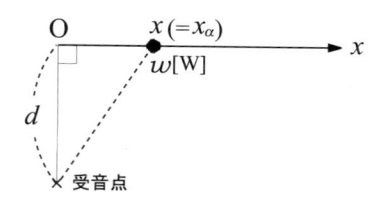

図 8.4: 最近接音源による受音強度

さて上式を満たす音源位置 $x_\alpha$ は

$$\begin{aligned}x_\alpha &= \frac{S}{2}\ln\left(\frac{100}{100-\alpha}\right) \\ &= k_\alpha \frac{S}{2} \quad [\text{m}]\end{aligned} \tag{8.18}$$

で与えられ，受音強度の $\alpha\%$ 値は

$$\begin{aligned}\tilde{I}_\alpha &= \frac{w}{2\pi}\frac{1}{d^2+x_\alpha^2} \\ &= \frac{w}{2\pi}\frac{1}{d^2+(k_\alpha S/2)^2}\end{aligned} \tag{8.19}$$

と表される。ここに

$$k_\alpha = \ln\left(\frac{100}{100-\alpha}\right) \tag{8.20}$$

である。これより対応する騒音レベルの $\alpha\%$ 値は次式で与えられる。

$$\begin{aligned}\tilde{L}_{A\alpha} &= W - 8 - 10\log_{10}(d^2+x_\alpha^2) \\ &= W - 8 - 10\log_{10}\left\{d^2+\left(k_\alpha\frac{S}{2}\right)^2\right\} \quad [\text{dB}]\end{aligned} \tag{8.21}$$

ただし $W$ は音源のパワーレベル

$$W = 10\log_{10}\frac{w}{10^{-12}} \quad [\text{dB}] \tag{8.22}$$

である。特に興味のある $\tilde{L}_{A5}, \tilde{L}_{A50}, \tilde{L}_{A95}$ に対する音源位置は式 (8.18) より

$$x_5 = k_5\frac{S}{2} \simeq 0.05 \times \frac{S}{2} \quad [\text{m}] \tag{8.23}$$

$$x_{50} = k_{50}\frac{S}{2} \simeq 0.693 \times \frac{S}{2} \quad [\text{m}] \tag{8.24}$$

$$x_{95} = k_{95}\frac{S}{2} \simeq 2.996 \times \frac{S}{2} \quad [\text{m}] \tag{8.25}$$

となる。

## 8.2.2 バックグランド音源の寄与[6]

最近接音源以外の音源の寄与について考える。これらの音源はバックグランドとして前項で導出した最近接音源による $\tilde{I}_\alpha$（即ち $\tilde{L}_\alpha$）を持上げる働きがある。2番目以降の音源の寄与も本来，確率的なものであるが，ここではバックグランドとしての平均的な寄与を算定することにする。

ところで，このバックグランド音源の寄与は，最近接音源の出現位置に依存し，$\tilde{I}_\alpha$ ごとに異なる。$\tilde{I}_\alpha$ に対する補正は $x \geq x_\alpha$ における音源の分布状況により定まる。8.1節で述べた音源配置に関する特性を踏まえ，ここでは図8.5に示すごとく最近接音源 ($x_{1,\alpha}$) を起点にバックグランド音源は平均的には $S/2$ 間隔で並んでいるものとする。さらに受音点から隔たった音源の場合，その位置が多少変化しても受音強度は殆ど変わらないことに留意し，最近接音源以外はすべて平滑化することを考える。平滑化（線音源化）の方法としては，各音源が直線上に $S/2$ 間隔で等間隔配置されていることから（図8.5），各音源を中心とし，それぞれ $\pm S/4$ の区間で一様に平滑化するのが妥当と思われる。図8.6には最近接音源（点音源）と2番目以降のバックグランド音源を平滑化した音源（線音源）の配置を示す。ここに線音源密度 $\rho(x)$ は

$$\rho(x) = \begin{cases} 0 & (x < x_\alpha + S/4) \\ 2w/S & (x \geq x_\alpha + S/4) \end{cases} \quad (8.26)$$

で表される。

従ってバックグランド音源による受音強度 $\Delta I_\alpha$ は

$$\begin{aligned}
\Delta I_\alpha &= \int_{x_\alpha + S/4}^{\infty} \frac{1}{2\pi} \frac{\rho(x)}{d^2 + x^2} dx \\
&= \frac{w}{\pi dS} \left\{ \frac{\pi}{2} - \tan^{-1}\left( \frac{x_\alpha}{d} + \frac{S}{4d} \right) \right\} \\
&= \frac{w}{\pi dS} \left( \frac{\pi}{2} - \theta_\alpha^* \right) \\
&= I_{\text{eq}} \left( 1 - \frac{2}{\pi} \theta_\alpha^* \right)
\end{aligned} \quad (8.27)$$

で与えられる。ここに

$$I_{\text{eq}} = \frac{w}{2dS} \tag{8.28}$$

$$\theta_\alpha^* = \tan^{-1}\left(\frac{x_\alpha^*}{d}\right) \tag{8.29}$$

$$x_\alpha^* = x_\alpha + \frac{S}{4} \tag{8.30}$$

である。

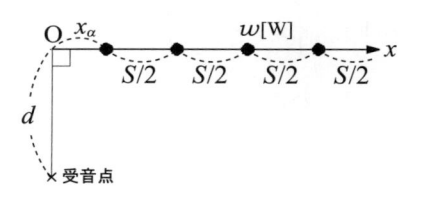

図 8.5: 最近接音源とバックグランド音源の配置

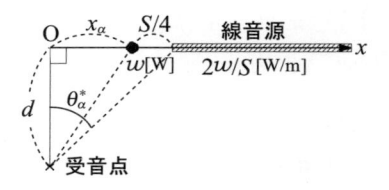

図 8.6: 最近接音源（点音源）と平滑化されたバックグランド音源（線音源）

### 8.2.3　$L_{\text{A}\alpha}$ と $L_{\text{Aeq}}$

前 2 項（8.2.1 及び 8.2.2）で求めた最近接音源及びバックグランド音源の寄与 $\tilde{I}_\alpha$ 及び $\Delta I_\alpha$ を加算することにより観測点における受音強度の $\alpha\%$ 値は次式で与

えられる．

$$
\begin{aligned}
I_\alpha &= \tilde{I}_\alpha + \Delta I_\alpha \\
&= \frac{w}{2\pi}\frac{1}{d^2+x_\alpha^2} + \frac{w}{\pi dS}\left(\frac{\pi}{2}-\theta_\alpha^*\right) \\
&= \frac{w}{2dS}\left\{1 + \frac{1}{\pi}\frac{S}{d}\frac{1}{1+(x_\alpha/d)^2} - \frac{2}{\pi}\theta_\alpha^*\right\}
\end{aligned}
\quad (8.31)
$$

またこの対数をとることにより時間率騒音レベル $L_{A\alpha}$ は

$$
L_{A\alpha} = L_{Aeq} + 10\log_{10}\left\{1 + \frac{1}{\pi}\frac{S}{d}\frac{1}{1+(x_\alpha/d)^2} - \frac{2}{\pi}\theta_\alpha^*\right\} \quad [\text{dB}] \quad (8.32)
$$

と表される．ここに $L_{Aeq}$ はいわゆる等価騒音レベル

$$
L_{Aeq} = W - 10\log_{10}(2dS) \quad [\text{dB}] \quad (8.33)
$$

である．

式 (8.32) は $L_{A\alpha}$ と $L_{Aeq}$ の間の簡便な関係を与えており，両者のレベル差は

$$
\begin{aligned}
L_{A\alpha} - L_{Aeq} &= 10\log_{10}\left\{1 + \frac{1}{\pi}\frac{S}{d}\frac{1}{1+(k_\alpha S/2d)^2} - \frac{2}{\pi}\tan^{-1}\left(\frac{k_\alpha S}{2d}+\frac{S}{4d}\right)\right\} \\
&\equiv L^*(\alpha, d/S) \quad [\text{dB}]
\end{aligned}
\quad (8.34)
$$

のごとく $\alpha$ と $d/S$ のみの関数となる．ここで $d/S$ を固定し，$\alpha$ の関数としてプロットすれば $L_{Aeq}$ を基準（0 dB）とした受音レベルの累積度数分布が得られる．図 8.7 には幾つかの $d/S$ について，この累積度数分布の様子を示した．これより $d/S$ が小さい（道路端や交通量が少ない）場合には分布はかなり非対称となり，$L_{Aeq}$ は $\alpha$ が 30%前後の $L_{A\alpha}$ に相当することが知られる．

また，受音点における評価量間の関係として $L_{A50}$ と $L_{Aeq}$ のレベル差，90%レンジ（$L_{A5}$ と $L_{A95}$ のレベル差）などがしばしば注目される．

図 8.8 には式 (8.34) を用い $L_{A5}, L_{A50}, L_{A95}$ と $L_{Aeq}$ のレベル差を $d/S$ の関数として示した．これより $d/S$ が小さいほど，$L_{A50}$ と $L_{Aeq}$ のレベル差や 90%レンジが大きくなることが分る．

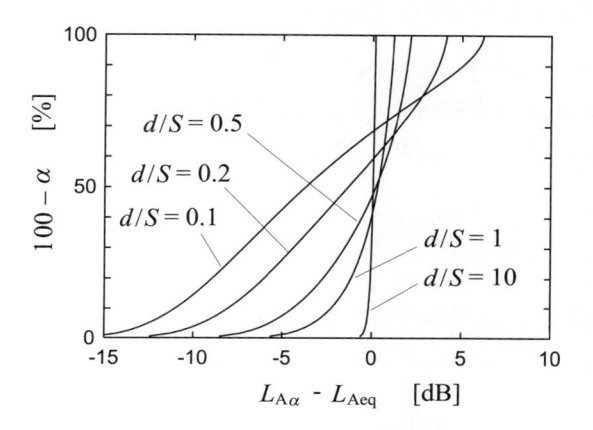

図 8.7: 受音レベルの累積度数曲線

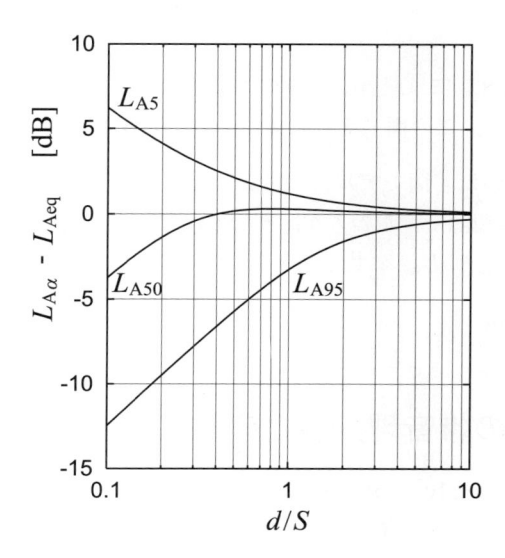

図 8.8: $d/S$ に対する $L_{A\alpha}$ の変化 ($L_{Aeq} = 0$)

## 8.3 等間隔モデルとの比較

本章で得られた指数分布モデルに対する道路交通騒音の予測式（回折等の補正を含まない基本式）を等間隔モデルに対する前章の予測式と比較してみよう。

まず等価騒音レベル $L_{\text{Aeq}}$ はモデルによる差異はなく

$$L_{\text{Aeq}} = W - 10\log_{10}(2dS) \tag{8.35}$$

と表される。

次に，この点に留意し時間率騒音レベル $L_{\text{A}\alpha}$ について等間隔モデル (1) と指数分布モデル (2) の差を求めると式 (7.4)，式 (8.34) より

$$\begin{aligned}
L_{\text{A}\alpha}^{(1)} - L_{\text{A}\alpha}^{(2)} = {}& 10\log_{10}\left\{\frac{\sinh(2\pi d/S)}{\cosh(2\pi d/S) - \cos(\alpha\pi/100)}\right\} \\
& - 10\log_{10}\left\{1 + \frac{1}{\pi}\frac{S}{d}\frac{1}{1+(k_\alpha S/2d)^2}\right. \\
& \left. - \frac{2}{\pi}\tan^{-1}\left(\frac{k_\alpha S}{2d} + \frac{S}{4d}\right)\right\}
\end{aligned} \tag{8.36}$$

で与えられる。図 8.9 には騒音レベルの中央値 $L_{\text{A}50}$ 及び 90%レンジの上下端値 $L_{\text{A}5}, L_{\text{A}95}$ について，この両モデルによるレベル差を示した。これより

- $d/S$ が小さいほど両モデルの差は顕著である
- $L_{\text{A}95}$ では等間隔モデルの方が，また $L_{\text{A}5}$ では指数分布モデルの方が大きい
- $L_{\text{A}50}$ は $L_{\text{A}95}$ や $L_{\text{A}5}$ に比しモデルによる差は小さい

ことなどが知られる。

## 8.4 Rice の雑音理論等との関連

"Mathematical analysis of Random Noise" という S.O.Rice の有名な論文がある[8]。これはショットノイズ即ち真空管の陰極からの無秩序（ランダム）な熱電子放射に伴い，陽極で観測される電流（雑音電流）に関する理論である。美しい数学的な理論が展開され雑音電流の統計的性質に関する種々の結果が導かれており，通信工学の分野における古典的な論文としてよく知られている。実は指数

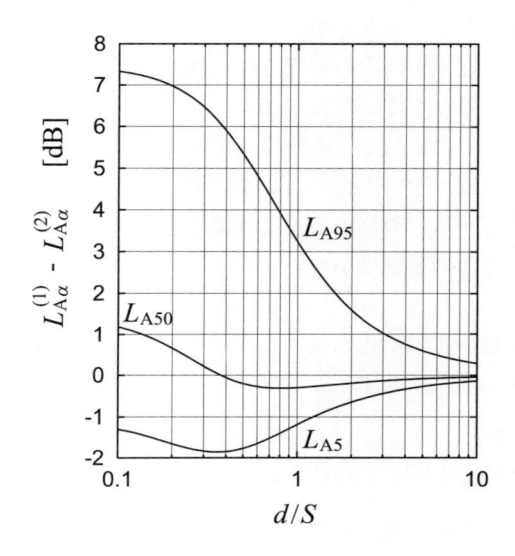

図 8.9: 等間隔モデルと指数分布モデルにおける時間率騒音レベルの差

分布モデルに従う（ポアソン交通流から放射される）道路交通騒音も原理的にはこのショットノイズと同一であり S.O. Rice の雑音理論の範疇に含まれる。一般論としては確かにその通りであるが，ショットノイズに関する Rice の成果が道路交通騒音にもうまく適用できるかと言うと答えは否である。その理由は次のことにある。

ショットノイズの原因である熱電子流と道路交通騒音の原因である交通流とを比較した場合に，各々を構成する熱電子の数と自動車の数が桁違いに異なる。例えば $1\mu A$ の雑音電流に寄与する熱電子数は毎秒約 $10^{13}$ 個，また 1mA では毎秒約 $10^{16}$ 個と莫大であるのに対し，自動車の毎秒の通過台数は 1 台前後とごく少数である。これにより shot noise（雑音電流）と道路交通騒音（受音強度）の統計的性質に大きな差異が生ずる。即ち，ショットノイズに対しては確率論のいわゆる中心極限定理が成立し，不規則変動は正規分布（ガウス分布）で精度よく近似され，しかも変動率が小さい。一方，道路交通騒音の受音強度は道路近くでは，一番近くの自動車（最近接音源）の影響を強く受け，中心極限定理が成り立たず

不規則変動は正規分布から大きくずれることとなる。

その結果，道路端近くでは中心極限定理とは逆のアプローチとして最近接音源に着目した方法が有効となる。換言すればショットノイズでは莫大な数の熱電子が同程度の寄与をするのに対し，道路交通騒音では受音点近くのごく少数の自動車（極端な場合には最も近い1台の自動車の振舞）により決せられる。ただし受音点が道路から遠ざかるにつれ，最近接音源の影響は弱くなり，寄与音源数が増加（ただし個々の音源の影響は小さい）するに伴い，中心極限定理が適用できるようになる。

要するに道路交通騒音の不規則変動の様子を決定する車両台数は，ショットノイズに係る熱電子の数と比較すると

1) 桁違いに少ない
2) 道路からの距離とともに影響を与える車両台数が変化する（増加する）

点で異なっている。その結果，受音強度は一般には単なる正規分布ではカバーできなく，かつ変動率も大きい。

なお，音源配置（車頭間隔）に関する指数分布モデルは前述のように交通工学におけるポアソン交通流（自由走行車群）に対応しているが，交換工学やORなど電話の呼や待ち行列を扱う分野においても基本的なモデルとしてその諸性質が議論され，重要な役割を演じている[2]。

## 8.5 検討及び課題

指数分布モデルは整然とした音源配置の等間隔モデルとは全く正反対に無秩序な音源配置に対応しており，理論的な側面から多くの研究が行われてきた。しかしながら，$L_{A\alpha}$の厳密な導出が困難であることなどから実務的には等間隔モデルほど整備されていないのが現状である。

指数分布モデルも等間隔モデル同様，一つの理想化されたモデルであり，現実との間には種々のギャップがあり，本章で導出した基本式を道路交通騒音予測に用いる場合にも道路構造や障壁による回折補正$\alpha_d$は勿論のこと，地表面等種々の原因による補正$\alpha_i$が必要となる。指数分布モデルに対する$\alpha_i$は現在までのところ得られていないが，地上高さ別に$d/S$の関数として表されよう。

さて，前章及び本章で導出した予測基本式を基に中央値 $L_{A50}$ と等価騒音レベル $L_{Aeq}$ のレベル差に注目することにしよう。このレベル差 $L_{A50} - L_{Aeq}$ は等間隔モデル (1) 及び指数分布モデル (2) に対し，それぞれ式 (7.7) 及び式 (8.34) より

$$L^{(1)}_{A50} - L_{Aeq} = 10\log_{10}\{\tanh(2\pi d/S)\} \simeq -8.68\, e^{-4\pi d/S} \quad (8.37)$$

$$L^{(2)}_{A50} - L_{Aeq} = 10\log_{10}\left\{1 + \frac{1}{\pi}\frac{S}{d}\frac{1}{1+(k_{50}S/2d)^2}\right.$$
$$\left. - \frac{2}{\pi}\tan^{-1}\left(\frac{k_{50}S}{2d} + \frac{S}{4d}\right)\right\} \quad (8.38)$$

で与えられる。

然るに，このレベル差に関しては自動車専用道路において多数の実測データが収集されており，道路構造別に以下の回帰式が導かれている[9]。

$$L_{A50} - L_{Aeq} = \gamma(d/S)^{-1} + \delta \quad (8.39)$$

ただし回帰係数 $\gamma, \delta$ は表 8.1 で与えられるものとする。

表 8.1: 道路構造別の回帰係数 [9]

| 道路構造 | 回帰係数 | |
|---|---|---|
| | $\gamma$ | $\delta$ |
| 盛 土 | −1.00 | −0.98 |
| 切 土 | −0.57 | −0.58 |
| 高 架 | −0.55 | −1.37 |

図 8.10 にはこれらの回帰式とともに上述の指数分布モデル及び等間隔モデルに対する式 (8.37) 及び式 (8.38) の結果を示した。

図から概略以下のことが知られる。

- 指数分布モデルによる結果の方が回帰式に近いものの，両者（理論式と経験式）の間にはかなりのギャップがある。
- $d/S$ が大きくなる（受音点が道路から離れる）につれ，回帰式は 1 前後の値に漸近するのに対し，指数分布モデル及び等間隔モデルの結果は 0 に近づく。

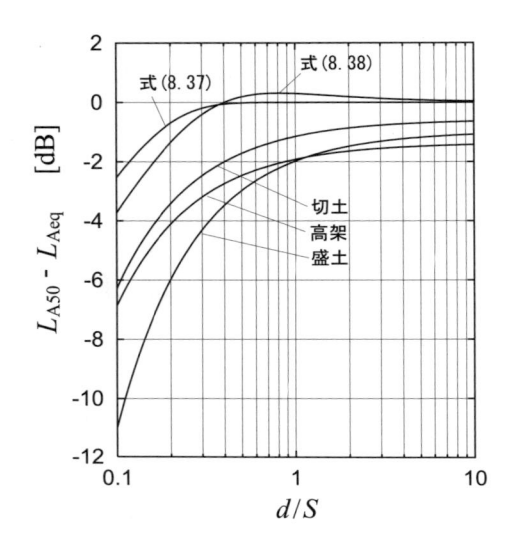

図 8.10: $L_{A50}$ と $L_{Aeq}$ の差（等間隔モデル及び指数分布モデルと経験式の比較）

このように理論式と経験式は変数 $d/S$ に対し類似の変化傾向を示すが，ある種の偏差（バイアス）を有する．このバイアスを考慮した $L_{Aeq}$ の実務的な予測計算法については 12 章で取扱う．なお，$d/S$ が大きくなった場合に見られる理論と実測との差の原因については以下の付録 8.1 を参照されたい．

## 付録 8.1：回帰式の怪

容易に予想されるごとく理論上は受音点が道路から遠ざかるにつれ，時間率騒音レベル $L_{A\alpha}$ は等価騒音レベル $L_{Aeq}$ に漸近し，両者のレベル差は 0dB となる．しかし実測データに基づく回帰式では 0dB とはならず，例えば $L_{Aeq}$ と $L_{A50}$ のレベル差は 1dB 前後残ったままである（図 8.10）．この原因としては

- 暗騒音の影響
- 計測処理上の問題

などが考えられる。

　観測点における騒音のレベル変動が小さくなれば，$L_{A\alpha}$ と $L_{Aeq}$ のレベル差は 0dB に近づく。レベル差があるのは，観測される騒音レベルにそれなりの変動があることを意味する。通常，道路騒音の測定では SN を確保するため，自動車走行に伴う騒音レベルの山谷がある程度明確なものを採用している。その場合のレベル変動幅の目安を $M$dB とする。例えば，95% レンジが $M$dB 以上のデータを採用するものとする。

　道路からある程度離れれば騒音レベルの分布は概ね正規分布で近似され，次式が成り立つ。

$$L_{A50} - L_{Aeq} \simeq -0.115\,\sigma^2 \tag{8.40}$$

ここに $\sigma$ は騒音レベル分布の標準偏差である。上式を回帰式 (8.39) と比較すれば，$d/S \gg 1$ なる場合には，

$$-0.115\,\sigma^2 \simeq \delta$$

が得られる。表 8.1 を参照し，道路構造別に $\sigma$ 及び $4\sigma$ の値を算定し，表 8.2 に示す。これより騒音レベルの変動幅（95%レンジに相当する $4\sigma$ の値）は概ね 10dB 程度であることが知られる。

表 8.2: 騒音レベルの変動幅（推定値）

| 道路構造 | $\sigma$ | $4\sigma$ | $6\sigma$ |
|---|---|---|---|
| 盛 土 | 2.9 | 11.6 | 17.4 |
| 切 土 | 2.2 | 8.8 | 13.2 |
| 高 架 | 3.45 | 13.8 | 20.7 |

　従って測定値の SN を確保するために変動幅 $M$ がおよそ 10dB 以上のデータを採用（収集）しているものとすれば $L_{Aeq}$ と $L_{A50}$ のレベル差は常に

$$L_{Aeq} - L_{A50} \gtrsim 1$$

となり，回帰係数 $\delta$ の値は 0 にではなく，$-1$ 程度となることがわかる（表 8.1 参照）。

# 文献

1) 河上省吾, 松井寛, 交通工学（森北出版, 1987） 105-108.
2) 国沢清典, 本間鶴千代, 応用待ち行列事典（広川書店, 1971） 13-23.
3) W. Feller, *An introduction to probability theory and its applications*, vol.II (John Wiley & Sons, Inc., 1966) 8-15.
4) 高木興一, 平松幸三, 山本剛夫, 橋本和平, "指数分布モデルに基づく道路交通騒音の研究", 日本音響学会誌, 33 巻 (1977) 325-332.
5) 高木興一, 藤木修, 平松幸三, 山本剛夫, "指数分布モデルにおける $L_\alpha$", 日本音響学会誌, 38 巻 (1982) 468-476.
6) 久野和宏, 野呂雄一, "道路交通騒音予測のこと [V] –指数分布モデルについて–", 騒音・振動研究会資料, N-94-51 (1994).
7) 野呂雄一, 山本征夫, 井研治, 久野和宏, "最近接音源モデルによる道路交通騒音レベルの予測計算", 日本音響学会誌, 53 巻 (1997) 763-771.
8) S. O. Rice, "Mathematical analysis of random noise", Bell Syst. Tech. Jour., vol.23 (1944) 282-332, vol.24 (1945) 46-156.
9) 橘秀樹他, "小特集 －道路交通騒音の予測：道路一般部を対象としたエネルギーベース騒音予測法（日本音響学会道路交通騒音調査研究委員会報告）－", 日本音響学会誌, 50 巻 (1994) 227-252.

# 第9章　一般の分布モデル

　自由走行車群（ポアソン交通流）は車頭間隔が指数分布に従うことから，道路交通騒音予測においては指数分布モデルと呼ばれている．前章ではこの様な音源配置に対し，受音強度を最近接音源（受音点に最も近い音源）と他の音源群の寄与に分け処理することにより，時間率騒音レベル $L_{A\alpha}$ が容易に算定でき，かつ等価騒音レベル $L_{Aeq}$ との対応関係も明確になることを示した．そこでは受音レベルの変動に大きく影響する最近接音源の振舞についてはできるだけ詳細に配慮する一方，他の音源群は主としてバックグランドとして寄与することから，その平均的な振舞を考慮することとしている．この様な考え方は，指数分布モデル以外の音源配置についてもそのまま適用することができる．

　本章では任意の音源配置と一般のユニットパターン（騒音の伝達特性）を有する場合に最近接音源法を適用した結果について述べる．また，$L_{A\alpha}$ や $L_{Aeq}$ をユニットパターンの概形から推定する方法についても述べる．

　即ち車頭間隔，騒音の伝搬特性及び車両のパワーレベルに関する条件をゆるめ一般化した場合の予測基本式を求め，結果の概要を示す．

## 9.1　最近接音源法による基本式の導出

　直線道路上を音響出力 $w[\mathrm{W}]$ の車両が任意の車頭間隔で走行している場合を考える．受音点から道路までの距離を $d[\mathrm{m}]$，道路におろした垂線の足を原点 O とする（図9.1）．

　原点 O に最も近い音源を最近接音源と呼ぶ．個々の音源のうち，受音点に最も大きな影響を与えるのは，通常，この最近接音源であり，それに対し他の音源群はバックグランド的に働くものと見なされる．従って受音点における音の強さ（騒音レベル）はバックグランドによる平均的な寄与と最近接音源の振舞によって決

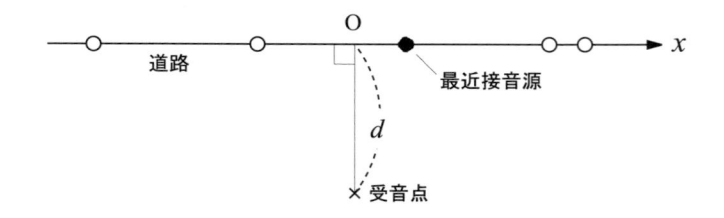

**図 9.1: 音源・受音点配置**

定される。騒音レベルの $\alpha\%$ 値（時間率騒音レベル）$L_{A\alpha}$ はそれに見合った適切な音源配置に対して得られる。$L_{A\alpha}$ に対応する最近接音源の配置及び他の音源群の配置が分かれば $L_{A\alpha}$ を算定することができる。そのため，原点 O から最近接音源までの距離 $x$ の確率密度関数を $g(x)$ とし，音源間の平均間隔（平均車頭間隔）を $S$[m] とする。

上述の議論を踏まえ，受音強度の $\alpha\%$ 値 $I_\alpha$ に対応する音源配置を考える。ユニットパターン $h(d\mid x)$ は原点 O に関し対称で単調減少関数であるとする。この場合，音源は形式的に全て原点 O の右側 ($x \geq 0$) に存在し，その平均間隔は $S/2$[m] と考えることができる。$I_\alpha$ に対する最近接音源の位置 $x_\alpha$ が定まれば，他の音源（バックグランド）はその右方に $S/2$ 間隔で等間隔に配置されているとしても結果にはさほど影響しないであろう。最近接音源の $x$ 軸上 ($x \geq 0$) における存在確率 $g(x)$ を用いることにより所望の $x_\alpha$ は次式から求められる（付録 9.2 参照）。

$$\int_0^{x_\alpha} g(x)dx = G(x_\alpha) = \alpha/100 \tag{9.1}$$

ここに $G(x)$ は最近接音源の分布関数である。従って $I_\alpha$ に対する音源配置は図 9.2 で与えられるが，ここでさらに最近接音源以外の音源群を平滑化し，線音源で近似する。なお線音源は

$$x_\alpha^* = x_\alpha + S/4 \tag{9.2}$$

を起点とし，単位長さあたりの音響出力 $\rho(x)$ として

$$\rho(x) = 2w/S \quad (x \geq x_\alpha^*) \tag{9.3}$$

を有するものとする。この音源配置と騒音の伝達特性（ユニットパターン）$h(d\mid x)$ を考慮すれば $I_\alpha$ は次式で与えられる。

$$I_\alpha \simeq w\,h(d\mid x_\alpha) + \int_{x_\alpha^*}^{\infty} \rho(x)h(d\mid x)dx$$
$$= w\,h(d\mid x_\alpha) + \frac{2w}{S}\{H(\infty) - H(x_\alpha^*)\} \qquad (9.4)$$

ただし

$$H(x) = \int_0^x h(d\mid \xi)d\xi \qquad (9.5)$$

とする。上式はまた等価受音強度（$L_{\text{Aeq}}$ に対応する受音強度）

$$I_{\text{eq}} = \frac{2w}{S}\int_0^\infty h(d\mid x)dx$$
$$= \frac{2w}{S}H(\infty) \qquad (9.6)$$

を用いることにより

$$I_\alpha \simeq I_{\text{eq}}\left\{\frac{S}{2}\frac{h(d\mid x_\alpha)}{H(\infty)} + 1 - \frac{H(x_\alpha^*)}{H(\infty)}\right\} \qquad (9.7)$$

と表される。この式を対数変換（レベル表示）すれば $L_{\text{A}\alpha}$ と $L_{\text{Aeq}}$ の間の関係式として

$$L_{\text{A}\alpha} \simeq L_{\text{Aeq}} + 10\log_{10}\left\{\frac{S}{2}\frac{h(d\mid x_\alpha)}{H(\infty)} + 1 - \frac{H(x_\alpha^*)}{H(\infty)}\right\} \qquad (9.8)$$

が導かれる。ここに

$$L_{\text{A}\alpha} = 10\log_{10}\frac{I_\alpha}{10^{-12}} \qquad (9.9)$$

$$L_{\text{Aeq}} = 10\log_{10}\frac{I_{\text{eq}}}{10^{-12}} \qquad (9.10)$$

である。従ってユニットパターン $h(d\mid x)$ とその積分値 $H(x)$ から $L_{\text{Aeq}}$ 及び $L_{\text{A}\alpha}$ が容易に算定されることが分る。

さらに式 (9.8) は $h(d\mid x)$ が与えられれば，$L_{\text{A}\alpha}$ に関するモデル間（音源配置）の相違は最近接音源の位置 $x_\alpha$ のみに依存することを示している。これよりモデルによる結果の差異を容易に評価することができる（9.4 参照）。

本節の結果を活用するには

*128*  第 9 章　一般の分布モデル

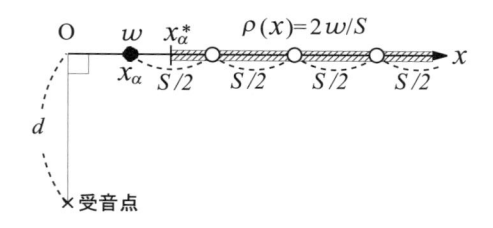

図 9.2: 半直線上の図 9.1 と等価な音源分布

① 最近接音源の分布（又は車頭間隔の分布）と
② ユニットパターン $h(d\mid x)$

を具体的に与える必要がある．以下では $h(d\mid x)$ として

- 過剰減衰を有するユニットパターン（6 章）
- 実測値（レベル波形）の直線近似

を用いることにより，等間隔モデル（7 章）や指数分布モデル（8 章）の一般化を計る．

## 9.2　過剰減衰を考慮した基本式

各音源からの騒音の伝搬特性が理想的な逆自乗則に指数関数的な距離減衰因子（過剰減衰）を含む場合について考える．そして 6 章で述べたようにユニットパターンを

$$h_\eta(d\mid x) = \frac{e^{-\eta\sqrt{d^2+x^2}}}{2\pi(d^2+x^2)} \tag{9.11}$$

と置く．このユニットパターンの積分は

$$H(x) = \int_0^x h_\eta(d\mid \xi)d\xi \simeq \frac{e^{-\eta d}}{\sqrt{2\pi\eta d}\,d}\,\Phi\left(\sqrt{\eta d}\,\Theta_x\right) \tag{9.12}$$

で与えられる（付録9.1）。ただし

$$\Phi(z) = \frac{1}{\sqrt{2\pi}} \int_0^z e^{-t^2/2} dt = \frac{1}{\sqrt{\pi}} \operatorname{Erf}\left(z/\sqrt{2}\right) \tag{9.13}$$

$$\Theta_x = \tan^{-1}(x/d) \tag{9.14}$$

である。従って

$$H(\infty) \simeq \frac{e^{-\eta d}}{\sqrt{2\pi \eta d}\, d} \Phi\left(\sqrt{\eta d}\, \pi/2\right) \tag{9.15}$$

に留意すれば式 (9.6) の等価受音強度は

$$I_{\mathrm{eq}} = \frac{4w}{2dS}\, e^{-\eta d}\, \frac{\Phi\left(\sqrt{\eta d}\, \pi/2\right)}{\sqrt{2\pi \eta d}} \tag{9.16}$$

と表される。上式の対数をとることにより等価騒音レベルは

$$\begin{aligned}L_{\mathrm{Aeq}} = L_{\mathrm{Aeq}}^{(0)} &- 5\log_{10}(\eta d) - 4.34\,\eta d \\ &+ 10\log_{10}\Phi\left(\sqrt{\eta d}\, \pi/2\right) + 2\end{aligned} \tag{9.17}$$

で与えられる。ここに

$$L_{\mathrm{Aeq}}^{(0)} = W - 10\log_{10}(2dS) \tag{9.18}$$

は過剰減衰のない場合（$\eta = 0$）の等価騒音レベルである。

従って等価騒音レベル $L_{\mathrm{Aeq}}$ は音源配置に関するモデルに依らないこと，また過剰減衰量は

$$\begin{aligned}L_{\mathrm{Aeq}} - L_{\mathrm{Aeq}}^{(0)} = &-5\log_{10}(\eta d) - 4.34\,\eta d \\ &+ 10\log_{10}\Phi\left(\sqrt{\eta d}\, \pi/2\right) + 2\end{aligned} \tag{9.19}$$

となり，$\eta d$ のみの関数で与えられる。図 9.3 にその様子を示す。例えば $\eta = 0.01$ の場合には道路から 100m の地点で 6dB，200m の地点では 12dB 程度の過剰減衰が見込まれ，低減量は距離とともにほぼ直線的に増加し，上式は

$$L_{\mathrm{Aeq}} - L_{\mathrm{Aeq}}^{(0)} \simeq -5.5\,\eta d \tag{9.20}$$

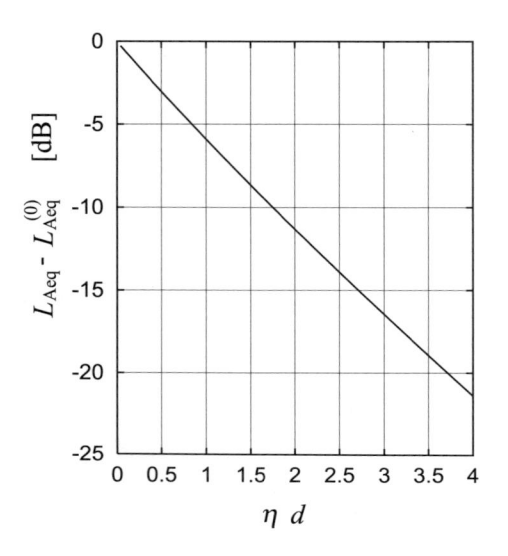

図 9.3: $L_\text{Aeq}$ に対する過剰減衰

で近似される[1]。

次に式 (9.8) の時間率騒音レベル $L_{A\alpha}$ は式 (9.11)〜式 (9.15) を代入すれば

$$L_{A\alpha} - L_\text{Aeq} = 10\log_{10}\left\{1 - \frac{\Phi\left(\sqrt{\eta d}\,\Theta^*_{x_\alpha}\right)}{\Phi\left(\sqrt{\eta d}\,\pi/2\right)}\right.$$
$$\left. + \frac{S}{2d}\frac{(\eta d/2\pi)^{1/2}}{\Phi(\sqrt{\eta d}\,\pi/2)}\frac{e^{\eta d\left(1-\sqrt{1+(x_\alpha/d)^2}\right)}}{1+(x_\alpha/d)^2}\right\} \qquad (9.21)$$

と表される。ただし

$$\Theta^*_{x_\alpha} = \tan^{-1}\left(\frac{x^*_\alpha}{d}\right) = \tan^{-1}\left(\frac{x_\alpha}{d} + \frac{S}{4d}\right) \qquad (9.22)$$

である。なお, $\eta d \to 0$, 即ち過剰減衰がない場合には上式は

$$L_{A\alpha} - L_\text{Aeq} = 10\log_{10}\left\{1 - \frac{2}{\pi}\Theta^*_{x_\alpha} + \frac{1}{\pi}\frac{S}{d}\frac{1}{1+(x_\alpha/d)^2}\right\} \qquad (9.23)$$

のごとく簡略化される。

$L_{A\alpha}$ への車頭間隔分布の影響は最近接音源の位置 $x_\alpha$ を通して反映されることが分る。以下に等間隔モデル及び指数分布モデルの場合について具体的な検討結果を示す。

## 9.2.1 等間隔モデル

時間率騒音レベル $L_{A\alpha}$ に対応する最近接音源の位置 $x_\alpha$ は一般に平均車頭間隔 $S$ に比例し

$$x_\alpha = k_\alpha \frac{S}{2} \tag{9.24}$$

と書かれる。比例定数 $k_\alpha$ は等間隔モデルの場合には

$$k_\alpha = \frac{\alpha}{100} \tag{9.25}$$

で与えられ，最近接音源の位置は

$$x_\alpha = \frac{\alpha}{100}\frac{S}{2} \tag{9.26}$$

となる（付録9.2）。この $x_\alpha$ を代入することにより式 (9.21)，式 (9.23) から $L_{A\alpha}$ と $L_{Aeq}$ のレベル差（相対レベル）を具体的に算定することができる。

さて，等間隔モデルの $L_{A\alpha}$ と $L_{Aeq}$ の相対レベルについては既に 7 章において過剰減衰のない $\eta = 0$ の場合には厳密解が得られている。本章の最近接音源法の精度を調査する意味も含めて，式 (9.23) の算定結果を 7 章の式 (7.4) と比較する。図 9.4 には $\alpha = 5, 50, 95$ に対し，$L_{A\alpha}$ に関する両者の差

$$\begin{aligned}D(\alpha, d/S) = &10\log_{10}\frac{\sinh(2\pi d/S)}{\cosh(2\pi d/S) - \cos(\pi k_\alpha)}\\&-10\log_{10}\left\{\frac{1}{\pi}\frac{S/d}{1+(k_\alpha S/(2d))^2}+1\right.\\&\left.-\frac{2}{\pi}\tan^{-1}\frac{(k_\alpha+1/2)S}{2d}\right\}\end{aligned} \tag{9.27}$$

を $d/S$ の関数として示した。

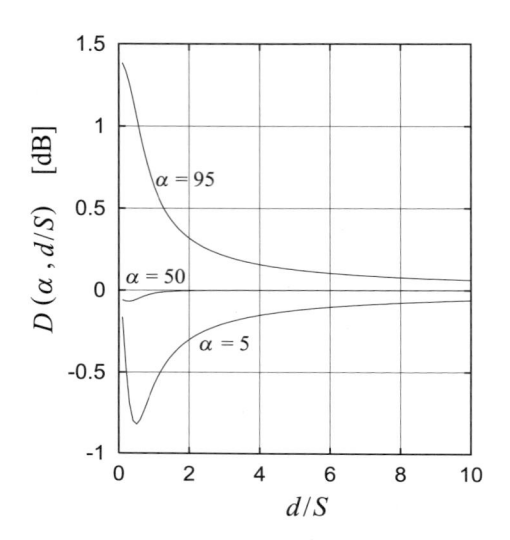

図 9.4: 式 (9.23) の近似精度

図から式 (9.23) による $L_{A50}$ の近似結果は極めて良好であり，実用上 7 章の厳密解と同等と見なし得ることが分る．また，$L_{A5}$ についても差は 1dB 未満であり近似は良好であるが，$L_{A95}$ については道路端で 1dB 程度の誤差を生ずる．なお，等間隔モデルの特徴を考慮し，最近接音源法を適用すれば，更に近似の精度を高めることも可能である [2]．

## 9.2.2 指数分布モデル

指数分布モデルに対する時間率騒音レベル $L_{A\alpha}$ を算定する場合に必要となる最近接音源の位置 $x_\alpha$ は式 (8.18) 又は付録 9.2 より

$$x_\alpha = k_\alpha \frac{S}{2} = \frac{S}{2} \ln\left(\frac{100}{100-\alpha}\right) \tag{9.28}$$

で与えられる．この $x_\alpha$ を式 (9.21) に代入し，$L_{A5}$，$L_{A50}$ 及び $L_{A95}$ と $L_{Aeq}$ の相対レベルを算出し，図 9.5 に $d/S$ の関数として示した．図より $L_{A\alpha}$ と $L_{Aeq}$ の

レベル差は

- 減衰パラメータ $\eta d$ が大きい程大きい
- この傾向は $L_{A5}$ より $L_{A50}$ や $L_{A95}$ において，また $d/S$ が小さい（道路に近い）程顕著である

ことなどが知られる。

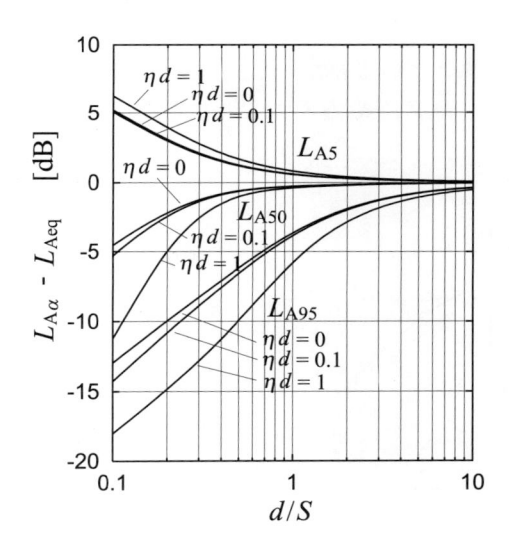

図 9.5: 過剰減衰のある場合の $L_{A\alpha}$ と $L_{Aeq}$ のレベル差（指数分布モデル）

なお，式 (9.28) の $x_\alpha$ を式 (9.23) に代入すれば，過剰減衰のない（騒音伝搬が理想的な逆自乗則に従う）場合に対する前章の結果（式 (8.34)）と一致する。

## 9.3 ユニットパターンの直線近似による予測計算式の簡易化 [3]

音響出力 $w$ の 1 台の車両が道路上を走行した場合の受音強度（ユニットパターン）$wh(d\,|\,x)$ のレベル波形

$$\tilde{L}(x) = 10\log_{10}\frac{w\,h(d\,|\,x)}{10^{-12}} \tag{9.29}$$

が実測等により与えられているものとする。このレベル波形を図 9.6 に示すごとく直線で近似しても，通常，式 (9.8) の結果はさほど影響を受けないものと考えられる。

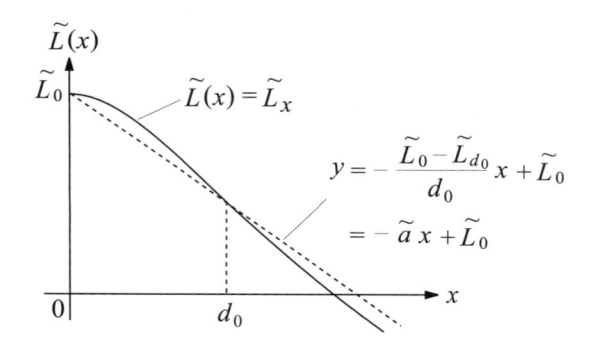

図 9.6: ユニットパターンのレベル波形とその直線近似

然るにレベル波形の直線近似を用いれば式 (9.5) の積分が容易に実行され，式 (9.8) は

$$L_{A\alpha} \simeq L_{Aeq} + 10\log_{10}\left\{10^{(\tilde{L}_{x_\alpha}-L_{Aeq})/10} + 10^{(\tilde{L}_{x_\alpha^*}-\tilde{L}_0)/10}\right\} \tag{9.30}$$

と表される。ここに

$$\tilde{L}_{x_\alpha} = \tilde{L}(x_\alpha) \simeq \tilde{L}_0 - \tilde{a}x_\alpha \tag{9.31}$$

$$\tilde{L}_{x_\alpha^*} \simeq \tilde{L}_0 - \tilde{a}x_\alpha^* \tag{9.32}$$

$$L_{Aeq} = \tilde{L}_0 - 10\log_{10}(S\tilde{A}/2) \tag{9.33}$$

である．ただし

$$\tilde{a} = (\tilde{L}_0 - \tilde{L}_{d_0})/d_0 \tag{9.34}$$

$$\tilde{A} = \tilde{a}(\ln 10)/10 \simeq \tilde{a}/4.34 \tag{9.35}$$

とする．さらにこれらを整理することにより等価騒音レベル $L_{\text{Aeq}}$ 及び時間率騒音レベル $L_{\text{A}\alpha}$ としてそれぞれ次式を得る．

$$L_{\text{Aeq}} \simeq \tilde{L}_0 - 10\log_{10}(\tilde{a}S/8.68) \tag{9.36}$$

$$\begin{aligned}
L_{\text{A}\alpha} &\simeq \tilde{L}_0 - \tilde{a}x_\alpha + 10\log_{10}\left\{1 + \frac{8.68}{\tilde{a}S}10^{-\tilde{a}S/40}\right\} \\
&= L_{\text{Aeq}} - \tilde{a}\left(x_\alpha + \frac{S}{4}\right) + 10\log_{10}\left\{1 + \frac{\tilde{a}S}{8.68}10^{\tilde{a}S/40}\right\} \\
&= -\tilde{a}x_\alpha + 10\log_{10}\left\{10^{\tilde{L}_0/10} + 10^{(L_{\text{Aeq}}-\tilde{a}S/4)/10}\right\}
\end{aligned} \tag{9.37}$$

従って平均車頭間隔 $S$，ユニットパターンのピーク値 $\tilde{L}_0$ 及び近似直線の勾配 $\tilde{a}$ から $L_{\text{Aeq}}$ が，さらに最近接音源の位置 $x_\alpha$ が与えられれば $L_{\text{A}\alpha}$ が容易に算出される．$L_{\text{Aeq}}$ は音源配置（分布モデル）に依らないが，$L_{\text{A}\alpha}$ については $-\tilde{a}x_\alpha$ の項を通して分布モデルと関係している．これより分布モデルによる $L_{\text{A}\alpha}$ の差を簡単に求められる．

## 9.4　$L_{\text{A}\alpha}$ のモデル依存性 [3]

　道路交通騒音予測における関心事の一つに，予測モデルと騒音評価量との関係がある．予測モデルによって，それぞれ算定できる評価量の種類に制限があったり，同じ評価量であっても予測モデルによって推定値が異なる．良く知られているように等価騒音レベル $L_{\text{Aeq}}$ は等間隔モデルでも指数分布モデルでも同じ結果を与え，音源配置には依存しない．一方，時間率騒音レベル $L_{\text{A}\alpha}$ は音源配置と密接に関係しており，モデルが異なれば推定値も異なる．ここでは 9.2 節及び 9.3 節の結果を基に，音源配置（予測モデル）と $L_{\text{A}\alpha}$ との関係，特に等間隔モデルと指数分布モデルにおける $L_{\text{A}\alpha}$ のレベル差について述べる．

　最近接音源法を適用して $L_{\text{A}\alpha}$ を求める場合，9.1 節から明らかな如く音源配置（モデル）の差は最近接音源の位置 $x_\alpha$ に反映されることになる．いま，モデル $i$

に対する $x_\alpha$ 及び $L_{A\alpha}$ をそれぞれ $x_\alpha^{(i)}$ 及び $L_{A\alpha}^{(i)}$ と書くことにすれば式 (9.8) より $L_{A\alpha}^{(i)}$ は

$$L_{A\alpha}^{(i)} \simeq L_{Aeq} + 10\log_{10}\left\{\frac{S}{2}\frac{h(d\mid x_\alpha^{(i)})}{H(\infty)} + 1 - \frac{H(x_\alpha^{(i)*})}{H(\infty)}\right\} \quad (9.38)$$

と表される。従ってモデル 1,2 における $L_{A\alpha}$ のレベル差は

$$\begin{aligned}L_{A\alpha}^{(1)} - L_{A\alpha}^{(2)} = &10\log_{10}\left\{\frac{S}{2}\frac{h(d\mid x_\alpha^{(1)})}{H(\infty)} + 1 - \frac{H(x_\alpha^{(1)*})}{H(\infty)}\right\} \\ &- 10\log_{10}\left\{\frac{S}{2}\frac{h(d\mid x_\alpha^{(2)})}{H(\infty)} + 1 - \frac{H(x_\alpha^{(2)*})}{H(\infty)}\right\}\end{aligned} \quad (9.39)$$

で与えられる。ここに

$S$ : 平均車頭間隔

$h(d\mid x)$ : ユニットパターン

$$H(x) = \int_0^x h(d\mid \xi)d\xi \quad (9.40)$$

$$x_\alpha^{(i)*} = x_\alpha^{(i)} + S/4 \quad (9.41)$$

$$x_\alpha^{(i)} = k_\alpha^{(i)} S/2 \quad (9.42)$$

である。いまユニットパターン $h(d\mid x)$ として 9.2 節と同じく過剰減衰を有する

$$h_\eta(d\mid x) = \frac{1}{2\pi}\frac{e^{-\eta\sqrt{d^2+x^2}}}{d^2+x^2} \quad (9.43)$$

を採用すれば $H(x)$ は

$$H(x) \simeq \frac{e^{-\eta d}}{\sqrt{2\pi\eta d}\, d}\, \Phi\left(\sqrt{\eta d}\, \Theta_x\right) \quad (9.44)$$

$$\Phi(z) = \frac{1}{\sqrt{2\pi}}\int_0^z e^{-t^2/2}dt \quad (9.45)$$

$$\Theta_x = \tan^{-1}(x/d) \quad (9.46)$$

で与えられる。なお，最近接音源の位置を設定するパラメータ $k_\alpha^{(i)}$ はモデルによ

り異なるが，$i = 1, 2$ をそれぞれ等間隔モデル及び指数分布モデルとすれば各々

$$k_\alpha^{(1)} = \alpha/100 \tag{9.47}$$

$$k_\alpha^{(2)} = \ln\left(\frac{100}{100-\alpha}\right) \tag{9.48}$$

で与えられる（付録9.2）。これらを式 (9.39) に代入することにより，等間隔モデルと指数分布モデルにおける $L_{A\alpha}$ のレベル差を算定することができる。

図 9.7 に $\eta d = 0, 0.1$ 及び 1 の場合について $L_{A5}$，$L_{A50}$ 及び $L_{A95}$ に関する両モデルによるレベル差を $d/S$ の関数として示した。

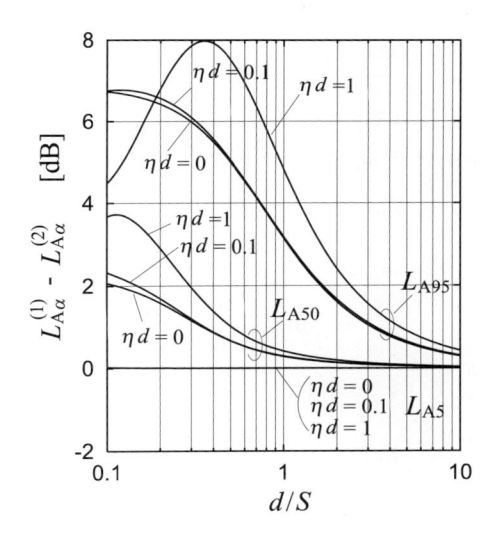

図 **9.7**: 等間隔モデルと指数分布モデルにおける $L_{A\alpha}$ の差

これより道路端（$d/S \simeq 0.1, \eta d \simeq 0$）では $L_{A5}$ についてはモデルによる差は殆どないが，$L_{A50}$ については 2dB 程度，$L_{A95}$ については 5dB 以上にも達する。また，$\eta d$（過剰減衰）が増すにつれて両モデルによるレベル差は拡大する傾向が見られる。

予測モデルによる上記 $L_{A\alpha}$ のレベル差はユニットパターンのレベル波形 $\tilde{L}(x)$ に対し直線近似を適用すれば，さらに簡略化できる。この場合には 9.3 節で示し

たように，$L_{A\alpha}$ は式 (9.37) で近似され，

$$L_{A\alpha} \simeq L_{A\alpha}^* - \tilde{a}x_\alpha \tag{9.49}$$

と表される．ここに

$$L_{A\alpha}^* = \tilde{L}_0 + 10\log_{10}\left(1 + \frac{8.68}{\tilde{a}S}10^{-\tilde{a}S/40}\right)$$

$$\tilde{a} = (\tilde{L}_0 - \tilde{L}_{d_0})/d_0 \tag{9.50}$$

であり，$L_{A\alpha}^*$ はユニットパターン及び平均車頭間隔により定まり音源配置（モデル）には依らない．従ってモデル 1 と 2 による $L_{A\alpha}$ のレベル差は式 (9.49) より

$$L_{A\alpha}^{(1)} - L_{A\alpha}^{(2)} = \tilde{a}(x_\alpha^{(2)} - x_\alpha^{(1)}) \tag{9.51}$$

となる．ここに $L_{A\alpha}^{(i)}, x_\alpha^{(i)}$ はモデル $i(=1,2)$ に対する $L_{A\alpha}$ 及び $x_\alpha$ である．

特にモデル 1 を等間隔モデル，2 を指数分布モデルとすれば式 (9.26)，式 (9.28) より

$$x_\alpha^{(1)} = \frac{\alpha}{100}\frac{S}{2} \tag{9.52}$$

$$x_\alpha^{(2)} = \left\{\ln\left(\frac{100}{100-\alpha}\right)\right\}\frac{S}{2} \tag{9.53}$$

従って，両モデルによる $L_{A\alpha}$ の差は

$$L_{A\alpha}^{(1)} - L_{A\alpha}^{(2)} = \left\{\ln\left(\frac{100}{100-\alpha}\right) - \frac{\alpha}{100}\right\}(\tilde{L}_o - \tilde{L}_{d_0})S/(2d_0) \tag{9.54}$$

で与えられる．

## 9.5 最近接音源の寄与度

興味の持たれることの一つに騒音評価量（予測値）に対する最近接音源の寄与度がある．そこで $L_{A\alpha}$ における最近接音源の寄与と他の音源（バックグランド）の寄与の程度を調べてみよう．式 (9.4) より受音強度 $I_\alpha$ に対する最近接音源の寄与は

$$\tilde{I}_\alpha = w\, h(d \mid x_\alpha) = 10^{\tilde{L}(x_\alpha)/10}10^{-12} \tag{9.55}$$

バックグランド音源の寄与は

$$I_\alpha^{(B)} = \frac{2w}{S}\{H(\infty) - H(x_\alpha^*)\} = 10^{L_{Aeq}/10}(1-E_\alpha)10^{-12} \quad (9.56)$$

で表される. 従って両者のレベル差は次式で与えられる.

$$10\log_{10}\frac{\tilde{I}_\alpha}{I_\alpha^{(B)}} = \tilde{L}(x_\alpha) - L_{Aeq} - 10\log_{10}(1-E_\alpha) \quad (9.57)$$

ここに

$\tilde{L}(x_\alpha)$ : 音源位置 $x_\alpha$ におけるユニットパターンのレベル

$L_{Aeq}$ : 等価騒音レベル

$$E_\alpha = H(x_\alpha^*)/H(\infty) \quad (9.58)$$

であり, ユニットパターン $h(d\mid x)$ として過剰減衰を有する式 (9.11) を想定すれば

$$\begin{aligned}10\log_{10}\frac{\tilde{I}_\alpha}{I_\alpha^{(B)}} &= -7 + 10\log_{10}(S/d) + 5\log_{10}(\eta d)\\&\quad -4.34\,\eta d\left(\sqrt{1+(k_\alpha S/2d)^2}-1\right)\\&\quad -10\log_{10}\left\{1+(k_\alpha S/2d)^2\right\}\\&\quad -10\log_{10}\left\{\Phi\left(\sqrt{\eta d}\pi/2\right)-\Phi\left(\sqrt{\eta d}\Theta_\alpha^*\right)\right\}\end{aligned} \quad (9.59)$$

が得られる. 特に $\eta d \to 0$ の極限では上式は

$$\begin{aligned}10\log_{10}\frac{\tilde{I}_\alpha}{I_\alpha^{(B)}} &= -3 - 10\log_{10}(d/S) - 10\log_{10}\left\{1+(k_\alpha S/2d)^2\right\}\\&\quad - 10\log_{10}\left(\pi/2-\Theta_\alpha^*\right)\end{aligned} \quad (9.60)$$

となる. 指数分布モデルの場合について式 (9.59) と式 (9.60) の結果を $\eta d$ をパラメータにとり $d/S$ の関数として図 9.8 に示した. 図より以下のことが知られる.

- $L_{A95}$ は大略バックグランドにより定まる.
- $L_{A5}, L_{A50}$ は $d/S \geq 2$ においては大略バックグランドにより定まる.
- $L_{A5}$ は $d/S \leq 0.2$ においては最近接音源により定まるが, $0.2 \leq d/S \leq 2$ では, バックグランドをも考慮する必要がある.
- $L_{A50}$ は $d/S \leq 2$ においては最近接音源, バックグランドとも考慮する必要がある.

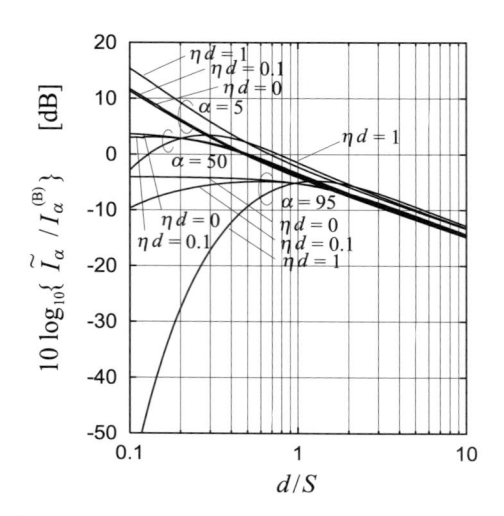

図 9.8: $L_{A\alpha}$ に対する最近接音源とバックグランド音源の寄与（指数分布モデル）

## 9.6 音源のパワーレベルが分布する場合の取扱い

走行車両ごとに音響出力 $w$（パワーレベル $W$）が異なり，ある分布を持つ場合を考える。$w$ の確率密度関数を $f(w)$，$W$ のそれを $g(W)$ とする。受音点における騒音レベルの変動は近くを走行する車両（音源）により主として決定される。個々の音源の配置や出力の不確さが騒音レベルの変動に与える影響は，受音点から遠ざかるにつれて弱くなり，平均的なバックグランドを形成するようになる。従ってバックグランド的な音源については，その平均的な配置や出力を与えればよい。

そこで最近接音源以外は平滑化して線音源で近似する。この線音源の出力は単位長あたり

$$2\nu w_{\text{eq}} = 2w_{\text{eq}}/S \quad [\text{W/m}] \tag{9.61}$$

## 9.6. 音源のパワーレベルが分布する場合の取扱い

で与えられる。ただし

$\nu$：単位長さあたりの平均車両数（音源数密度）

$S = 1/\nu$：平均車頭間隔

$w_{\text{eq}} = \int_0^\infty w\, f(w)\, dw$：音源の等価音響出力（$w$ の平均値）

である。

一方，最近接音源の出力 $w$ は $f(w)$ に従い分布するものとする。また，$L_{\text{A}\alpha}$ に対する音源配置は等パワーの場合（各車両が同一の出力を有する場合）と同じとする。即ち $L_{\text{A}\alpha}$ に対するバックグランド音源の寄与を固定し（平滑化し），最近接音源のみを確率統計的に捕えることとする（図 9.9 参照）。

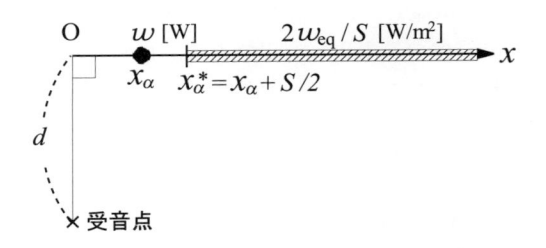

**図 9.9: 最近接音源と線音源化されたバックグランド音源**

図より最近接音源の出力を $w$ とした場合の受音強度の $\alpha$%値は

$$I_{\alpha|w} = w\, h(d \mid x_\alpha) + \frac{2w_{\text{eq}}}{S}\{H(\infty) - H(x_\alpha^*)\}$$
$$= w\, h(d \mid x_\alpha) + \frac{2w_{\text{eq}}}{S} H(\infty)(1 - E_\alpha) \quad (9.62)$$

と表される。従って $w$ の分布を考慮すれば受音強度の $\alpha$%値は

$$I_\alpha = \int_0^\infty I_{\alpha|w} f(w) dw$$
$$= w_{\text{eq}} h(d \mid x_\alpha) + \frac{2w_{\text{eq}}}{S} H(\infty)(1 - E_\alpha) \quad (9.63)$$

となり，図 9.7 において最近接音源の出力 $w$ をその平均値 $w_{\text{eq}}$ とした場合の結果と一致する。即ち出力 $w_{\text{eq}}$ の等パワーの音源配置に対する 9.1 節の結果と一致し，

時間率騒音レベル $L_{A\alpha}$ は式 (9.8) と同じく

$$L_{A\alpha} \simeq L_{Aeq} + 10\log_{10}\left\{10^{(\bar{L}_{x\alpha}-L_{Aeq})/10} + 1 - E_\alpha\right\} \quad (9.64)$$

で与えられる。ただし車両のパワーレベルとしては

$$W_{eq} = 10\log_{10}(w_{eq}/10^{-12}) \quad (9.65)$$

を用いるものとする。

## 9.7 まとめ及び課題

　最近接音源法は本章で概説した通り物理的意味が明解であり，応用範囲も広く，道路交通騒音の予測計算式の導出にも有用である。車頭間隔の分布及びユニットパターンが与えられれば，この方法により時間率騒音レベル $L_{A\alpha}$ の簡便な計算式を等価騒音レベル $L_{Aeq}$ をベースに導くことができる。従って実用上は，最近接音源法の前提となる

- 車頭間隔（音源配置）の分布及び
- ユニットパターン

を如何に入手するか，あるいは適切にモデル化ないしは近似するかが課題となる。

　またこの手法の精度をさらに高めようとする場合，2番目，3番目，⋯ に近い音源の振舞をバックグランドから順次切り離し，その効果を個別に算定し追加する必要がある。しかしそのための手間と労力は大きく，かつ結果の簡便さも失われる。

## 付録 9.1: 式 (9.12) の導出

$$\begin{aligned}
H(x) &= \int_0^x h_\eta(d \mid \xi) d\xi \\
&= \frac{1}{2\pi} \int_0^x \frac{e^{-\eta\sqrt{d^2+\xi^2}}}{d^2+\xi^2} d\xi \\
&= \frac{1}{2\pi d} \int_0^{\Theta_x} e^{-\eta d \sec\theta} d\theta \\
&\simeq \frac{1}{2\pi d} \int_0^{\Theta_x} e^{-\eta d(1+\theta^2/2)} d\theta \\
&= \frac{e^{-\eta d}}{\sqrt{2\pi\eta d}d} \Phi\left(\sqrt{\eta d}\Theta_x\right)
\end{aligned} \tag{9.66}$$

ただし

$$\xi = d\tan\theta$$
$$\Theta_x = \tan^{-1}(x/d)$$

とする。

## 付録 9.2: 最近接音源の位置の分布と $x_\alpha$ の算定法

車頭間隔の分布が与えられた場合に,最近接音源の位置の分布を求める方法について考える。まず等間隔モデルについては直線上に原点 O を任意に (at random) 選んだ場合,原点 O から最近接音源に至る距離 $x$ の分布は容易に知られるごとく

$$g(x) = \begin{cases} 2/S & (0 \leq x \leq S/2) \\ 0 & (S/2 < x) \end{cases} \tag{9.67}$$

なる一様分布に従う。ここに $S$ は車頭間隔である。次に平均車頭間隔 $S$ の指数分布モデルの場合には,この $x$ の分布は 8.1 節で述べたごとく

$$g(x) = \frac{2}{S} e^{-2x/S} \qquad (x \geq 0) \tag{9.68}$$

なる平均値 $S/2$ の指数分布に従う。

さて，車頭間隔 $\xi$ が $f(\xi)$ なる確率密度関数を有する一般の場合を考える。道路上に設定した任意の原点 O から最近接音源までの距離 $x$ に関する確率密度関数 $g(x)$ は

$$g(x) = K \int_{2x}^{\infty} f(\xi) d\xi$$
$$= K F_c(2x) \qquad (x \geq 0) \tag{9.69}$$

で与えられる（図 9.10）。ここに

$$F_c(x) = \int_x^{\infty} f(\xi) d\xi \tag{9.70}$$

は補分布関数であり，また規格化定数 $K$ は

$$K = 1/\int_0^{\infty} F_c(2x) dx$$
$$= 2/\int_0^{\infty} F_c(x) dx \tag{9.71}$$

より求められる。従って

$$g(x) = 2F_c(2x)/\int_0^{\infty} F_c(x) dx \tag{9.72}$$

と表される。

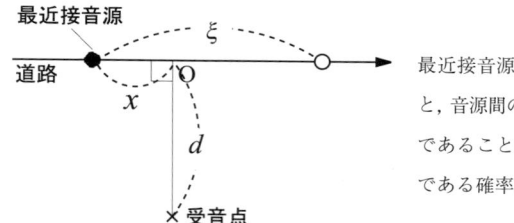

図 9.10: 最近接音源の分布

上式の結果を確認するために

（イ）等間隔モデルに適用すれば

$$f(\xi) = \delta(\xi - S)$$
$$F_c(x) = \begin{cases} 1 & (0 \leq x \leq S) \\ 0 & (x \geq S) \end{cases}$$

（ロ）指数分布モデルに適用すれば

$$f(\xi) = (1/S)e^{-\xi/S} \quad (\xi \geq 0)$$
$$F_c(x) = e^{-x/S} \quad (x \geq 0)$$

となり，それぞれ式 (9.72) に代入すれば上述の式 (9.67) 及び式 (9.68) が得られる。さて，$g(x)$ が与えられれば，受音強度の $\alpha$%値 $I_\alpha$（時間率騒音レベル $L_{A\alpha}$）に対する最近接音源の位置 $x_\alpha$ は

$$\int_0^{x_\alpha} g(x)dx = \alpha/100 \tag{9.73}$$

を解くことで求められる。
　例えば，

（イ）等間隔モデルの場合には式 (9.67) を代入し，簡単な計算により，

$$x_\alpha^{(1)} = \frac{\alpha}{100}\frac{S}{2} \tag{9.74}$$

（ロ）指数分布モデルでは，式 (9.68) を代入することにより，

$$x_\alpha^{(2)} = \left\{\ln\left(\frac{100}{100-\alpha}\right)\right\}\frac{S}{2} \tag{9.75}$$

が得られる。
　$g(x)$ の分布関数を

$$G(x) = \int_0^x g(\xi)d\xi \tag{9.76}$$

と置き，これらの関係を図示すれば，図 9.11 で表される。指数分布モデル及び等間隔モデルはそれぞれ位数 1 及び $\infty$ のアーラン分布モデル（ガンマ分布モデル）

であり，一般のアーラン分布モデルは上記両モデルの中間に位置し，平均車頭間隔 $S$，位数 $m(=2,3,\cdots)$ のアーラン分布モデルの $x_\alpha$ の値は式 (9.74) と式 (9.75) の間

$$\frac{\alpha}{100}\frac{S}{2} \leq x_\alpha \leq \left\{\ln\left(\frac{100}{100-\alpha}\right)\right\}\frac{S}{2}$$

にあり，$m$ が大きくなるにつれ下限値 $x_\alpha^{(1)} = (\alpha/100)(S/2)$ に近づく。

なお，車頭間隔 $\xi$ が任意の分布 $f(\xi)$ に従う場合には

$$\begin{aligned}
G(x_\alpha) &= \int_0^{x_\alpha} g(x)dx \\
&= K\int_0^{x_\alpha} F_c(2x)dx \\
&= \frac{K}{2}\int_0^{2x_\alpha} F_c(x)dx \\
&= \alpha/100
\end{aligned}$$

を満たす $x_\alpha$ を数値的に求めることとなる。しかしこの場合にも，次の計算アルゴリズムを用いれば比較的容易に $x_\alpha$ ($\alpha = 0, 1, 2, 3, \cdots, 99$) を求めることができる。

1. 初期値設定

$$\alpha = 0$$
$$x_0 = 0$$
$$F_c(x_0) = 1$$
$$g(x_0) = K = 2/\int_0^\infty F_c(x)dx$$

2. 繰返し計算

$$\alpha = i \quad (i = 1, 2, 3, \cdots, 99)$$
$$\Delta x_i = \frac{1}{100g(x_{i-1})} = \frac{1}{100KF_c(2x_{i-1})}$$
$$x_i = x_{i-1} + \Delta x_i$$

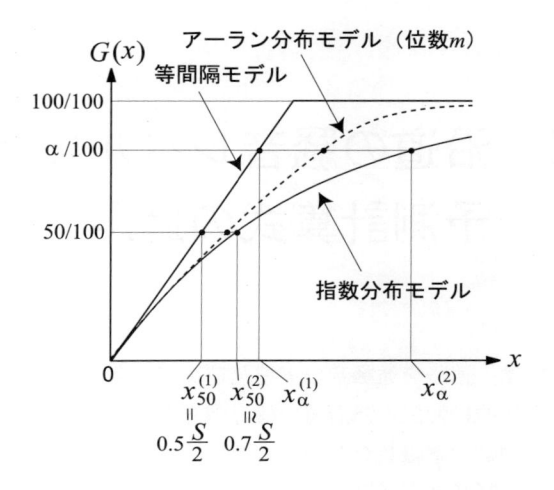

図 9.11: 予測モデルと $x_\alpha$ との関係

# 文献

1) 久野和宏, 奥村陽三, "道路交通騒音予測のこと [XV] −路面及び地表面による減音効果−", 応用音響研究会資料, EA97-5 (1997).

2) 久野和宏, 奥村陽三, "道路交通騒音予測のこと [IX] −等間隔モデルについて−", 騒音・振動研究会資料, N-96-07 (1996).

3) 久野和宏, 奥村陽三, 野呂雄一, "道路交通騒音予測のこと [VIII] −最近接音源に基づく予測−", 騒音・振動研究会資料, N-95-46 (1995).

# 第10章 沿道の騒音レベルに対する予測計算式の適用

多くの自治体では，道路交通騒音の実態及び環境基準に対する適合状況等を把握する目的で，定期的に幹線道路沿道の騒音調査を実施している。これらの調査では，一般に，交通量や車線数などの付帯情報も収集されており，蓄積されているデータには，沿道騒音と交通流の因果関係など，様々な姿が投影されているものと期待される[1]。

本章では，沿道騒音の調査事例として，名古屋市が行っている調査を紹介するとともに，沿道での道路交通騒音の予測計算式を再構築し，実測値との対応を検討する。また，夜間，交通量が大幅に減少しても，騒音レベルはさほど低下しないと言われているが[2]，その原因についても，国道1号沿道で行われている騒音の常時観測のデータなどを基に考える。

## 10.1　自治体における沿道騒音の調査事例[3)4)5]

名古屋市では，自動車騒音の実態を把握し，今後の対策推進の基礎資料とするため，市内16区の主要な道路の沿道において，騒音の調査を実施している[3)4]。この調査では，$L_{Aeq}$ や $L_{A50}$ などの騒音測定に加え，表10.1に示すような約50項目の付帯情報が収集されている。

調査対象道路としては，道路法に基づく「高速自動車国道」，「一般国道」，4車線以上の「地方道（県道，市道）」及び都市計画で定められた「幹線街路」の中から，市内の約200路線が選定されており，調査地点は，各道路の整備状態を考慮して，ほぼ5kmに1地点の割合で設定されている。なお，調査地点が交差点近傍になる場合は，原則として交差点中央から50m以上離れた地点に移動している。

騒音測定は，JIS Z 8731 に従い，それぞれ官民境界（車道端より 0〜10m，平均 3.5m）上の高さ 1.2m の地点において，騒音レベルを 5 秒間隔に 100 回測定し，$L_{Aeq}$, $L_{A5}$, $L_{A50}$, $L_{A95}$ の 4 つの評価量を算出している。また，これと同時に，対象道路の 10 分間の交通量を上下線ごとに観測している。自動車は，登録標板（ナンバープレート）によって分類されており，車種ごとの通過台数が記録されている。名古屋市では，このような調査を，1973 年以来，5 年ごとに，9〜12 月の平日の昼間（9:30〜12:00, 13:00〜16:00）に行っている。

ここでは，1993 年に行われた 311 地点での調査データの中から，制限速度が 60km/h を超える自動車専用道路及び，全幅員が 80m を超える特殊な道路に対する 6 地点を除外した 305 地点のデータを分析対象とした。

## 10.2　沿道騒音の予測計算式 5)6)

通常，道路交通騒音の予測計算式では，車両のパワーレベルや配置（車頭間隔）が前面に出ており，どことなく静的な印象を受ける。道路と騒音との係わりを浮彫りにし，動的に把握するためには，交通量及び車速に着目して，予測計算式をながめることが必要である。交通流パラメータ（交通量，車速，大型車混入率（全交通量に対する大型車の割合））と，騒音評価量 $L_{Aeq}$, $L_{A\alpha}$ とを直接的に結び付けた方が，道路交通騒音の実態をより直観的に理解できるばかりでなく，騒音制御上（原因の所在を明らかにし，各種の対策を考える上）からも一層有用であると思われる。

本節では，以上の視点に立ち，$L_{Aeq}$ や $L_{A\alpha}$ の予測計算式を，時間交通量 $Q$[台/h]，車速 $V$[km/h] 及び，小型車混入率 $r_1$ と大型車混入率 $r_2$ を用いて再整理する。

表 10.1: 道路騒音に関する測定及び調査項目 (名古屋市)

| | |
|---|---|
| 評価量 | $L_{A50}$, $L_{A5}$, $L_{A95}$, $L_{Aeq}$ |
| 測定点 | 官民境界地上 1.2m, メッシュ番号, 地点番号 |
| 道路 | 道路名, 車線数, 幅員, 構造, 勾配, 舗装状態 |
| 交通流 | 交通量, 大型車混入率, 制限速度 |
| 周辺状況 | 用途地域, 周辺の建物, 信号機までの距離 |

そのためには,まず,予測計算式に含まれるパワーレベル $W$[dB] と平均車頭間隔 $S$[m/台] を,

$$W = 20 \log_{10} V + 65.1 + 10 \log_{10}(r_1 + M r_2) \tag{10.1}$$

$$S = \frac{1000 V}{Q} \tag{10.2}$$

のごとく,$Q$,$V$,$r_1$,$r_2$ を用いて書き改めればよい。ただし,$W$ としては,予測計算式の簡略化を計るため,**ASJ Model 1993**[7] のパワーレベル式を採用し,$M$ は大型車の小型車に対する音響出力の換算倍率($\simeq 5$)を表す。

### 10.2.1 等価騒音レベル $L_\mathrm{Aeq,1h}$ の予測計算式

さて,平面道路端(官民境界地上 1.2m)の騒音レベルに対しては,過剰減衰は小さく,回折補正を考慮する必要がないことから,式 (8.13) に上記の式 (10.1) と式 (10.2) を代入することにより,沿道での $L_\mathrm{Aeq,1h}$ は,

$$\begin{aligned}
L_\mathrm{Aeq,1h} &= W + 10 \log_{10} \frac{1}{2 d S} \\
&= 20 \log_{10} V + 65.1 + 10 \log_{10}(r_1 + M r_2) + 10 \log_{10} \left( \frac{1}{2 d} \frac{Q}{1000 V} \right) \\
&= 10 \log_{10} Q + 10 \log_{10}(r_1 + M r_2) + 10 \log_{10} V - 10 \log_{10} d \\
&\quad + 65.1 - 33.0 \\
&= 10 \log_{10} Q^* + 10 \log_{10} V - 10 \log_{10} d + 32.1
\end{aligned} \tag{10.3}$$

と表される。ここに,$d$ は道路中央からの距離 [m] であり,

$$Q^* = (r_1 + M r_2) Q \simeq (1 + 4 r_2) Q \tag{10.4}$$

は,いわゆる小型車換算時間交通量である。

### 10.2.2 時間率騒音レベル $L_{\mathrm{A}\alpha}$ の予測計算式

次に時間率騒音レベル

$$L_{\mathrm{A}\alpha} = L_\mathrm{Aeq} + L^*(\alpha, d/S) \tag{10.5}$$

## 10.2. 沿道騒音の予測計算式 [5)6)]

において，道路端では過剰減衰や回折補正が無視できるものとすれば，式 (9.23) より

$$L^*(\alpha, d/S) = 10 \log_{10}\left\{1 + \frac{1}{\pi}\frac{S}{d}\frac{1}{1+(x_\alpha/d)^2} - \frac{2}{\pi}\tan^{-1}\left(\frac{x_\alpha}{d} + \frac{S}{4d}\right)\right\} \tag{10.6}$$

と表される。ここに，最近接音源の位置

$$x_\alpha = k_\alpha \frac{S}{2} \tag{10.7}$$

は，道路上の車両配置により定まる。また，$d$ が $x_\alpha$ に比し ($d/S$ が $k_\alpha/2$ に比し) 小さい場合及び大きい場合には，式 (10.6) はそれぞれ以下のように近似される。

$$L^*(\alpha, d/S) \simeq \begin{cases} 10 \log_{10}(d/S) + A(\alpha) & d/S \ll k_\alpha/2 \\ B(\alpha)(d/S)^{-1} & d/S \gg k_\alpha/2 \end{cases} \tag{10.8}$$

ただし，

$$A(\alpha) = 10 \log_{10}\frac{4}{\pi} + 10 \log_{10}\left\{k_\alpha^{-2} + (0.5 + k_\alpha)^{-1}\right\} \tag{10.9}$$

$$B(\alpha) = \frac{4.34}{2\pi}(1 - 2k_\alpha) \tag{10.10}$$

である。従って，式 (10.5) に，式 (10.3)，式 (10.8)，式 (10.2) を代入し整理すれば，
$d/S \ll k_\alpha/2$ なる場合には，

$$\begin{aligned}
L_{A\alpha} &\simeq L_{\text{Aeq}} + 10 \log_{10}(d/S) + A(\alpha) \\
&= 10 \log_{10} Q + 10 \log_{10}(r_1 + M r_2) + 10 \log_{10} V - 10 \log_{10} d + 32.1 \\
&\quad + 10 \log_{10}\left(d\,\frac{Q}{1000\,V}\right) + A(\alpha) \\
&= 20 \log_{10} Q + 10 \log_{10}(r_1 + M r_2) + A(\alpha) + 2.1
\end{aligned} \tag{10.11}$$

$d/S \gg k_\alpha/2$ なる場合には，

$$\begin{aligned}
L_{A\alpha} &\simeq L_{\text{Aeq}} + B(\alpha)(d/S)^{-1} \\
&= 10 \log_{10} Q + 10 \log_{10}(r_1 + M r_2) + 10 \log_{10} V - 10 \log_{10} d \\
&\quad + \frac{1000\,V}{Q\,d} B(\alpha) + 32.1
\end{aligned} \tag{10.12}$$

が得られる．特に，実用上関心のある騒音レベル中央値 ($\alpha = 50$) 及び 90%レンジの上下端値 ($\alpha = 5, 95$) に対する $k_\alpha/2$, $A(\alpha)$, $B(\alpha)$ の値を，表 10.2 に掲げる．なお，実際の音源配置の分布は不明であるが，便宜上平均値 $S$ の指数分布に従うものとして，8.2.1 節の結果に基づき，

$$k_\alpha = \ln\left(\frac{100}{100-\alpha}\right) \tag{10.13}$$

とおいた．

道路端では，$L_{A5}$ に対して式 (10.12) が，また，$L_{A50}$ 及び $L_{A95}$ に対しては，概ね式 (10.11) が適用され，それぞれ次式で与えられる．

$$L_{A5} \simeq L_{Aeq} + 0.62(d/S)^{-1} \tag{10.14}$$

$$L_{A50} \simeq 20\log_{10} Q + 10\log_{10}(r_1 + Mr_2) + 8 \tag{10.15}$$

$$L_{A95} \simeq 20\log_{10} Q + 10\log_{10}(r_1 + Mr_2) - 1 \tag{10.16}$$

## 10.3 実測値と予測計算式の対応 [5]

まず，沿道で測定された $L_{Aeq}$ と予測計算式の対応について調べ，次に，$L_{A\alpha}$ の場合の対応について述べる．

### 10.3.1 $L_{Aeq}$ の実測値と予測計算式との対応

まず，1993 年に観測されたデータを用いて，$L_{Aeq}$ と交通量の関係を整理する．なお，交通量としては，大型車の音響出力を小型車の 5 台分と見なし ($M = 5$)，

表 10.2: 係数 $k_\alpha/2$, $A(\alpha)$ 及び $B(\alpha)$ の値

| $\alpha$ | $k_\alpha/2$ | $A(\alpha)$ | $B(\alpha)$ |
|---|---|---|---|
| 5 | 0.026 | 26.9 | 0.62 |
| 50 | 0.35 | 5.70 | -0.27 |
| 95 | 1.5 | -2.96 | -3.45 |

## 10.3. 実測値と予測計算式の対応 [5]

10 分間の観測データを 6 倍して求めた小型車換算時間交通量 $Q^*$ を用いることとし，測定された $L_{Aeq}$ を，その地点における観測時間 1 時間の $L_{Aeq,1h}$ に対応するものとした．

図 10.1 に，$L_{Aeq}$ と $Q^*$（正確には $\log_{10} Q^*$）の間の散布図を示す．図中の実線は，予測計算式 (10.3) に従い，$\log_{10} Q^*$ に対する係数を 10 に固定し，実測値との残差平方和が最小になるように回帰した結果である．直線に対する実測値の標準的な誤差 s.e. は，3.21dB となっている．また，図中の破線は回帰直線から s.e. の ±2 倍の範囲を示しており，この 12.8dB の範囲を超えるデータは 305 個中 15 個であった．なお，図中の●は車線数が 3 未満の道路での結果であり，○は 3 車線以上 6 車線未満，□は 6 車線以上の結果である．●，○，□は，それぞれまとまっており，車線数による分類，すなわち，道路中央からの距離 $d$ との関係が伺われる．

次に，予測計算式 (10.3) の変数である $Q^*$，$d$ 及び $V$ と，$L_{Aeq}$ との関係について検討する．なお，ここでは，$d$ として，道路中央から路肩端までの距離（歩道を含めた道路全体の幅の 1/2）を，また，$V$ として，その道路の最高速度として制限されている速度（制限速度）を，それぞれ用いた．

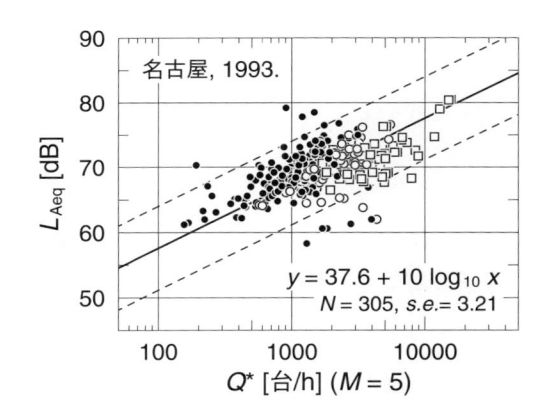

図 10.1: $L_{Aeq}$ と交通量の関係 ($\log_{10} Q^*$ の係数を 10 に固定した場合の回帰結果)

（●: 車線数 < 3, ○: 3 ≤ 車線数 < 6, □: 6 ≤ 車線数）

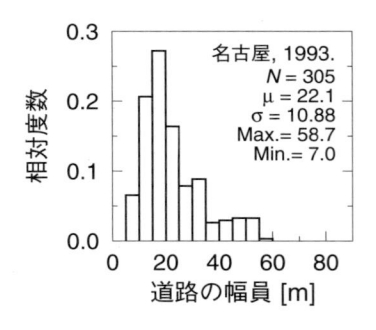

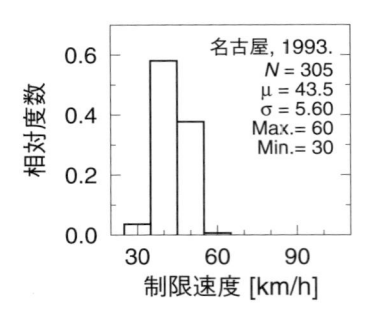

図 10.2: 道路の幅員の度数分布   図 10.3: 制限速度の度数分布

図 10.2 及び図 10.3 に，道路幅と制限速度の度数分布を示す。道路幅は 7〜58.7m の範囲に分布しており，$d$ としては 3.5〜29.4m の範囲となる。一方，制限速度 $V$ は 30〜60km/h の範囲に分布しているものの，そのほとんどが 40〜50km/h である。$d$ と $V$ を $10 \log_{10} d$，$10 \log_{10} V$ により換算すれば，最大最小の範囲はそれぞれ 9.3，3.0dB であり，都合 12.3dB と，図 10.1 で示した $s.e.$ の ±2 倍の範囲 12.8dB にほぼ合致している。

式 (10.17) は，$Q^*$，$d$，$V$ を説明変数に設定し，$\log_{10} Q^*$，$\log_{10} d$ 及び $\log_{10} V$ により，$L_{\text{Aeq}}$ を重回帰した結果である。

$$L_{\text{Aeq}} = 38.6 + 9.35 \log_{10} Q^* - 11.0 \log_{10} d + 7.38 \log V \qquad (10.17)$$

$$N = 305,\ r^2 = 0.497,\ s.e. = 2.48$$

$\log_{10} Q^*$，$-\log_{10} d$ 及び $\log_{10} V$ に対する回帰係数は，ともに約 10 であり，予測計算式に類似した結果を示している。そこで，これらの回帰係数を 10 に固定し，再度分析を行えば，

$$L_{\text{Aeq}} = 31.2 + 10 \log_{10} Q^* - 10 \log_{10} d + 10 \log_{10} V \qquad (10.18)$$

$$N = 305,\ s.e. = 2.53$$

が得られる。$s.e.$ は 式 (10.17) のそれに近く，回帰式として両者の間に実際上の差異はないと考えられる。さらに，上式は，前述の予測計算式 (10.3) とほぼ一致しており，その差はわずかに 0.9dB である。

## 10.3. 実測値と予測計算式の対応 [5]

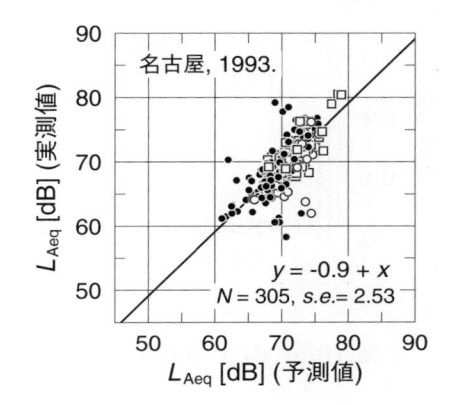

図 10.4: $L_{\text{Aeq}}$ の予測値と実測値の比較
(●: 車線数 < 3, ○: 3 ≤ 車線数 < 6, □: 6 ≤ 車線数)

表 10.3: $L_{\text{Aeq}}$ に対する $\log_{10} Q^*$, $\log_{10} d$ 及び $\log_{10} V$ の偏相関係数
(名古屋, 1993.)

|  | $\log_{10} Q^*$ | $\log_{10} d$ | $\log_{10} V$ |
|---|---|---|---|
| $L_{\text{Aeq}}$ | 0.671 | -0.491 | 0.111 |

図 10.4 は,予測計算式 (10.3) に,$Q^*$,$d$ 及び $V$ を代入して求めた $L_{\text{Aeq}}$ と,実測値とを比較した結果である。両者は良い一致を示している。

ただし,車速 $V$ については,実測値ではなく制限速度を代用しており,そのほとんどが 40 あるいは 50km/h である (図 10.3)。平日の昼間のデータであることから,若し車速が制限速度よりも 10km/h 程度遅いと仮定すれば,式 (10.18) の定数項は 1dB ほど上昇し,式 (10.3) のそれと殆ど一致することになる。$L_{\text{Aeq}}$ に対する $\log_{10} Q^*$,$\log_{10} d$ 及び $\log_{10} V$ の偏相関係数を,表 10.3 に示す。$\log_{10} Q^*$ において 0.671 と最も強く,次いで $\log_{10} d$ の −0.491 であるのに対し,$\log_{10} V$ では 0.111 と小さくなっている。変数 $\log_{10} V$ の説明能力が小さいのは,上述のようにその変域が狭いことによる。

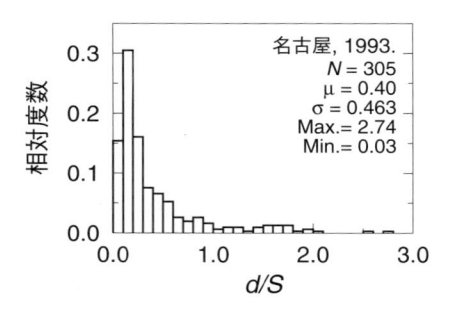

図 10.5: $d/S$ の度数分布

## 10.3.2 $L_{A\alpha}$ の実測値と予測計算式との対応

続いて, 時間率騒音レベル $L_{A5}$, $L_{A50}$ 及び $L_{A95}$ の実測値と予測計算式 (10.14)〜(10.16) との対応について調べる.

まず, 実測調査データにおける $d/S$ の度数分布を図 10.5 に示す. $d$ は道路中央からの距離 (道路幅の 1/2), $S$ は平均車頭間隔であり, 式 (10.2) を基に時間交通量 $Q$ 及び制限速度 $V$ から算出している. $d/S$ の平均は 0.40 であり, 全体 (305 地点) の 60%以上が 0.3 未満である. 特に, 2 車線道路では, 70%近くが 0.2 以下となっている. 予測計算式の導出に際し, $d/S$ と比較した $k_\alpha/2$ の値は, 表 10.2 に示すように, 0.026 ($L_{A5}$), 0.35 ($L_{A50}$), 1.5 ($L_{A95}$) であり, $L_{A5}$ に関しては予測計算式 (10.14) の条件を満たしているが, $L_{A50}$ 及び $L_{A95}$ については, 予測計算式 (10.15), (10.16) の条件を逸脱している部分もある.

図 10.6 に, $L_{A50}$ 及び $L_{A95}$ の実測値と交通量の散布図を示す. なお, 交通量としては, 予測計算式 (10.15), (10.16) に基づき, 時間交通量 $Q$ に大型車の小型車換算に関わる項 $\sqrt{r_1 + M r_2}$ を掛け合わせたものを採用し, 換算台数 $M$ としては, 前項と同様 5 台とした. 図中の●は $d/S$ が 0.2 未満の結果であり, ○は 0.2 以上 1.0 未満, □は 1.0 以上の結果である. また, 図中の実線は, 予測計算式に従い, $\log_{10} Q$ に対する係数を 20 に固定して求めた回帰結果である. データは $d/S$ によってグループ化されている. $L_{A50}$ では, ●で $20 \log_{10} Q$ の傾きに沿った予測計算式の傾向が見られ, $L_{A95}$ では, ●と○を併せた分布でその傾向がうかがわれる. さらに, 図 10.7 は, $d/S$ が 0.1 未満のデータについて, 予測

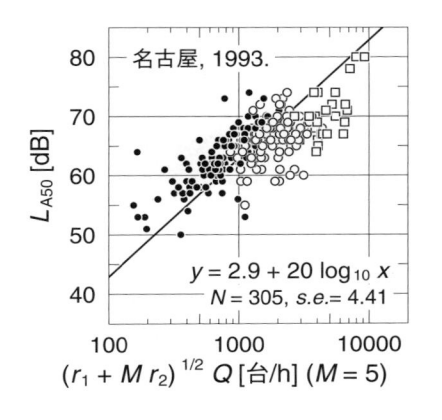

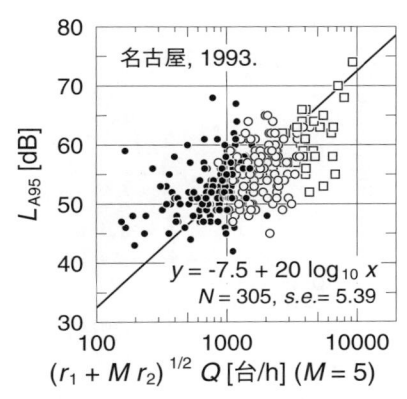

図 10.6: $L_{A50}$ 及び $L_{A95}$ と交通量の関係
(●: $d/S < 0.2$, ○: $0.2 \leq d/S < 1.0$, □: $1.0 \leq d/S$)

値と実測値を比較した結果である．近似の条件を満たすデータについては，両者は良く一致しており，その平均的な差は，$L_{A50}$ で 1.1dB，$L_{A95}$ では 1.7dB となっている．

次に，$L_{A5}$ ついて，予測値と実測値を比較した結果を図 10.8 に示す．近似の条件を満たす $L_{A5}$ では，$d/S$ による明確なグループ化は見られない．標準誤差 $s.e.$ は 4.04dB と大きいが，実測値との平均的な差は 1dB 未満であり，大略一致していると言えよう．

## 10.4 昼間と夜間の騒音レベル差 [6)8)]

沿道の騒音レベルは，通常，交通量が 2 倍になると 3dB，3 倍になると 5dB，10 倍になれば 10dB 増加するごとく考えられている．即ち，道路交通騒音はエネルギー的には交通量 $Q$ に比例し，そのレベルは $10\log_{10} Q$ に従い増減すると直感的に捕らえることが多い．一方，現実の幹線道路では，夜間，交通量が大幅に減少しても，沿道の騒音，特に $L_{Aeq}$ はさほど低下しないと言われている [2)]．この原因としては，夜間における大型車混入率の増加や，平均車速の上昇などが考えられるが，その実態は定かではない．

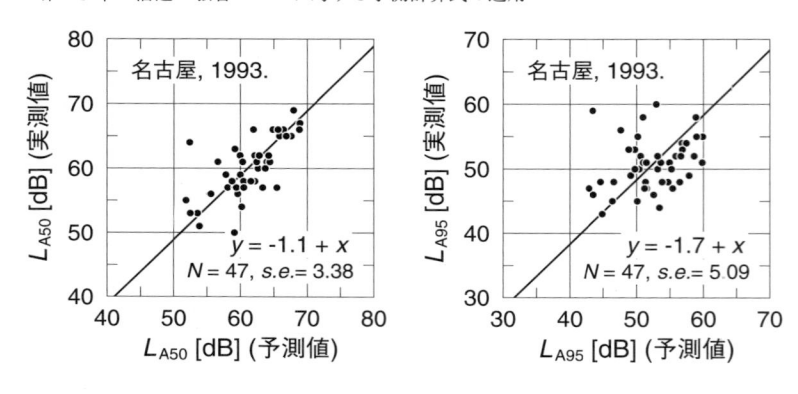

図 10.7: $L_{A50}$ 及び $L_{A95}$ の予測値と実測値の比較 （$d/S < 0.1$）

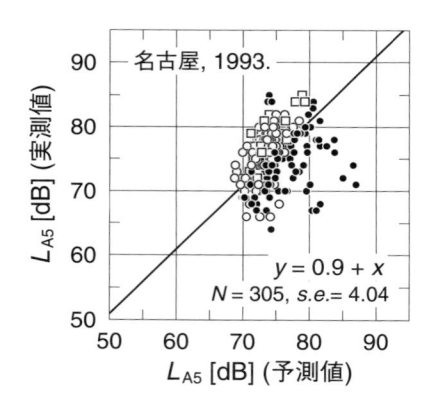

図 10.8: $L_{A5}$ の予測値と実測値の比較
（●: $d/S < 0.2$, ○: $0.2 \leq d/S < 1.0$, □: $1.0 \leq d/S$）

ここでは，国道 1 号沿道における $L_{Aeq}$ の常時監視データと，交通量調査のデータを用いて，$L_{Aeq}$ と交通量の関係を時間帯ごとに示すと共に，自動車の平均走行速度や大型車混入率が夜間の $L_{Aeq}$ に与える影響について考える。

10.4. 昼間と夜間の騒音レベル差[6)8)]

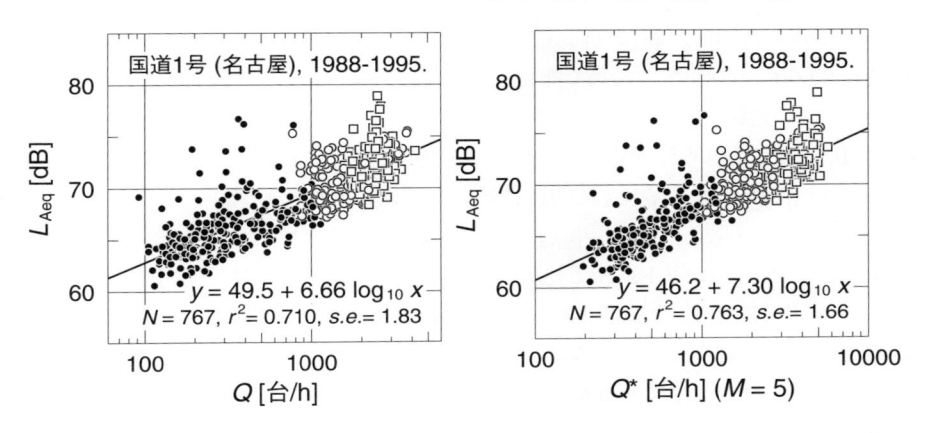

図 10.9: $L_{Aeq}$ と交通量の関係　　図 10.10: $L_{Aeq}$ と小型車換算交通量の関係
(□: 8:00～19:00 昼間, ●: 22:00～6:00 夜間, ○: その他 朝夕)

## 10.4.1 沿道騒音の常時監視データの分析

名古屋市では，1974 年から国道 1 号沿道 (車道端より約 7m の地点：名古屋市熱田区四番町一丁目) に騒音常時監視装置を設置している[9)10)]。この監視装置は，毎時 20 分から 5 秒間隔に 250 個の騒音レベルを測定し，1 時間ごとに $L_{Aeq}$ 等の評価量を算出している。また，この道路の交通量調査は，国土交通省 (旧 建設省) によって，監視装置から約 600m 離れた地点で実施されており，毎年 1，4，7，10 月の平日に，24 時間，車種ごとの通過台数がカウントされている[11)12)]。本項では，これらのデータの中から，1988～1995 年度において交通量調査が行われた 32 日分のデータを分析対象とした。

まず，図 10.9 に，1 時間ごとの $L_{Aeq}$ と交通量の散布図を示す。図中の実線は回帰直線であり，$\log_{10} Q$ の $L_{Aeq}$ に対する決定係数 $r^2$ は 0.710, 直線に対する標準誤差 $s.e.$ は 1.83 dB である。また，回帰直線の傾きは 6.66 であり，10 をかなり下回っている。次に，図 10.10 は，大型車と小型車の音響出力の違いを考慮して，横軸を小型車換算時間交通量 $Q^*$ ($M = 5$) とした場合の結果である。散布図における $r^2$ と $s.e.$ はともに改善され，回帰直線の傾きも 7.30 と幾分増加している。

ところで，図中のデータは，観測された時間帯によって分類されており，□は

昼間（8:00〜19:00），●は夜間（22:00〜6:00），そして，○は朝夕（6:00〜8:00, 19:00〜22:00）の時間帯の結果である．換算交通量 $Q^*$ にして，概ね，昼間は 3000 台/h 以上，夜間は 1000 台/h 以下，朝夕は 1000〜3000 台/h となっている．

図 10.11 は，それら時間帯別（昼間，朝夕及び夜間）の散布図である．図中の実線は，$\log_{10} Q^*$ に対する係数を 10 に固定して求めた回帰直線である．どの時間帯においても，$L_{\mathrm{Aeq}}$ は $10 \log_{10} Q^*$ の直線に良く適合しており，s.e. は，それぞれ 1.25dB，1.61dB，2.12dB と比較的小さい．また，定数項は，昼間で 36.4dB，朝夕で 37.6dB，夜間で 38.9dB と，交通量の少ない時間帯ほど大きく，昼夜で 2.5dB の開きが認められる．これを車速に換算すれば，昼間に対し，朝夕は 1.3 倍，夜間は 1.8 倍と見積もられる．

図 10.12 は，式 (10.3) により求めた $L_{\mathrm{Aeq}}$ の予測値と実測値を比較した結果である．ただし，$d$ を 17m（道路中央から測定点までの距離），$V$ を 50km/h（制限速度）とした．実測値から予測値を引いた差の平均は，昼間で $-0.4$dB，朝夕で $+0.8$dB，夜間で $+2.1$dB となっており，制限速度を仮定した場合，$L_{\mathrm{Aeq}}$ の予測値は，昼間では実測値を若干上回るのに対し，朝夕ではやや下回り，夜間ではさらに下回ることになる．交通量の多い昼間においては，平均車速は制限速度以下であるが，交通量が減少する朝夕や夜間では，制限速度を超えているものと推測される．

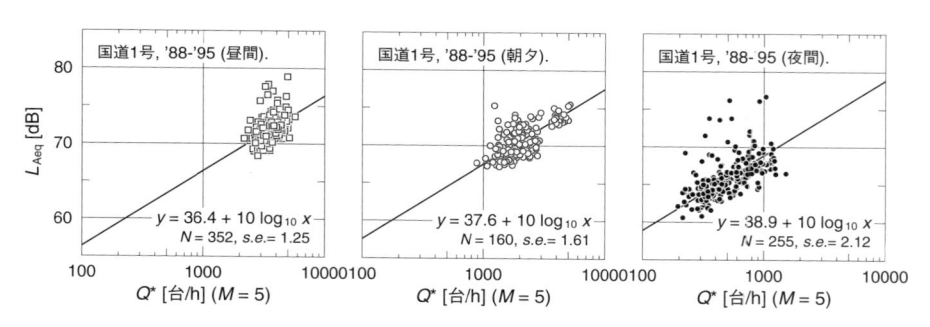

図 10.11: $L_{\mathrm{Aeq}}$ と交通量の関係（観測時間帯による分類）

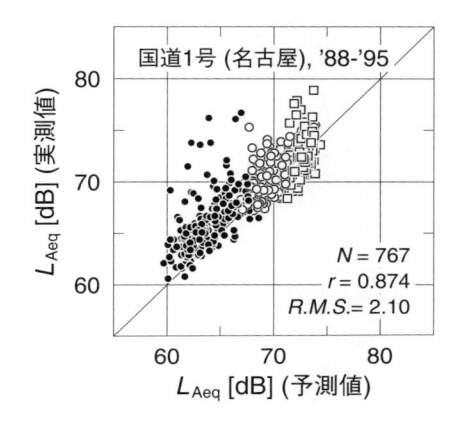

10.4. 昼間と夜間の騒音レベル差 [6)8)]   *161*

図 10.12: $L_{\text{Aeq}}$ の予測値と実測値の比較
(□: 8:00〜19:00 昼間, ●: 22:00〜6:00 夜間, ○: その他 朝夕)

### 10.4.2 数式によるシミュレーション

残念ながら上述の国道 1 号沿道における騒音の常時監視では，車速は観測されていない．ここでは，昼夜の騒音レベルの差異について，交通量のみならず車速及び大型車混入率の変化に着目し，数式を用いて簡単な説明を試みる．

一般に走行車両の音響出力は，車速の $n$ 乗（$n = 2 \sim 4$）に比例すると言われており，パワーレベル $W[\text{dB}]$ と車速 $V[\text{km/h}]$ との間には，式 (10.1) を一般化した

$$W = 10 \log_{10} V^n + B_n + 10 \log_{10}(r_1 + M\,r_2)$$
$$= 10\,n \log_{10} V + B_n + 10 \log_{10}(r_1 + M\,r_2) \qquad (10.19)$$

なる経験式（交通流に対するパワーレベル式）が成立する．ここに $B_n$ は定数（小型車のパワーレベルに関する回帰係数），$r_1$, $r_2$ は小型車及び大型車の混入率，また，$M$ は大型車と小型車の音響出力の比である．

従って，式 (8.13) に，式 (10.2) と式 (10.19) を代入整理すれば，$L_\text{Aeq}$ は，

$$\begin{aligned} L_\text{Aeq} = {} & 10 \log_{10} Q + 10(n-1)\log_{10} V \\ & + 10 \log_{10}\{1+(M-1)r_2\} \\ & + B_n - 33 - 10 \log_{10} d \end{aligned} \quad (10.20)$$

と表される。

いま，$Q$，$V$，$r_2$ をそれぞれ昼間の時間交通量，車速及び大型車混入率，$Q'$，$V'$，$r_2'$ を夜間の対応する諸量とし，両者の間に，

$$\begin{aligned} Q' &= Q/K \\ V' &= cV \\ r_2' &= r_2 + \Delta r_2 \end{aligned} \quad (10.21)$$

なる関係があるものとする。即ち夜間においては昼間に比し

(1) 交通量が $1/K$ に減少する一方で
(2) 車速は $c$ 倍に増加
(3) 大型車混入率は $\Delta r_2$ だけ増加

するものとしよう。この場合，昼間と夜間の等価騒音レベル $L_\text{Aeq}$ と $L'_\text{Aeq}$ の差は次式で与えられる。

$$\begin{aligned} L_\text{Aeq} - L'_\text{Aeq} = {} & 10 \log_{10}(Q/Q') + 10(n-1)\log_{10}(V/V') \\ & + 10 \log_{10}\frac{1+(M-1)r_2}{1+(M-1)r_2'} \\ = {} & 10 \log_{10} K - 10(n-1)\log_{10} c \\ & - 10 \log_{10}\frac{1+(M-1)(r_2+\Delta r_2)}{1+(M-1)r_2} \end{aligned} \quad (10.22)$$

特に，

$$\begin{aligned} c &= 1 \\ \Delta r_2 &= 0 \end{aligned}$$

## 10.4. 昼間と夜間の騒音レベル差 [6)8)]

とおき，昼夜における交通の質（車速と大型車混入率）が不変であるとすれば，上式は，

$$L_{\text{Aeq}} - L'_{\text{Aeq}} = 10 \log_{10} K \tag{10.23}$$

となり，交通量の変化がそのまま昼夜のレベル差に反映される。即ち，夜間の交通量が昼間の $1/K$ になれば，$L_{\text{Aeq}}$ は，$10 \log_{10} K$[dB] 低下する。例えば交通量が $1/3$ になれば 5dB，$1/5$ になれば 7dB，$1/10$ になれば 10dB ほど夜間のレベルは昼間に比し低下する。

しかし通常は，$c$ 及び $\Delta r_2$ は，それぞれ

$$c = 1 \sim 2$$
$$\Delta r_2 = 0 \sim 1 - r_2$$

の範囲の値をとることが想定され，式 (10.22) から明らかなように，その分，昼夜のレベル差は目減りする（小さくなる）。車速の増加による目減り分を $\Delta L_{\text{Aeq}}(c)$，大型車混入率の増加による目減り分を $\Delta L_{\text{Aeq}}(\Delta r_2 \mid r_2)$ とすれば，それぞれ次式で表される。

$$\Delta L_{\text{Aeq}}(c) = 10(n-1) \log_{10} c \tag{10.24}$$

$$\Delta L_{\text{Aeq}}(\Delta r_2 \mid r_2) = 10 \log_{10} \left\{ 1 + \frac{(M-1)\Delta r_2}{1+(M-1)r_2} \right\} \tag{10.25}$$

従って式 (10.22) の昼間と夜間の等価騒音レベル差は，

$$L_{\text{Aeq}} - L'_{\text{Aeq}} = 10 \log_{10} K - \Delta L_{\text{Aeq}}(c)$$
$$- \Delta L_{\text{Aeq}}(\Delta r_2 \mid r_2) \tag{10.26}$$

と書かれる。

図 10.13 は，車速増加によるレベル差の目減り分 $\Delta L_{\text{Aeq}}(c)$ を示す。これより，車速が 60% 増す（$c = 1.6$）と，目減り分は $n = 2$ の場合で 2dB，$n = 3$ の場合で 4dB，$n = 4$ の場合で 6dB にも達する。

一方，大型車混入率の増加 $\Delta r_2$ による目減り分は，最近のアセスメント等で採用されているように，$M = 5$（大型車 1 台の音響出力は小型車 5 台分に相当）と

すれば，式 (10.25) より

$$\Delta L_{\text{Aeq}}(\Delta r_2 \mid r_2) = 10 \log_{10}\left(1 + \frac{4\Delta r_2}{1 + 4r_2}\right) \tag{10.27}$$

となる．図 10.14 には，この目減り分を，$r_2$ をパラメータとし，$\Delta r_2$ の関数としてプロットした．なお，図には，大型車の混入率が夜間増加する場合（$0 \leq \Delta r_2 \leq 1-r_2$）のみならず，減少する場合（$-r_2 \leq \Delta r_2 \leq 0$）についても破線で示した．

例えば $r_2 = 0.1$，$\Delta r_2 = 0.2$ の場合には，大型車混入率の増加による昼夜レベル差の目減り分は約 2dB である．従って夜間の交通量が昼間の 1/10 に減少したとしても，車速が 60%アップし，かつ大型車混入率が 10%から 30%に増加すれば，$n = 2$ の場合には，夜間の等価騒音レベルの昼間に対する低減量は約 6dB である．また，$n = 3$ では昼夜のレベル差は 4dB，$n = 4$ ではわずか 2dB と見積もられる．

沿道における時間率騒音レベル $L_{\text{A}\alpha}$ の昼間と夜間のレベル差についても，同様な考察を行うことができるが，上述の $L_{\text{Aeq}}$ の場合よりも幾分複雑となる．その理由は，交通量の変化が車速及び車両のパワーレベルのみならず車頭間隔にも影響を及ぼすからである．その結果，夜間交通量が減少するにつれて $L_{\text{A}50}$ 及び $L_{\text{A}95}$ は急激に低下するが，$L_{\text{A}5}$ は殆ど低下しないこと，従って，夜間において

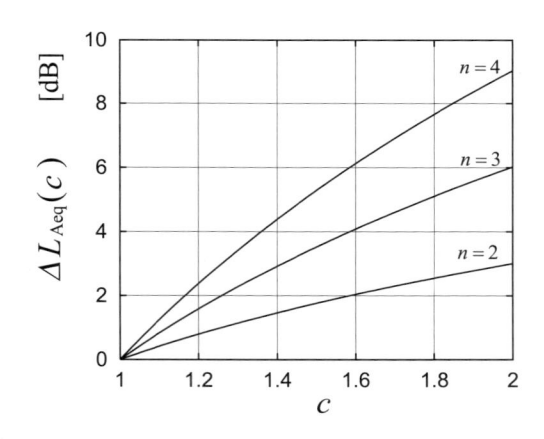

図 10.13: 車速の増加による $L_{\text{Aeq}}$ の昼夜レベル差の減少分

は騒音のレベル変動幅が大きくなることなどが導かれる[6]。

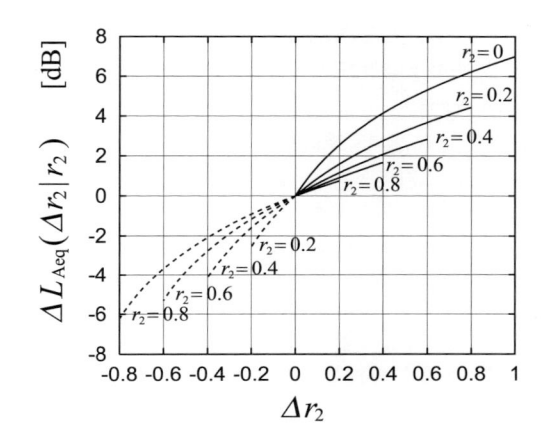

図 10.14: 大型車混入率の増加による $L_{\mathrm{Aeq}}$ の昼夜レベル差の減少分

## 10.5　まとめ及び課題

　名古屋市域における既存の調査データを基に，幹線道路沿道における騒音レベルの実状を示すと共に，予測計算式の適合性等について検討を行った。また，昼間に比し交通量が夜間大幅に減少しても，沿道の騒音はさほど低下しないと言われており，その原因について簡単な説明を加えた。交通量及び車速は相互に密接な関連を有し，車両の音響出力や車頭間隔にも影響を与えることから，これらを総合的に捕らえ，$L_{\mathrm{Aeq}}$ や $L_{\mathrm{A}\alpha}$ の予測計算に反映させることが望まれる。

　次章では，交通工学的な知見を導入し，この問題を取扱うことにする。

## 文献

1) 榊 真, 大石弥幸, "名古屋市の道路交通騒音 (直線回帰と数量化理論 I 類によるレベル予測)", 騒音・振動研究会資料 (1999.5) 33-38.

2) 高木直樹, 山下恭弘, 渡嘉敷健, 森田 大, 松井昌幸, "地方都市における道路交通騒音の経年変化", 日本音響学会誌, 53 巻 (1997) 829-836.

3) 名古屋市公害対策局, "名古屋市の騒音 (自動車騒音・振動編)", (1988).

4) 名古屋市環境保全局, "名古屋市の騒音 (自動車騒音・振動編)", (1993, 1998).

5) 龍田建次, 吉久光一, 久野和宏, "市街地における沿道の $L_{Aeq}$ と道路交通条件 (名古屋市域における調査データに基づく検討)", 日本音響学会誌, 59 巻 (2003) 388-395.

6) 久野和宏, 奥村陽三, 大宮正昭, "道路交通騒音予測のこと [VII] −指数分布モデルについて (四) −", 騒音・振動研究会資料, N-95-33 (1995).

7) 日本音響学会 道路交通騒音調査研究委員会, "道路騒音の予測: 道路一般部を対象としたエネルギーベース騒音予測法 (日本音響学会道路交通騒音調査研究委員会報告)", 日本音響学会誌, 50 巻 (1994) 227-252.

8) 龍田建次, 吉久光一, 久野和宏, "幹線道路沿道の常時観測データにみられる $L_{Aeq}$ と交通流の関係 (観測時間帯に着目した検討)", 日本音響学会 研究発表会 講演論文集 (2002.9) 771-772.

9) 名古屋市環境保全局 公害対策部, "自動車騒音常時監視結果報告書", (1988-1995).

10) 野呂雄一, 浜田耕一, 久野和宏, 井研治, "騒音計測における統計処理 (幹線道路沿いにおける常時観測データの解析)", 日本音響学会誌, 50 巻 (1994) 133-139.

11) 建設省中部地方建設局 名古屋国道工事事務所, "名古屋国道管内交通量調査", (1988-1995).

12) 龍田建次, 吉久光一, 久野和宏, "幹線道路沿道の常時観測データに見られる $L_{Aeq}$ と交通量との関係", 日本音響学会誌, 56 巻 (2000) 648-652.

# 第11章　交通条件の変化と騒音評価量

　道路の交通量は1日を周期として変化している。夜間の交通量は昼間の交通量の通常 1/6～1/8，場合によると 1/10 以下になることもある。また時間帯により車種構成が異なり，幹線道路では夜間，大型車の混入率が増加することが多い。この様な状況を踏まえ，道路に関するアセスメントでは小型車類及び大型車類の1日の交通量を時間帯に割り振り，1時間ごとに交通量 $Q$ 及び大型車混入率 $r_2$ を設定している。然しながら車速 $V$ は1日を通し変化しないものとして一定値（法定速度など）を用いている。

　アセスメント等における予測計算では前提条件が適切であるかどうか（予測に用いるパラメータの値が妥当であるか否か）が重要であることは言うまでもない。その意味で騒音レベルに大きな影響を与える交通流の基本的な性質を予測式に適切に反映させることが必要である。特に車速は予測式の要である車両の音響出力（パワーレベル）に直接関係していることから，時間帯により大幅に変化する場合には，その設定には適切な配慮が望まれる。

　さて，現実の道路においては，交通量，交通密度，車速，車頭間隔の間には相互に密接な関連があり，交通工学の分野ではそれらについて詳細な調査，研究が行われ，多くの知見が得られている。交通量の変化は密度や車速の変化をきたし，車頭間隔にも影響を及ぼす。さらに時間帯による大型車混入率の変化や車速の変化は必然的にパワーレベル式に影響を与える。前章の議論を更に発展させ，本章では交通条件の変化に伴う，これら相互の関係を総合的に捕らえ，$L_{Aeq}$ 及び $L_{A\alpha}$ に関する予測計算式の再整理を行う。その結果を踏まえ，交通量の変化が騒音評価量に与える影響について詳しく述べる。

## 11.1 交通流に関する経験式

時間交通量 $Q$, 交通密度（単位長さあたりの車両数）$\mu$, 車速 $V$ 及び車頭間隔 $S$ の間には相互に密接な関係がある。交通工学の分野では通常 $\mu$ を用いて他の量を表示することが多く，それらを $\mu - Q$ 曲線，$\mu - V$ 曲線などと呼んでいる。例えば平均車速 $V$ と交通密度 $\mu$ との関係については実測調査を基に各種の経験式が提案されている。なお，ここに言う交通量 $Q$ は換算量であり，実際の交通量とは多少異なるが，簡単のため，本章では両者は等しいものとする。

自動車専用道路や交通信号の影響のない一般道路で成り立つ代表的な経験式（モデル）として，

- Greenshields の式

$$V = V_{\rm f}(1 - \mu/\mu_{\rm j}) \quad (0 \leq \mu \leq \mu_{\rm j}) \tag{11.1}$$

- Underwood の式

$$V = V_{\rm f} e^{-\mu/\mu_{\rm c}} \quad (0 \leq \mu) \tag{11.2}$$

- Drake の式

$$V = V_{\rm f} e^{-\frac{1}{2}(\mu/\mu_{\rm c})^2} \quad (0 \leq \mu) \tag{11.3}$$

などがよく知られている [1]。ただし，

$V_{\rm f}$：自由速度（他の車に影響されず自由に設定できる車速：道路の最大車速）

$\mu_{\rm j}$：飽和密度（最大の交通密度）

$\mu_{\rm c}$：臨界密度（通行可能な最大交通量（臨界交通量 $Q_{\rm c}$）に対する交通密度）

である。図 11.1 にそれらの概形を示す。

$V$ と $\mu$ との関係が与えられれば交通量 $Q$ は

$$Q = \mu V(\mu) \equiv Q(\mu) \tag{11.4}$$

平均車頭間隔 $S$ は

$$S = 1/\mu = V(\mu)/Q(\mu) \tag{11.5}$$

と表される。これらを基に道路交通騒音予測に有用な $Q - V$ 曲線や $Q - S$ 曲線等が導かれる。

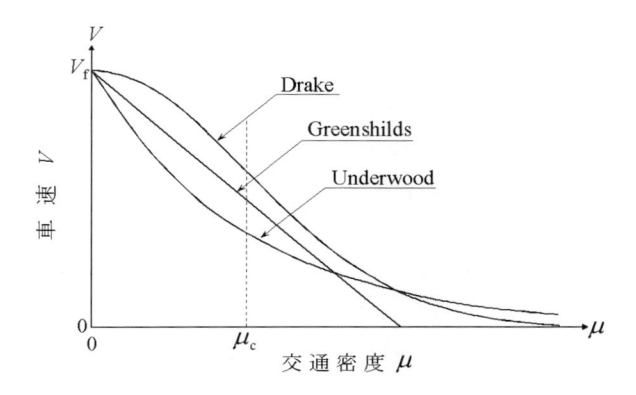

図 11.1: $\mu - V$ 曲線

## 11.2　$Q - V$ 曲線

車速は交通量の増加とともに減少することはよく知られている。前節で述べたように時間交通量 $Q$ も平均車速 $V$ もともに交通密度 $\mu$ の関数であり，これらから $\mu$ を消去することにより $V$ と $Q$ の関係が得られる。例えば，式 (11.1)，式 (11.2)，式 (11.3) のおのおのと式 (11.4) から $\mu$ を消去すれば，交通量 $Q$ は車速 $V$ の関数として

- Grennshields のモデルの場合

$$Q = \mu_j V \left(1 - \frac{V}{V_f}\right) \quad (0 \leq V \leq V_f) \tag{11.6}$$

- Underwood のモデルの場合

$$Q = -\mu_c V \ln \left(\frac{V}{V_f}\right) \quad (0 \leq V \leq V_f) \tag{11.7}$$

- Drake のモデルの場合

$$Q = \mu_c V \sqrt{-2 \ln \frac{V}{V_f}} \quad (0 \leq V \leq V_f) \tag{11.8}$$

と表すことができ，これらは交通量－速度曲線（$Q - V$ 曲線）と呼ばれている[1)2)]。図 11.2 に示すとおり，これらの曲線は $V$ の 1 価関数であり，$V$ の上昇とと

もに $Q$ は当初増加し $V=V_c$ で最大値 $Q_c$ に達し，その後は減少に転ずる．この最大値 $Q_c$ を臨界交通量（交通容量），その時の車速 $V_c$ を臨界速度という．また，$V_c \leq V \leq V_f$ の速度域（実線部）では他の車両の影響が少なく車両は比較的スムーズに流れるため，これは自由流（free flow）と呼ばれている．一方，$0 \leq V < V_c$（破線部）では車両の流れが淀み，停滞をきたすことから渋滞流（congested flow）と呼ばれる．

次に，これらの曲線において，$V$ を $Q$ の関数としてながめると，$V$ は $Q$ の 2 価関数となる．即ち一つの $Q$ に対し，$V$ は臨界速度 $V_c$ の上下に各一つの値を持つ．

例えば式 (11.6) の Greenshields のモデルに対しては

$$\frac{V}{V_c} = 1 \pm \sqrt{1 - Q/Q_c} \tag{11.9}$$

で与えられる．ここに，$V_c$ は臨界時における車速であり，複号 $\pm$ のうち $+$ は自由流に，$-$ は渋滞流に対応し，道路交通騒音では主に自由流に関心が持たれる．このように道路の交通量 $Q$ と平均車速 $V$ は密接に関係している．

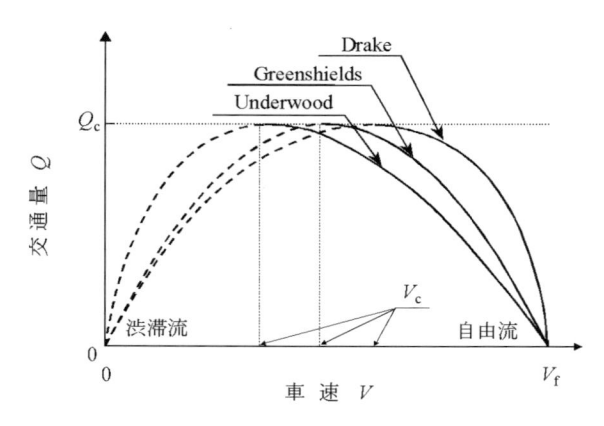

図 11.2: $Q - V$ 曲線

## 11.3　$Q-S$ 曲線

平均車頭間隔 $S$ は式 (11.5) から明らかなように平均車速 $V$ と交通量 $Q$ の比で与えられる。また前節で述べたごとく $Q$ は $V$ により，$V$ は $Q$ により表される。従って平均車頭間隔 $S$ は平均車速 $V$ 又は交通量 $Q$ のどちらか一方のみを用いて表すことができる。例えば，Greenshields のモデルでは $S$ は $Q$ の関数として自由流に対しては

$$\frac{S}{S_\text{c}} = \frac{1+\sqrt{1-Q/Q_\text{c}}}{Q/Q_\text{c}} \tag{11.10}$$

と表される。ただし，$S_\text{c}$ は臨界時の平均車頭間隔である。

図 11.3 にこの結果（$Q-S$ 曲線）を示す。

一方，車速が交通量に依らないものとすれば

$$\left.\frac{S}{S_\text{c}}\right|_{V=\text{const}} = \frac{Q_\text{c}}{Q} \tag{11.11}$$

となることから，上式との間に

$$\frac{S}{S_\text{c}} = \left(1+\sqrt{1-Q/Q_\text{c}}\right)\left.\frac{S}{S_\text{c}}\right|_{V=\text{const}} \tag{11.12}$$

が成り立つ。従って交通量の減少に伴う，車速の上昇により車頭間隔は拡大し

$$1+\sqrt{1-Q/Q_\text{c}}$$

倍になる。

## 11.4　$Q$ と $w$

車速 $V$ と車両の音響出力 $w$ との間には 5 章で述べたように

$$w = aV^n$$

なる経験式が成立する。ただし，$a$ は車種による定数であり，$n$ は 2～4 程度の値となることが知られている。従って車種混入率を考慮した走行車両の音響出力の平均値（等価音響出力）は

$$w_\text{eq} = (r_1 + Mr_2)w_1 \simeq (1+4r_2)a_1 V^n \tag{11.13}$$

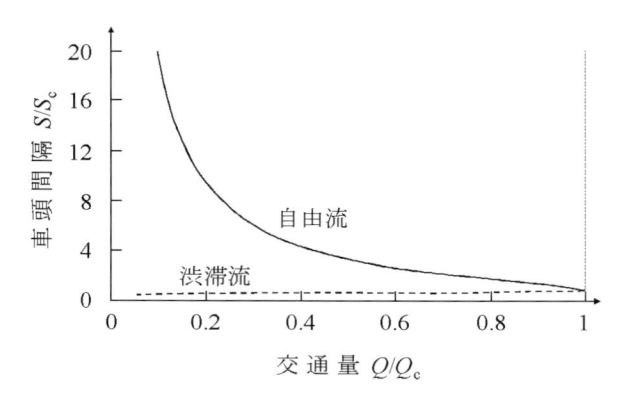

第 11 章 交通条件の変化と騒音評価量

図 11.3: $Q - S$ 曲線

で与えられる。ここに $a_1$ は小型車に対する $a$ の値, $r_1, r_2$ は小型車及び大型車混入率, $M(\simeq 5)$ は大型車と小型車の音響出力比である。さらに $Q - V$ 曲線を適用すれば, 上式は Greenshields のモデル (自由流) に対しては

$$\frac{w_{\text{eq}}}{w_{1c}} = (1 + 4r_2)\left(1 + \sqrt{1 - Q/Q_c}\right)^n \tag{11.14}$$

と表される。ただし

$$w_{1c} = a_1 V_c^n \tag{11.15}$$

は臨界時における小型車の音響出力である。上式は交通量の減少 (車速の上昇) と大型車の混入により車両の等価音響出力 $w_{\text{eq}}$ が増大することを示している。

## 11.5 　交通量 $Q$ と等価騒音レベル $L_{\text{Aeq}}$[3)]

　道路周辺の騒音は音源である車両の配置とパワーレベルにより定まる。換言すれば車種混入率 (大型車混入率 $r_2$) 及び車頭間隔 $S$ と車両の音響出力 $w$ を基に算定される。従って受音強度 $I$ は音源を規定するこれらの変量の関数 $I(w, S, r_2)$ と考えられる。一方, $w$ は 11.4 節に, また $S$ は 11.3 節に示した通り, それぞれ

$V$ または $Q$ を用いて表されることから受音強度は

$$I(w, S, r_2) = I(V, r_2) \tag{11.16}$$
$$= I(Q, r_2) \tag{11.17}$$

のごとく,車速 $V$ 又は交通量 $Q$ と大型車混入率 $r_2$ から求められよう。騒音評価量 $L_{\text{Aeq}}$ 及び $L_{\text{A}\alpha}$ は $I$ を処理することにより得られることから,同様に $Q$ 又は $V$ と $r_2$ を用いて表される。本節ではこの点に留意し,$Q$ と $L_{\text{Aeq}}$ との関係を中心に議論を行う。即ち,11.2〜11.4 節で導かれた関係を基に交通量 $Q$ の増減が $L_{\text{Aeq}}$ に与える影響について述べる。

それでは,Greenshields の経験式に基づく $Q-V$ 曲線や $Q-S$ 曲線を適用し,前章の $L_{\text{Aeq}}$ に関する予測計算式を再整理し,交通量と騒音評価量との関係をさらに詳しく調べることにしよう。

交通量 $Q$[台/h],平均車速 $V$[km/h],大型車混入率 $r_2$ の平坦な直線道路の場合,車線中央から $d$[m] 離れた地点の $L_{\text{Aeq}}$ は式 (10.20) より

$$\begin{aligned}L_{\text{Aeq}} = {} & 10\log_{10}Q + 10(n-1)\log_{10}V + 10\log_{10}\{1+(M-1)r_2\} \\ & + B_n - 33 - 10\log_{10}d \end{aligned} \tag{11.18}$$

と表される。従って Greenshields の $Q-V$ 曲線(式 (11.9))を適用し,$V$ を消去すれば上式は

$$\begin{aligned}L_{\text{Aeq}}(Q, r_2) = {} & 10\log_{10}(Q/Q_c) + 10(n-1)\log_{10}\left(1 \pm \sqrt{1-Q/Q_c}\right) \\ & + 10\log\frac{1+(M-1)r_2}{1+(M-1)r_{2c}} + L_{\text{Aeq}}(Q_c, r_{2c}) \end{aligned} \tag{11.19}$$

と書かれる。ただし

$$\begin{aligned}L_{\text{Aeq}}(Q_c, r_{2c}) = {} & 10\log_{10}Q_c + 10(n-1)\log_{10}V_c + 10\log_{10}\{1+(M-1)r_{2c}\} \\ & + B_n - 33 - 10\log_{10}d \end{aligned} \tag{11.20}$$

は最大交通量(臨界交通量)$Q_c$,大型車混入率 $r_{2c}$ における等価騒音レベルであ

る．従ってこの臨界時のレベルを基準に選べば求める $L_{\text{Aeq}}(Q, r_2)$ は

$$L_{\text{Aeq}}(Q, r_2) - L_{\text{Aeq}}(Q_c, r_{2c}) = 10\log_{10}(Q/Q_c)$$
$$+ 10(n-1)\log_{10}\left(1 \pm \sqrt{1 - Q/Q_c}\right)$$
$$+ 10\log_{10}\frac{1 + (M-1)r_2}{1 + (M-1)r_{2c}} \quad (11.21)$$

と表される．右辺第1項は交通量の減少（$Q_c \to Q$）による $L_{\text{Aeq}}$ の低減量を，第2項は交通量の減少によって引き起こされる車速変化による影響を，また第3項は大型車混入率の変化（$r_{2c} \to r_2$）による影響を示している．なお，第2項で複号の＋は自由流に－は渋滞流に対応している．

従って第1項と第2項の和

$$\Delta L_{\text{Aeq}}(Q/Q_c) = 10\log_{10}(Q/Q_c)$$
$$+ 10(n-1)\log_{10}\left(1 \pm \sqrt{1 - Q/Q_c}\right) \quad (11.22)$$

は交通量の減少が $L_{\text{Aeq}}$ に与える直接的及び間接的影響を表し，図 11.4 に示すごとく渋滞流（点線）では $Q/Q_c$ が小さくなるにつれ急激にレベルが低下するのに対し，自由流（実線）では $n$ が大きいほどレベル低下が抑制される．$n=1$ の場合には交通量が半減するごとに単調に 3dB ずつ減少するが，$n=2$ では交通量が臨界時の 1/2，$n=3$ では 1/3，$n=4$ では 1/10 程度にならないとレベルの低減は期待できないことが知られる．

なお，上式は自由流に対し

$$Q/Q_c = \frac{4n}{(n+1)^2} \quad (11.23)$$

のとき最大値

$$\Delta L_{\text{Aeq,max}} = 10\log_{10}\left\{\frac{1}{n}\left(\frac{2n}{n+1}\right)^{n+1}\right\} \quad (11.24)$$

をとる．例えば $n=2\sim3$ とすれば $L_{\text{Aeq}}$ は臨界交通量の 80% 前後で最大となり，臨界時のレベルを 1～2dB 上回ることとなる．即ち交通量の最大と $L_{\text{Aeq}}$ の最大とは一致せず，交通量が最大よりやや少ない時に $L_{\text{Aeq}}$ は最大となる．

## 11.5. 交通量 $Q$ と等価騒音レベル $L_{\mathrm{Aeq}}$[3]

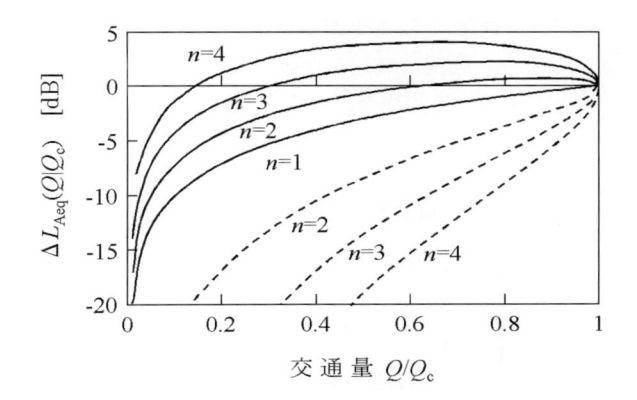

**図 11.4:** 交通量による等価騒音レベルの変化

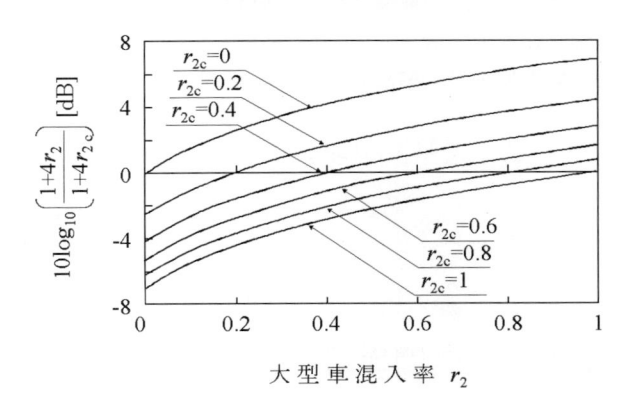

**図 11.5:** 大型車混入率の影響

次に式 (11.21) において車種構成の変化 ($r_{2c} \to r_2$) の影響を表す右辺第 3 項は $M = 5$ とおけば

$$\Delta L_{\mathrm{Aeq}}(r_2 | r_{2c}) = 10 \log_{10} \frac{1 + 4r_2}{1 + 4r_{2c}} \tag{11.25}$$

となる。図 11.5 に示すように，上式は $r_2$ とともに単調に増加し，$r_{2c}$ 以下では負，$r_{2c}$ 以上では正となる。

上述の結果を基に，交通量が夜間大幅に減少する幹線道路における，$L_{\text{Aeq}}$ のレベル変化を考えてみよう．昼間は交通量が臨界 $Q_c$ に達し，深夜にはその 1/8 にまで減少するものとしよう．この場合，交通量の減少によるレベル差は式 (11.22) より

$$\Delta L_{\text{Aeq}}(1/8) = 10\log_{10}(1/8) + 10(n-1)\log_{10}\left(1+\sqrt{1-1/8}\right)$$

$$\simeq \begin{cases} -9 & (n=1) \\ -6 & (n=2) \\ -3 & (n=3) \\ 0 & (n=4) \end{cases} \tag{11.26}$$

で与えられる．従って大型車混入率が変化しない（$r_2 = r_{2c}$）ものとすれば，$n=2,3$ では深夜における $L_{\text{Aeq}}$ の低下量はそれぞれ約 6dB 及び 3dB となり交通量の減少から単純に期待される $10\log_{10} 8 = 9$dB よりかなり少ない．さらに幹線道路では通常夜間において大型車混入率が昼間より高く（$r_2 > r_{2c}$）

$$\Delta L_{\text{Aeq}}(r_2|r_{2c}) \simeq 1 \sim 3 \tag{11.27}$$

と見積られ，昼間と夜間の $L_{\text{Aeq}}$ のレベル差は上記よりさらに 2dB 程度目減りする（抑制される）こととなる．

## 11.6 交通量 $Q$ と時間率騒音レベル $L_{\text{A}\alpha}$ [4)]

前節では交通量 $Q$ と等価騒音レベル $L_{\text{Aeq}}$ の関係を $Q-V$ 曲線を用いて考察し，交通量の減少は単純に $L_{\text{Aeq}}$ の低下に結びつかないこと，車速や大型車混入率の変化による影響を考慮する必要があることを示した．即ち $L_{\text{Aeq}}$ については交通量 $Q$ の変化と走行車両の等価音響出力 $w_{\text{eq}}$ の変化（パワーレベル式の変化）を同時に考慮する必要がある．一方，時間率騒音レベル $L_{\text{A}\alpha}$ の計算には $Q$ 及び $w_{\text{eq}}$ 以外に車頭間隔 $S$ （音源分布）が必要であるが，交通量 $Q$ の変化は $V, w_{\text{eq}}$ のみならず $S$ にも波及し，$L_{\text{A}\alpha}$ の計算値に影響を与える．

いま話を自由流に限定し，臨界時を基準に考えることにしよう．交通量が $Q_c$ から $Q$ に減少した場合，$V, S, w_{\text{eq}}$ は 11.2～11.4 節より臨界時の値 $V_c, S_c, w_{\text{eq},c}$

を用いそれぞれ

$$\frac{V}{V_c} = 1 + \sqrt{1 - Q/Q_c} \tag{11.28}$$

$$\frac{S}{S_c} = \frac{1 + \sqrt{1 - Q/Q_c}}{Q/Q_c} \equiv \eta_Q \tag{11.29}$$

$$\frac{w_{eq}}{w_{eq,c}} = \frac{1 + 4r_2}{1 + 4r_{2c}}\left(1 + \sqrt{1 - Q/Q_c}\right)^n \tag{11.30}$$

と表される。ただし $r_2, r_{2c}$ は交通量 $Q$ 及び $Q_c$ の時の大型車混入率である。

自由流として車頭間隔が指数分布に従うポアソン交通流を仮定すれば、10.2 節の式 (10.5)〜(10.8) より $L_{A\alpha}$ と $L_{Aeq}$ の間には次の関係が成立する。

$$L_{A\alpha} = L_{Aeq} + L^*(\alpha, d/S) \tag{11.31}$$

$$\begin{aligned} L^*(\alpha, d/S) &= 10\log_{10}\left\{1 + \frac{1}{\pi}\frac{S}{d}\frac{1}{1 + (k_\alpha S/2d)^2}\right.\\ &\qquad\left. - \frac{2}{\pi}\tan^{-1}\left(\frac{k_\alpha S}{2d} + \frac{S}{4d}\right)\right\}\\ &= 10\log_{10}\left\{1 + \frac{\eta_Q}{\pi}\frac{S_c}{d} + \frac{1}{1 + (\eta_Q k_\alpha S_c/2d)^2}\right.\\ &\qquad\left. - \frac{2}{\pi}\tan^{-1}\left(\frac{\eta_Q k_\alpha S_c}{2d} + \frac{\eta_Q S_c}{4d}\right)\right\}\\ &\equiv L^*(\alpha, S_c/d, \eta_Q) \end{aligned} \tag{11.32}$$

従って交通量が減少し臨界状態 $Q_c, V_c, r_{2c}$ から $Q, V, r_2$ に変化した場合、それに伴う時間率騒音レベル $L_{A\alpha}$ の変化量は

$$L_{A\alpha}(Q, V, r_2) - L_{A\alpha}(Q_c, V_c, r_{2c}) = \Delta L_{Aeq}(Q/Q_c) + \Delta L_{Aeq}(r_2 \mid r_{2c}) \\ + \Delta L^*(\alpha, S_c/d, \eta_Q) \tag{11.33}$$

と表される。ここに

$$\Delta L_{Aeq}(Q/Q_c) = 10\log_{10}(Q/Q_c) \\ + 10(n-1)\log_{10}\left(1 + \sqrt{1 - Q/Q_c}\right) \tag{11.34}$$

$$\Delta L_{Aeq}(r_2|r_{2c}) = 10\log_{10}\left(\frac{1 + 4r_2}{1 + 4r_{2c}}\right) \tag{11.35}$$

は，前節で導出した $L_{\text{Aeq}}$ の変化量であり，また

$$\Delta L^*(\alpha, S_c/d, \eta_Q) = L^*(\alpha, S_c/d, \eta_Q) - L^*(\alpha, S_c/d, 1) \qquad (11.36)$$

は車頭間隔の変化 $\eta_Q = S/S_c$ に起因する変化量である．即ち $L_{\text{A}\alpha}$ の臨界時におけるレベルとの差は前節で求めた $L_{\text{Aeq}}$ のそれに車頭間隔の変化による $\Delta L^*(\alpha, S_c/d, \eta_Q)$ を追加することにより得られる．

なお詳細は省略するが，これらの式を用い騒音レベルの中央値 $L_{\text{A}50}$ や 90%レンジの上下端値 $L_{\text{A}5}, L_{\text{A}95}$ と交通量（$0 \leq Q/Q_c \leq 1$）との関係を算出し，整理すれば，概略以下のことが知られる．

- $L_{\text{A}5}$ は車速変化による影響を大きく受け，交通量が臨界時から減少しても殆ど低下しないばかりか，若干の増加傾向を示す．
- $L_{\text{A}50}, L_{\text{A}95}$ に関しては車速変化の影響は小さく，交通量の減少に伴い急激に低下する．
- $L_{\text{Aeq}}$ と $L_{\text{A}50}$ のレベル差や90%レンジ（$L_{\text{A}5}$ と $L_{\text{A}95}$ の差）は交通量が減少し車速が増加するにつれ大きくなる．

従って $L_{\text{Aeq}}$ や $L_{\text{A}\alpha}(\alpha = 5, 50, 95)$ と交通量 $Q$ との係わりは一様ではなく，騒音評価量として何を選ぶかにより種々異なる．

## 11.7 まとめ及び課題

道路交通騒音予測における主たる関心事の一つは交通条件（交通量 $Q$，大型車混入率 $r_2$，車速 $V$，車頭間隔 $S$）の変化が予測値に与える影響である．交通条件相互の間に密接な関連があり，本章ではそれらに留意し騒音評価量の予測計算を行うことが重要であることを指摘した．特に $Q-V$ 曲線を導入することにより，$L_{\text{Aeq}}$ や $L_{\text{A}\alpha}$ と $Q$ との関係を詳しく検討した．$Q$ の変化は予測値に直接影響するばかりでなく，$Q$ による $V$ や $S$ の変化を介して間接的にも影響を与え，その程度は評価量により種々異なることを示した．その結果，自由流においては交通量が最大値（臨界時）から減少するにつれて $L_{\text{A}50}$ や $L_{\text{A}95}$ は急激に低下するが，$L_{\text{A}5}$ や $L_{\text{Aeq}}$ はさほど低下しないこと，騒音のレベル変動が増大することなどの興味深い知見が得られた．

沿道の環境保全には従来，車両騒音の単体規制，遮音壁，排水性舗装など主としてハード面からの対策が講じられてきたが，交通量の規制，速度制限，車線規制など交通流に対するソフトな対策の効果についても今後検討して行くべきであろう [5]。さらに，全国の道路に対する交通量センサスのデータを活用し，沿道騒音や環境騒音の実態を推定する手法の開発が望まれる。

なお，本章では5章と同じく車両の音響出力 $w$ は車速 $V$ の $2 \sim 4$ 乗に比例するとしたが，**ASJ Model 1998** では加減速を伴う市街地道路に対しては $w$ は $V$ の1乗（$n=1$）に比例するとしている（表5.3参照）[6]。この場合には式 (11.18) は

$$L_{\mathrm{Aeq}} = 10 \log_{10} Q + 10 \log_{10}\{1 + (M-1)r_2\} + B_1 - 33 - 10 \log_{10} d$$

となり，等価騒音レベルは

- 車速 $V$ に依らず
- 交通量 $Q$ に対し $10 \log_{10} Q$ で変化し，

$Q$ が半減するごとに 3dB ずつ低下する。市街地道路での $L_{\mathrm{Aeq}}$ に対する車速の影響の有無については今後さらに詳しく調査する必要があろう。

# 文献

1) 河上省吾, 松井寛, 交通工学（森北出版, 1987）94-96.
2) 佐々木綱監修, 飯田恭敬著, 交通工学（国民科学社, 1992）4章.
3) 仲功, 野呂雄一, 久野和宏, "道路交通条件と Leq の関係 – Q-V 曲線を用いた検討 –", 日本音響学会誌, 55 巻 (1999) 467-473.
4) 仲功, 野呂雄一, 久野和宏, "交通量と時間率騒音レベルの関係 – Q-V 曲線を用いた検討 –", 日本音響学会誌, 56 巻 (2000) 301-307.
5) 仲功, 野呂雄一, 久野和宏, "交通規制による $L_{\mathrm{Aeq}}$ の低下量の検討", 電気学会論文誌 C, 120 巻-C (2000) 98-103.
6) 日本音響学会道路交通騒音調査研究委員会, "道路交通騒音の予測モデル ASJ Model 1998", 日本音響学会誌, 55 巻 (1999) 281-324.

# 第12章 $L_{\mathrm{Aeq}}$ の簡易予測計算法

　道路交通騒音が問題となる地域は道路から通常 100m 程度の範囲である。この範囲において実用的な予測計算式を構築するには，道路構造や遮音壁による回折や地表面の影響を適切に考慮する必要がある。それには，4章で述べたように音響障害物や地表面の影響を含め，騒音伝搬式（ユニットパターン）を出来るだけ精細に求める方法と，理想化された条件下での簡易な伝搬式を基に補正する方法とがある。ここでは，後者の方法に従い，$L_{\mathrm{Aeq}}$ に関する実務的な予測計算式を断面構造が一様な直線道路について示す。

## 12.1　予測式構築の考え方 [1)]

　従来の $L_{\mathrm{A50}}$ に対する予測式（**ASJ Model 1975**）は等間隔等パワーモデルといわれ，直線道路に対する理想化された条件下で得られる基本式 $\hat{L}_{\mathrm{A50}}$ に音響障害物による回折補正量 $\alpha_d$ 及び地表面等種々の原因による補正量 $\alpha_i$ を加え

$$L_{\mathrm{A50}} = \hat{L}_{\mathrm{A50}} + \alpha_d + \alpha_i \qquad (12.1)$$

により $L_{\mathrm{A50}}$ を算定している（4.3.1 及び 7.4 参照）。ここに

$$\begin{aligned}\hat{L}_{\mathrm{A50}} &= W_{\mathrm{eq}} - 10\log_{10}(2dS) + 10\log_{10}\left\{\tanh\left(2\pi\frac{d}{S}\right)\right\} \\ &\simeq W_{\mathrm{eq}} - 10\log_{10}(2dS) - 8.68 e^{-4\pi d/S} \qquad (d/S \geq 0.1)\end{aligned} \qquad (12.2)$$

$W_{\text{eq}}$：車両のパワー平均パワーレベル（等価パワーレベル）[dB]
$S$：平均車頭間隔 [m]
$d$：道路からの距離 [m]

である。即ち，式 (12.1) では $L_{\text{A50}}$ の実測値と回折補正を考慮した計算値 $\hat{L}_{\text{A50}} + \alpha_d$ との系統的なバイアス（偏差）を $\alpha_i$ により埋めることにより，実測との整合を計っている。

同様な考えに従い，$L_{\text{Aeq}}$ についても直線道路に対する理想化された条件下での基本式 $\hat{L}_{\text{Aeq}}$ に回折補正量 $\alpha_d$ 及び実測とのギャップを埋める補正量 $\alpha_{i,\text{eq}}$ を導入し，次式により予測計算式を構築することができる。

$$L_{\text{Aeq}} = \hat{L}_{Aeq} + \alpha_d + \alpha_{i,\text{eq}} \tag{12.3}$$

ここに基本式 $\hat{L}_{\text{Aeq}}$ は路面及び地表面の反射係数を 1，騒音の伝搬特性が逆自乗則に従うものとすれば式 (7.6) より

$$\hat{L}_{Aeq} = W_{\text{eq}} - 10\log_{10}(2dS) \tag{12.4}$$

と表される。また $\alpha_d$ は道路を非干渉性の線音源と見なした場合の回折補正量（減音量）であり，**ASJ Model 1975** の図表（図 7.3）を用いる。一方，$\alpha_{i,\text{eq}}$ は $L_{\text{Aeq}}$ の実測値と計算値 $\hat{L}_{\text{A50}} + \alpha_d$ との系統的な偏差を抽出することにより求められるが，ここでは既存の $L_{\text{A50}}$ に対する上記補正量 $\alpha_i$ 及び $L_{\text{Aeq}}$ と $L_{\text{A50}}$ の間に成り立つ経験式から間接的に導出する。

なお，基本式 $\hat{L}_{\text{Aeq}}$ は実際には式 (12.4) に

$$S = 1000V/Q \tag{12.5}$$

を代入することにより交通量 $Q$[台/h]，平均車速 $V$[km/h] 及び交通流を形成する車両の等価パワーレベル（パワーレベル式）$W_{\text{eq}}$ を用いて

$$\hat{L}_{\text{Aeq}} = W_{\text{eq}} + 10\log_{10} Q - 10\log_{10} V - 33 - 10\log_{10} d \tag{12.6}$$

から算定される。

## 12.2 種々の原因による補正量 $\alpha_{i,\mathrm{eq}}$

直線道路に対しては $L_{\mathrm{Aeq}}$ と $L_{\mathrm{A50}}$ の実測値の間に

$$L_{\mathrm{A50}} = L_{\mathrm{Aeq}} + \gamma \frac{S}{d} + \delta \tag{12.7}$$

なる経験式（回帰式）が精度よく成り立つことが知られている[2]。ここに回帰係数 $\gamma$, $\delta$ は道路構造別に表 12.1 で示される。いま上式の $L_{\mathrm{A50}}$ に式 (12.1) の予測計算式を代入し，式 (12.2)，式 (12.4) を用いて整理すれば

$$\begin{aligned}L_{\mathrm{Aeq}} &= \hat{L}_{\mathrm{A50}} + \alpha_d + \alpha_i - \gamma \frac{S}{d} - \delta \\ &\simeq \hat{L}_{\mathrm{Aeq}} + \alpha_d + \alpha_i - 8.68 e^{-4\pi d/S} - \gamma \frac{S}{d} - \delta\end{aligned} \tag{12.8}$$

と表される。式 (12.3) と見比べることにより補正量 $\alpha_{i,\mathrm{eq}}$ として

$$\alpha_{i,\mathrm{eq}} \simeq \alpha_i - 8.68 e^{-4\pi d/S} - \gamma \frac{S}{d} - \delta \tag{12.9}$$

が得られる。右辺第 1 項はいわゆる $L_{\mathrm{A50}}$ の予測計算式における種々の原因による補正量 $\alpha_i$ であり，他の項は $L_{\mathrm{A50}}$ から $L_{\mathrm{Aeq}}$ への変換に伴う補正量である。これらは道路構造と路肩からの水平距離 $l$ 及び地面からの高さ $h$ の他に $S/d$（平均車頭間隔と道路中央からの距離の比）を与えることにより容易に求められる。図 12.1 には平坦道路に対する音源と受音点の位置関係を例示した。

表 12.1: 道路構造別の回帰係数[2]

| 構造 | $\gamma$ | $\delta$ |
|---|---|---|
| 平坦 | -1.0 | -1.0 |
| 盛土 | -1.0 | -1.0 |
| 切土 | -0.6 | -0.6 |
| 高架 | -0.6 | -1.4 |

さて，元来 $\alpha_{i,\mathrm{eq}}$ は平均車頭間隔 $S$ には依らないと考えられる。むしろ $\alpha_i$ が $S$ に依存すべきであるにもかかわらずその影響を無視した結果の現れと見られる。

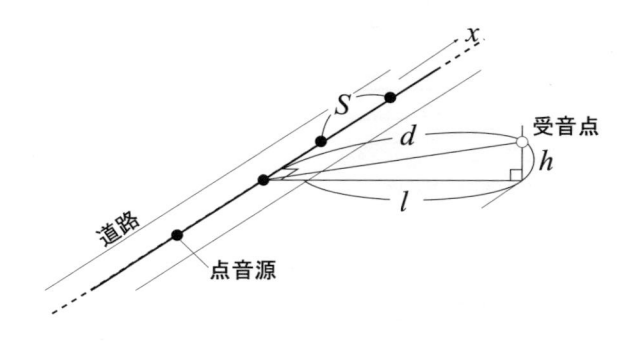

図 12.1: 音源・受音点の位置関係

従って代表的な交通流に対する平均車頭間隔の分布を考慮し，$S$ に関する上式の期待値を求め，道路構造別に路肩からの水平距離 $l$ と高さ $h$ の関数として $\alpha_{i,eq}$ を定めることとした．図 12.2 にはこの様にして得られた補正量 $\alpha_{i,eq}$ を示す[1]．

平坦，盛土および切土道路の場合には，$\alpha_{i,eq}$ の大きさ（絶対値）は路肩端からの距離と共に増加し，受音点が高くなるに従い徐々に減少している．例えば平坦道路では，100m 地点での $\alpha_{i,eq}$ は，高さ 1.2m で −10dB 程度，12m では −3dB 程度である．

なお，平坦および盛土道路についてば路肩端の $\alpha_{i,eq}$ が零ではなく +2dB 程度になっている．これは $\alpha_{i,eq}$ を算定する際に，道路上に面的に広がる音源 (自動車) を図 12.1 のごとく道路中央の仮想車線上の音源で置き代えたことなどによるものである．また，高架道路の場合，路肩端近傍での $\alpha_{i,eq}$ は +5dB 程度となっている．これは $\alpha_{i,eq}$ の算定に用いた **ASJ Model 1975** の補正量 $\alpha_i$ に高架構造物音の影響が含まれていることによるものと考えられる．

## 12.3　ASJ Model 1998 B 法による予測との対応[1]

上述のように道路交通騒音の $L_{Aeq}$ は，式 (12.3) と図 12.2 を用いて簡単に求めることができる．この簡易法により $L_{Aeq}$ の値を障壁のない場合とある場合に分けて算定し，**ASJ Model 1998** の B 法[3]による結果と比較する．

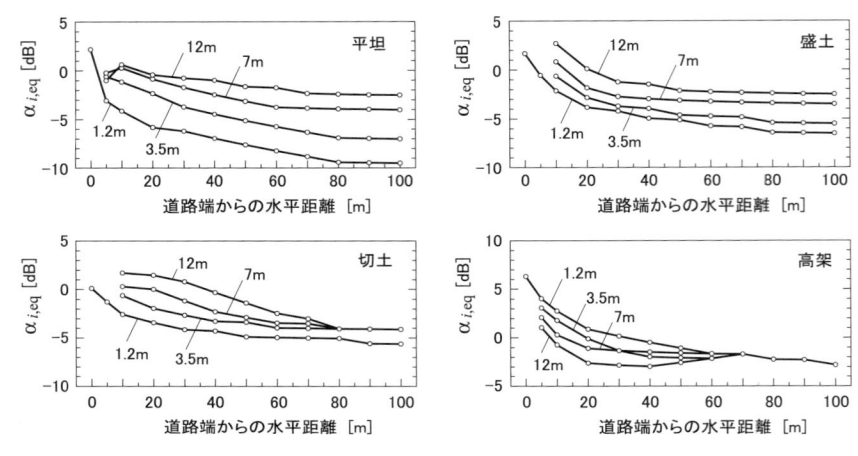

図 12.2: 地表面等種々の原因による道路構造別補正量 $\alpha_{i,\mathrm{eq}}$
（受音点高さ 1.2, 3.5, 7, 12m）

## 12.3.1 障壁がない場合

まず，障壁がない場合について両者による予測値を比較した例を図 12.3 に示す。これらは，図 12.4 の各道路構造において仮想車線を上下線中央に設定し，一般道路の典型的な交通条件として走行速度を 60km/h，時間交通量を 2000 台/h(大型車混入率 20%) とした場合の予測結果である。なお，B 法の計算では地表面の流れ抵抗 $\sigma$ として，300 および 1250kPa·s/m$^2$ の 2 種類を用いたが，簡易法による予測値は $\sigma = 1250$ の結果に近く[3]，その場合両者の予測値の間には次のような傾向がみられた。

### 1) 平坦道路

全体としては概ね良好な対応が得られているが，簡易法による予測値のほうが B 法に比べて平均的に 1.4dB 程度低い。これは，簡易法の補正量 $\alpha_{i,\mathrm{eq}}$ には $L_{\mathrm{A50}}$ の補正量 $\alpha_i$ を介し，$\sigma = 1250$ で代表される地面だけでなく裸地や草地などの種々の地面による効果が含まれていることによるものと考えられる。

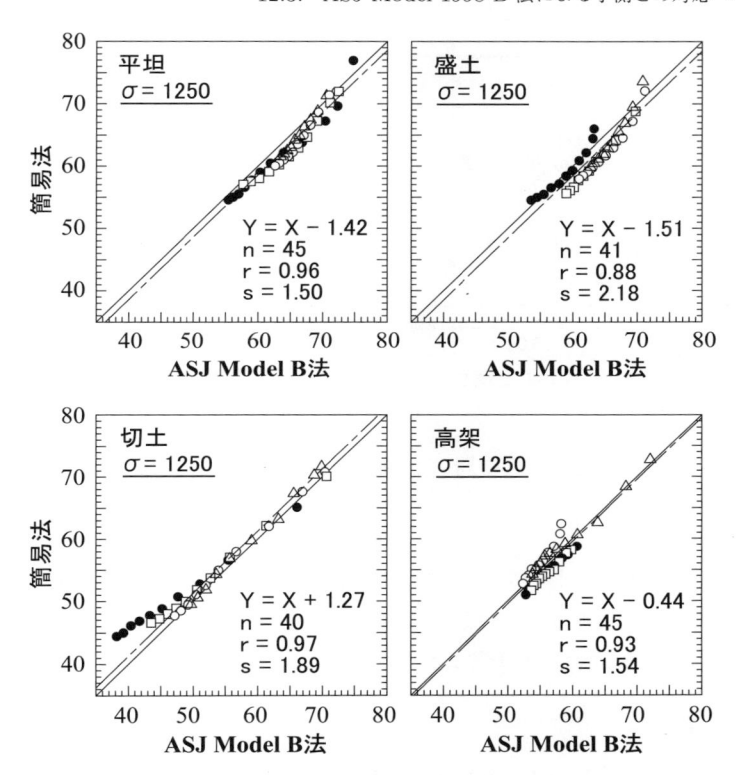

図 12.3: 簡易予測法と B 法による $L_{Aeq}$ の比較
($\sigma=1250\mathrm{kPa\cdot s/m^2}$, ●:1.2m, □:3.5m, ○:7m, △:12m, n:データ数, r:相関係数, s:標準偏差)

## 2) 盛土道路

音源が見通せる領域 (受音点高さ 3.5 ～ 12m) では 3dB 程度の差異がみられるが，見通せない領域 (高さ 1.2m) では両者の予測値はほぼ一致した結果が得られている。見通せる領域での違いは，B 法の計算では平均伝搬経路高が高くなると，地表面効果による減衰値 $\Delta L_g$ が徐々に零に近づくのに対して，簡易法では $\alpha_{i,\mathrm{eq}}$ の基になる $\alpha_i$ が，種々の原因により高さ 12m においても $-2.5 \sim -4\mathrm{dB}$（従って $\alpha_{i,\mathrm{eq}} = 0 \sim -2.5\mathrm{dB}$）になっていることによる。

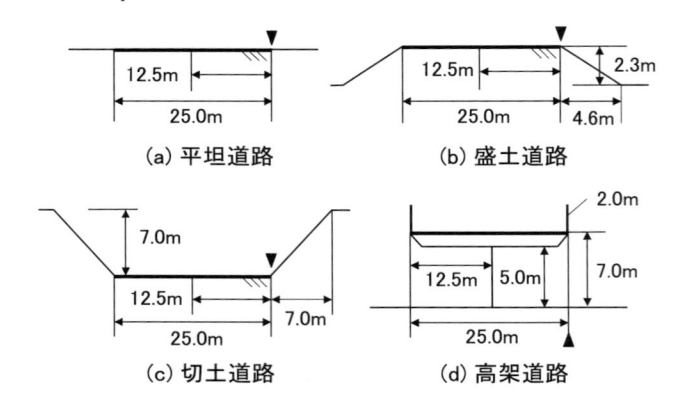

図 12.4: 計算に用いた道路構造　（▼:路肩端位置）

### 3) 切土道路

レベルの低い地点においては，簡易法のほうが高くなる傾向がみられるが，全体的には両者の予測値はほぼ一致した結果となっている．レベルの低い地点での違いは，$\alpha_i$ に暗騒音の影響が含まれていることによるものと考えられる．

### 4) 高架道路

両者の予測値の違いは 0.5dB 程度，予測誤差の標準偏差 $s$ も 1.5dB 程度であり，全体的によい一致が得られている．

## 12.3.2 障壁がある場合

実際の道路では，騒音対策として障壁を設ける場合が多く，**ASJ Model 1975** の補正量 $\alpha_i$ の抽出に使用された実測調査データにも，障壁による影響が含まれていると考えられる．

そこで，一例として図 12.5 に示すごとく路肩端あるいは法肩に高さ 2m の障壁がある場合について，簡易法と B 法により $L_{\text{Aeq}}$ を求め，両者の対応を図 12.6 に示す．なお，他の計算条件は障壁がない場合と同様である．

障壁がある場合の結果は，切土道路において，暗騒音の影響を受けていると思われるレベルの低い地点で違いがみられるものの，全体としては両予測値の対応

## 12.3. ASJ Model 1998 B 法による予測との対応 [1]

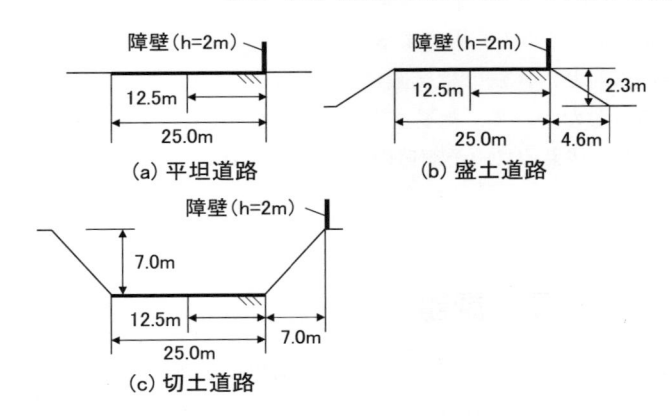

図 12.5: 計算に用いた道路構造　（障壁がある場合）

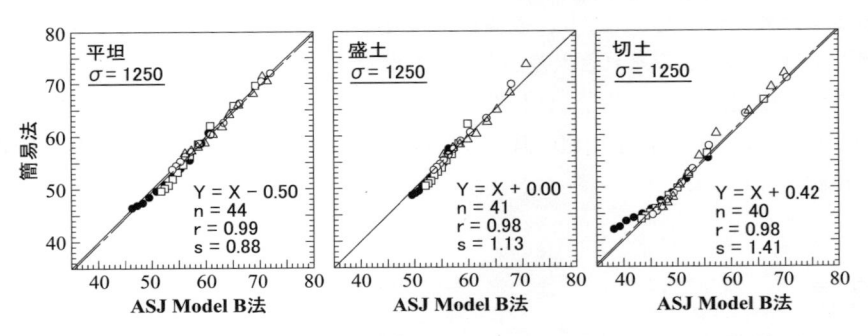

(a) 平坦道路
(b) 盛土道路
(c) 切土道路

図 12.6: 簡易予測法と B 法による $L_{Aeq}$ の比較（$\sigma$=1250kPa·s/m$^2$, ●:1.2m, □:3.5m, ○:7m, △:12m, n:データ数, r:相関係数, s:標準偏差）

は良好である。

　また，障壁がない場合の結果（図12.3）と比較すると，両予測値の差が小さくなっていることもわかる。この理由としては次のことが考えられる。障壁の回折効果による補正量として，簡易法では **ASJ Model 1975** で提示された無限長線音源に対する回折減衰値 $\alpha_d$ を用いているのに対し，B 法では点音源に対する減衰値 $\Delta L_d$ を用いており，減衰量は B 法の方が 2dB 程度大きく見積もられてい

る。一方，地表面等種々の原因による補正量 $\alpha_{i,\text{eq}}$ は高所においても $-2 \sim -4\text{dB}$ 程度であるのに対し，B 法では伝搬経路高が高くなるにつれ $\Delta L_g$ の値はほぼ零となっている。したがって，簡易法と B 法の回折効果による補正量の差が $\alpha_{i,\text{eq}}$ により相殺され，結果的に両予測値の違いが約 1dB 以内に縮まったものと考えられる。

## 12.4 まとめ及び課題

一様断面を有する直線道路周辺の $L_{\text{Aeq}}$ を簡単に予測する方法として，地表面等種々の原因による補正量 $\alpha_{i,\text{eq}}$ を導入し，既存の経験式等から $\alpha_{i,\text{ec}}$ を求めた。また，この簡易法による $L_{\text{Aeq}}$ の予測値と **ASJ Model 1998** B 法による予測値を種々の条件下で比較検討した。その結果，両者の予測値には若干の差異が見られるものの概ね一致しており，直線道路周辺の $L_{\text{Aeq}}$ に関しては簡易法による予測結果は B 法によるそれと大差がないことが示された。

なお，B 法にしろ，簡易法にしろ，未だ実測データによる検証が十分なされているわけではない。両予測値の微妙な差異を含め，今後における実測調査との比較検討が待たれる。

## 文献

1) 岡田恭明, 吉久光一, 久野和宏, "一様断面を有する直線道路における LAeq の簡易予測計算法", 日本音響学会誌, 56 巻 (2000) 565-569.
2) 橘秀樹他, "道路交通騒音の予測：道路一般部を対象としたエネルギーベース騒音予測法（日本音響学会道路交通騒音調査研究委員会報告）", 日本音響学会誌. 50 巻 (1994) 227-252.
3) 日本音響学会道路交通騒音調査研究委員会, "道路交通騒音の予測モデル ASJ Model 1998", 日本音響学会誌, 55 巻 (1999) 281-324.

# 第13章　$L_{\text{Aeq}}$に対する観測時間長及び暗騒音等の影響

騒音暴露量の時間平均レベルとして定義される$L_{\text{Aeq}}$は物理的に明解で，住民反応との対応も良いことから，道路交通騒音をはじめとする環境騒音の評価量として国際的に主流の座を占めつつある。しかしながら実際の計測に際しては，観測時間長$T$の設定や暗騒音の取扱いなど検討すべき事項が幾つかある。本章では，これらの事項を踏まえ，$L_{\text{Aeq}}$の統計的性質について概説するとともに，安定な評価値を得るための指針を示す。さらに$L_{\text{Aeq}}$のばらつき（安定性）は算定法にも依存すること，また$L_{\text{Aeq}}$の計算値は将来予測の場合と実測との照合の場合ではその統計的性質が異なることなどを述べる。

## 13.1　等価受音強度$I_{\text{Aeq}}(T)$

観測時間長を$T$，通過車両台数を$n$，車両$i$による単発騒音暴露量（観測点が暴露される騒音エネルギー）を$\varepsilon_i$とすれば，総暴露量$E(T)$及びその時間平均値$I_{\text{Aeq}}(T)$はそれぞれ次式で表される。

$$E(T) = \varepsilon_1 + \varepsilon_2 + \cdots + \varepsilon_n \tag{13.1}$$

$$I_{\text{Aeq}}(T) = \frac{E(T)}{T} = \frac{1}{T}\sum_{i=1}^{n}\varepsilon_i = \frac{H}{T}\sum_{i=1}^{n}w_i$$

$$= H\,\frac{n}{T}\,\frac{1}{n}\sum_{i=1}^{n}w_i \tag{13.2}$$

ただし$\varepsilon_i$は車両$i$の音響出力$w_i$に比例する

$$\varepsilon_i = H w_i \tag{13.3}$$

ものとした．ここに比例定数 $H$ は出力 1W の 1 台の走行車両による暴露量（ユニットパターンの積分値）である．また $I_{\text{Aeq}}(T)$ をレベル表示した量が観測時間長 $T$ に対する等価騒音レベル

$$L_{\text{Aeq}}(T) = 10\log_{10}\frac{I_{\text{Aeq}}(T)}{10^{-12}} \quad [\text{dB}] \tag{13.4}$$

であることから，$I_{\text{Aeq}}(T)$ を等価受音強度と呼ぶことにする．一般に車両の音響出力 $w_1, w_2, \cdots, w_n$ 及び通過台数 $n$ は互いに独立な確率変数と考えられる．$w_i(i=1,2,\cdots,n)$ が互いに独立で同一の分布（平均値 $\langle w \rangle$，分散 $\sigma_w^2$）に従うものとすれば $I_{\text{Aeq}}(T)$ の期待値及び分散はそれぞれ次式で与えられる．

$$\langle I_{\text{Aeq}}(T) \rangle = \frac{H}{T}\langle n \rangle \langle w \rangle \tag{13.5}$$

$$\sigma_{I_{\text{Aeq}}(T)}^2 = \frac{H^2}{T^2}\left(\langle n \rangle \sigma_w^2 + \sigma_n^2 \langle w \rangle^2\right) \tag{13.6}$$

ただし，$\langle n \rangle$，$\sigma_n^2$ は $n$ の平均値及び分散を表すものとする．これより $I_{\text{Aeq}}(T)$ の変動率は

$$\delta_{I_{\text{Aeq}}(T)} = \frac{\sigma_{I_{\text{Aeq}}(T)}}{\langle I_{\text{Aeq}}(T) \rangle} = \left(\frac{1}{\langle n \rangle}\delta_w^2 + \delta_n^2\right)^{1/2} \tag{13.7}$$

で与えられる．ここに $\delta_w$ 及び $\delta_n$ はそれぞれ音響出力 $w$ 及び車両台数 $n$ の変動率

$$\delta_w = \frac{\sigma_w}{\langle w \rangle} \tag{13.8}$$

$$\delta_n = \frac{\sigma_n}{\langle n \rangle} \tag{13.9}$$

である．従って等価受音強度 $I_{\text{Aeq}}(T)$ の変動率は音響出力の変動率 $\delta_w$ と車両台数の期待値 $\langle n \rangle$ 及び変動率 $\delta_n$ とから簡単に算定される．即ち $w$ 及び $n$ の 1 次及び 2 次のモーメント $\langle w \rangle, \langle w^2 \rangle, \langle n \rangle, \langle n^2 \rangle$ より求められる．特に単位時間あたりの平均通過車両台数が $\nu$ 台のポアソン交通流の場合には [1]

$$\langle n \rangle = \sigma_n^2 = \nu T \tag{13.10}$$

であることに留意すれば式 (13.5)，式 (13.6) はそれぞれ

$$\langle I_{\text{Aeq}}(T) \rangle = H\nu\langle w \rangle \tag{13.11}$$

$$\sigma_{I_{\text{Aeq}}(T)}^2 = \frac{H^2}{T^2}\langle n \rangle\left(\sigma_w^2 + \langle w \rangle^2\right) = \frac{(H\nu)^2}{\nu T}\langle w^2 \rangle \tag{13.12}$$

となり，式 (13.7) の変動率は

$$\delta_{I_{\text{Aeq}}(T)} = \frac{1}{\sqrt{\nu T}} \left(\delta_w^2 + 1\right)^{1/2}$$
$$= \frac{1}{\sqrt{\nu T}} \frac{\sqrt{\langle w^2 \rangle}}{\langle w \rangle} \tag{13.13}$$

で与えられる．また小型車 ($j=1$) 及び大型車 ($j=2$) の混入率を $r_1, r_2 (r_1 + r_2 = 1)$，小型車及び大型車の音響出力を $w_1, w_2$ とするとき，それらのパワーレベル

$$W_j = 10 \log_{10} \frac{w_j}{10^{-12}} \quad (j = 1, 2) \tag{13.14}$$

が通常仮定されるようにそれぞれに平均値 $\overline{W}_j$，分散 $\sigma_{W_j}^2$ の正規分布に従うものとすれば

$$\begin{aligned}
\langle w \rangle &= r_1 \langle w_1 \rangle + r_2 \langle w_2 \rangle \\
&= \left(r_1 + r_2 \overline{M}\right) w_0 e^{\beta \overline{W}_1 + \frac{1}{2}(\beta \sigma_{W_1})^2} \\
&\simeq (r_1 + 5r_2) w_0 e^{\beta \overline{W}_1 + \frac{1}{2}(\beta \sigma_{W_1})^2}
\end{aligned} \tag{13.15}$$

$$\begin{aligned}
\langle w^2 \rangle &= r_1 \langle w_1^2 \rangle + r_2 \langle w_2^2 \rangle \\
&= \left(r_1 + r_2 \overline{M}^2 e^{\beta^2 \Delta \sigma_W^2}\right) w_0^2 e^{2\beta \overline{W}_1 + 2(\beta \sigma_{W_1})^2} \\
&\simeq \left(r_1 + 25 r_2 e^{\beta^2 \Delta \sigma_W^2}\right) w_0^2 e^{2\beta \overline{W}_1 + 2(\beta \sigma_{W_1})^2} \\
&\simeq (r_1 + 34.3 r_2) w_0^2 e^{2\beta \overline{W}_1 + 2(\beta \sigma_{W_1})^2}
\end{aligned} \tag{13.16}$$

で与えられる[2]．ここに

$$\begin{aligned}
\overline{M} &= \frac{\langle w_2 \rangle}{\langle w_1 \rangle} = e^{\beta(\overline{W_2} - \overline{W_1}) + \frac{1}{2}\beta^2 \Delta \sigma_W^2} \\
&\simeq 5
\end{aligned} \tag{13.17}$$

$$\begin{aligned}
\Delta \sigma_W^2 &= \sigma_{W_2}^2 - \sigma_{W_1}^2 \\
&\simeq 6 \quad (\sigma_{W_1} = 2.5, \sigma_{W_2} = 3.5)
\end{aligned} \tag{13.18}$$

$$w_0 = 10^{-12} \tag{13.19}$$

$$\beta = (\ln 10)/10 \simeq 0.23 \tag{13.20}$$

であり $\overline{M}$ はいわゆるパワー平均でみた大型車の小型車換算台数であり，音響的には大型車 1 台は概ね小型車 5 台分に見積られる．従って変動率 $\delta_{I_{\text{Aeq}}(T)}$ は式

(13.13), 式 (13.15), 式 (13.16) より

$$\delta_{I_{\mathrm{Aeq}}(T)} = \frac{1}{\sqrt{\nu T}} \frac{\left(r_1 + 25r_2 e^{\beta^2 \Delta \sigma_W^2}\right)^{1/2}}{r_1 + 5r_2} e^{\frac{1}{2}\beta^2 \sigma_{W_1}^2} \quad (13.21)$$

で表される。$r_2$ と $\delta_{I_{\mathrm{Aeq}}(T)}$ との関係を図 13.1 に示す。この図から明らかなように，大型車混入率 $r_2$ が変動率 $\delta_{I_{\mathrm{Aeq}}(T)}$ に及ぼす影響は $r_2 = 0.2$ 付近で最大，$r_2 = 0$ で最小となり，それぞれ

$$\delta_{max}(T) \simeq \frac{1.3}{\sqrt{\nu T}} e^{\frac{1}{2}(\beta \sigma_{W_2})^2} \simeq \frac{1.82}{\sqrt{\nu T}} \quad (13.22)$$

$$\delta_{min}(T) \simeq \frac{1}{\sqrt{\nu T}} e^{\frac{1}{2}(\beta \sigma_{W_1})^2} \simeq \frac{1.2}{\sqrt{\nu T}} \quad (13.23)$$

で与えられる。また，式 (13.21) は $r_2 \geq 0.1$ の場合には

$$\begin{aligned}\delta_{I_{\mathrm{Aeq}}(T)} &\simeq \frac{1}{\sqrt{\nu T}} \frac{5\sqrt{r_2} e^{\frac{1}{2}(\beta \sigma_{W_2})^2}}{r_1 + 5r_2} \\ &\simeq \delta_{max}(T) \frac{3.79\sqrt{r_2}}{r_1 + 5r_2} \quad (0.1 \leq r_2 \leq 1)\end{aligned} \quad (13.24)$$

で近似され，$r_2$ の増加に伴い変動が抑えられる傾向にある。

## 13.2　$L_{\mathrm{Aeq}}(T)$ の統計的性質

観測時間長 $T$ や，大型車混入率 $r_2$ が等価騒音レベルに与える影響を把握することは道路交通騒音の計測上重要な課題である。ここでは前節の結果を基に $L_{\mathrm{Aeq}}(T)$ の変動範囲及びレベル分布について調べることにしよう。

### 13.2.1　$L_{\mathrm{Aeq}}(T)$ の信頼帯

等価受音強度 $I_{\mathrm{Aeq}}(T)$ は式 (13.2) と同じく，時々刻々の受音強度 $I_{\mathrm{A}}(t)$ の時間長 $T$ にわたる平均として

$$I_{\mathrm{Aeq}}(T) = \frac{1}{T} \int_0^T I_{\mathrm{A}}(t) dt \quad (13.25)$$

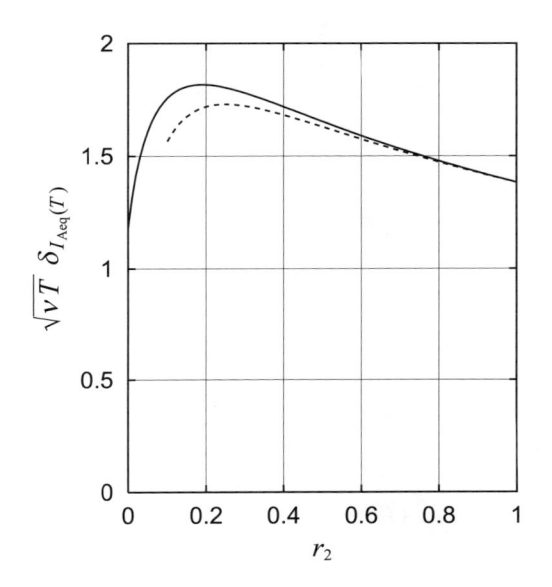

図 13.1: $r_2$ と $\delta_{I_{\text{Aeq}}(T)}$ の関係（実線は式 (13.21)，破線は式 (13.24) による）

で定義することもできる。

道路交通騒音の状態が確率統計的にみて定常であり，等価受音強度 $I_{\text{Aeq}}(T)$ の集合平均（期待値）$\langle I_{\text{Aeq}}(T) \rangle$ が受音強度の長時間平均

$$I_{\text{Aeq}}(\infty) = \lim_{T \to \infty} I_{\text{Aeq}}(T)$$

と一致するものとしよう。即ち受音強度 $I_{\text{A}}(t)$ に関しエルゴード性が成立する場合には

$$\langle I_{\text{A}}(t) \rangle = \langle I_{\text{Aeq}}(T) \rangle = I_{\text{Aeq}}(\infty) \tag{13.26}$$

となり，$I_{\text{Aeq}}(\infty)$ のレベル表示

$$\begin{aligned} L_{\text{Aeq}}(\infty) &= 10 \log_{10} \frac{I_{\text{Aeq}}(\infty)}{10^{-12}} \\ &= 10 \log_{10} \frac{\langle I_{\text{Aeq}}(T) \rangle}{10^{-12}} \quad [\text{dB}] \end{aligned} \tag{13.27}$$

を所望の等価騒音レベルと見なすことができる。実際に観測される等価騒音レベル

$$L_{\text{Aeq}}(T) = 10 \log_{10} \frac{I_{\text{Aeq}}(T)}{10^{-12}} \quad [\text{dB}] \tag{13.28}$$

とこのレベルとの差は

$$\begin{aligned}
\Delta L_{\text{Aeq}}(T) &= L_{\text{Aeq}}(T) - L_{\text{Aeq}}(\infty) \\
&= 10 \log_{10} \frac{I_{\text{Aeq}}(T)}{I_{\text{Aeq}}(\infty)} \\
&= 10 \log_{10} \frac{I_{\text{Aeq}}(T)}{\langle I_{\text{Aeq}}(T) \rangle}
\end{aligned} \tag{13.29}$$

と表される。一方, 確率変数 $I_{\text{Aeq}}(T)$ の平均値 $\langle I_{\text{Aeq}}(T) \rangle$ のまわりのばらつきの程度はいわゆるチェビシェフの不等式[3]により

$$\Pr \left\{ \left| \frac{I_{\text{Aeq}}(T) - \langle I_{\text{Aeq}}(T) \rangle}{\sigma_{I_{\text{Aeq}}(T)}} \right| < k \right\} \geq 1 - \frac{1}{k^2} \tag{13.30}$$

と評価される。ここに $\sigma_{I_{\text{Aeq}}(T)}$ は $I_{\text{Aeq}}(T)$ の標準偏差である。上式はまた

$$\Pr \left\{ 1 - k\delta_{I_{\text{Aeq}}(T)} \leq \frac{I_{\text{Aeq}}(T)}{\langle I_{\text{Aeq}}(T) \rangle} \leq 1 + k\delta_{I_{\text{Aeq}}(T)} \right\} \geq 1 - \frac{1}{k^2} \tag{13.31}$$

と書き改められる。従って確率の保測変換及び式 (13.29) を考慮すれば

$$\Pr \left\{ \Delta L_{\text{Aeq}}^{-}(k, \nu T) \leq \Delta L_{\text{Aeq}}(T) \leq \Delta L_{\text{Aeq}}^{+}(k, \nu T) \right\} \geq 1 - \frac{1}{k^2} \tag{13.32}$$

が得られる。ただし

$$\Delta L_{\text{Aeq}}^{\pm}(k, \nu T) = 10 \log_{10} \left\{ 1 \pm k\delta_{I_{\text{Aeq}}(T)} \right\} \quad \text{(複号同順)} \tag{13.33}$$

である。式 (13.32) は $L_{\text{Aeq}}(T)$ が $L_{\text{Aeq}}(\infty)$ を中心とする $\Delta L_{\text{Aeq}}^{-}(k, \nu T) \sim \Delta L_{\text{Aeq}}^{+}(k, \nu T)$ の範囲に存在する確率が $1 - 1/k^2$ 以上であることを述べている。便宜上, この範囲を $k\sigma$ 信頼帯と呼ぶことにする。従って $L_{\text{Aeq}}(T)$ は $k = 2$ では上記の範囲に 75% 以上が $k = 3$ では約 90% 以上が見い出されることになる。特に $I_{\text{Aeq}}(T)$ が正規分布に従う場合には, 上記範囲内に $L_{\text{Aeq}}(T)$ は $k = 2$ 及び 3 に対し, それぞれ 95% 及び 99.7% の確率で見い出される。

さて，信頼帯の幅は式 (13.21) 及び式 (13.32)，式 (13.33) から明らかなように大型車混入率によっても変化する。いま $k = 2$ 及び 3 に対する信頼帯を $r_2 = 0.6$ の場合に $\nu T$ の関数としてそれぞれ図 13.2 及び図 13.3 に示した。但しこの結果はポアソン交通流に対するものである。なお，混入率の影響を受けない信頼帯を得るには $\delta_{I_{Aeq}(T)}$ として $\delta_{max}(T)$ を用いればよい。この場合の $k = 2$ 及び 3 に対する信頼帯についてもそれぞれ図中に点線で示した。$\nu T = 100$ では $k = 2$ に対する信頼帯は $-2 \sim 1$dB，$k = 3$ に対しては $-3 \sim 2$dB，また $\nu T = 1000$ では何れも $\pm 1$dB 未満である。

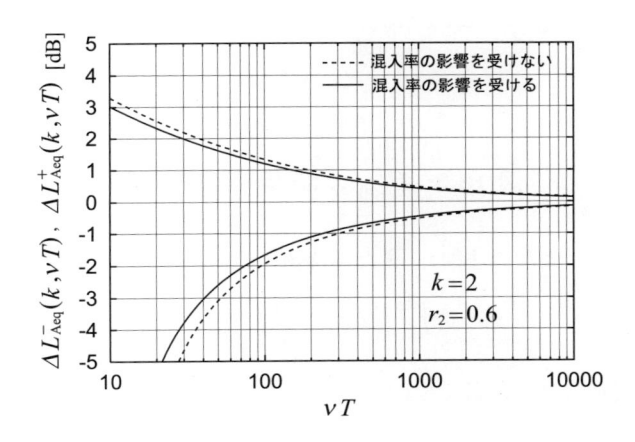

図 13.2: $L_{Aeq}$ の $2\sigma$ 信頼帯と交通量

## 13.2.2　$L_{Aeq}(T)$ のレベル分布

まず式 (13.2) の等価受音強度 $I_{Aeq}(T)$ に関する分布を考えることから始めよう。式 (13.2) の $I_{Aeq}(T)$ は大略

$$I_{Aeq}(T) = \frac{H}{T} n \frac{w_1 + w_2 + \cdots + w_n}{n} \simeq \frac{H}{T} n \langle w \rangle \tag{13.34}$$

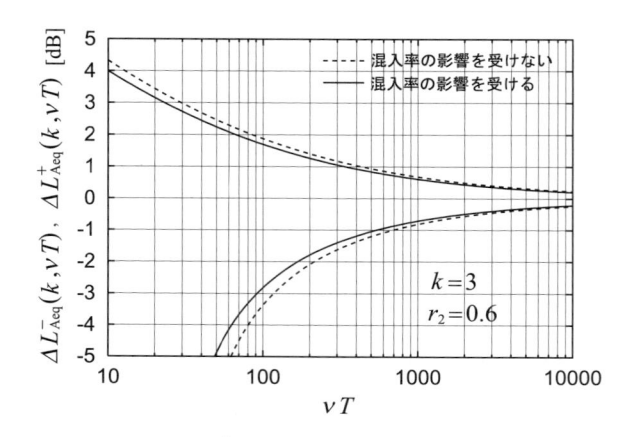

図 13.3: $L_{\text{Aeq}}$ の $3\sigma$ 信頼帯と交通量

で近似されよう（大数の法則）．また期待値は

$$\langle I_{\text{Aeq}}(T) \rangle = \frac{H}{T} \langle n \rangle \langle w \rangle \tag{13.35}$$

と表され，定常的な交通流に対しては

$$\langle I_{\text{Aeq}}(T) \rangle = I_{\text{Aeq}}(\infty) \tag{13.36}$$

$$\langle n \rangle = \nu T \tag{13.37}$$

と置くことができよう（エルゴード仮説）．ここで $n$ は観測時間長 $T$ の間に通過する車両台数を表す確率変数であり，$\nu T$ はその期待値である．これより $L_{\text{Aeq}}(T)$ の分布に関する以下の議論はその本質を損なうことなく，極めて単純化される．式 (13.34)〜式 (13.36) より $L_{\text{Aeq}}(T)$ と $L_{\text{Aeq}}(\infty)$ のレベル差は

$$\begin{aligned}\Delta L_{\text{Aeq}}(T) &= L_{\text{Aeq}}(T) - L_{\text{Aeq}}(\infty) \\ &= 10 \log_{10} \frac{I_{\text{Aeq}}(T)}{I_{\text{Aeq}}(\infty)} \\ &\simeq 10 \log_{10} \frac{n}{\langle n \rangle}\end{aligned} \tag{13.38}$$

と表される。これは時間長 $T$ の間に観測される通過車両台数 $n$ のレベル表示（期待値 $\langle n \rangle$ を基準値とする）と見なされる。従って $n$ の分布が与えられれば $\Delta L_{\text{Aeq}}(T)$ の分布は確率の保測変換を用いて容易に求められる。自由走行車群（いわゆる指数分布モデル）の場合には $n$ はポアソン分布

$$P_n = \frac{(\nu T)^n}{n!} e^{-\nu T} \quad (n = 0, 1, 2, \cdots) \tag{13.39}$$

に従う。図 13.4 には $\langle n \rangle = \nu T = 10, 50, 100, 200, 500$ とした場合の $n$ の確率密度分布を示した。

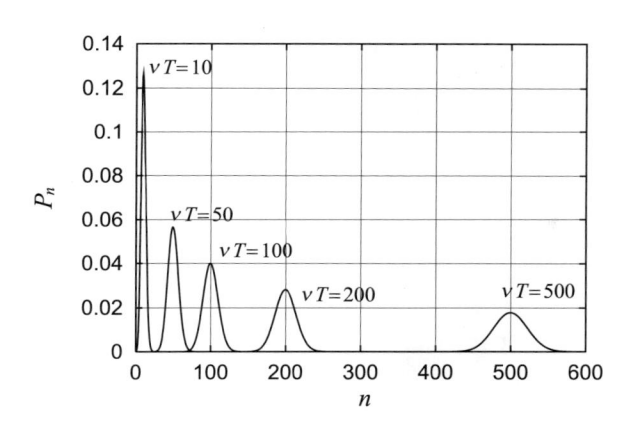

図 **13.4:** $n$ の確率密度分布

さて式 (13.38) を

$$\Delta L_{\text{Aeq}}(T) = 10 \log_{10} \frac{n}{\langle n \rangle} = X_n \tag{13.40}$$

とおき、$X_n$ の分布を求めてみよう。上式より $n$ は $X_n$ を用いて

$$n = \langle n \rangle 10^{X_n/10} \tag{13.41}$$

と表されることに留意すれば $X_n$ の確率密度関数 $g(X_n)$ 及び分布関数 $G(X_n)$ はそれぞれ

$$g(X_n) = \Pr\{X = X_n\} = P_n = \frac{(\nu T)^n}{n!} e^{-\nu T} \quad (n = 0, 1, 2, \cdots) \tag{13.42}$$

$$G(X_n) = \Pr\{X \leq X_n\}$$
$$= \sum_{j=0}^{n} P_j$$
$$= \sum_{j=0}^{n} \frac{(\nu T)^j}{j!} e^{-\nu T} \qquad (13.43)$$

で与えられる。なおこの分布は

$$g(X_0) = g(-\infty) = P_0 = e^{-\nu T} \qquad (13.44)$$

即ち，$X_0 = -\infty$ において，有限の値 $e^{-\nu T}$ を持つことから，理論的には $X_n$ の期待値は $-\infty$ であることに留意すべきである。しかしながら $\nu T \gg 1$ なる場合にはポアソン分布は実用上

$$P_n \simeq \frac{1}{\sqrt{2\pi\nu T}} e^{-\frac{(n-\nu T)^2}{2\nu T}} \equiv p(n) \quad (n \geq 0) \qquad (13.45)$$

なる正規分布で近似される。これより $n$ を連続変数と見なし，対応する $X_n$ を改めて $X$ と表し，式 (13.41) の関係を用い，上式に保測変換を施せば連続変量 $X$ に関する確率密度関数

$$g(X) \simeq \frac{1}{4.34} n p(n)$$
$$= \frac{1}{4.34} \sqrt{\frac{\nu T}{2\pi}} 10^{X/10} e^{-\frac{\nu T}{2}(10^{X/10}-1)^2} \quad (-\infty \leq X \leq \infty) \qquad (13.46)$$

が導かれる。これより $X$ の分布関数 $G(X)$ は

$$G(X) = \int_{-\infty}^{X} g(X) dX$$
$$= \int_{0}^{n} p(n) dn$$
$$\simeq \int_{-\infty}^{n} \frac{1}{\sqrt{2\pi\nu T}} e^{-\frac{(n-\nu T)^2}{2\nu T}} dn$$
$$= \Phi\left(\frac{n-\nu T}{\sqrt{\nu T}}\right)$$
$$= \Phi(\sqrt{\nu T}(10^{X/10} - 1)) \qquad (13.47)$$

で近似される。ただし $\Phi(\zeta)$ は標準正規分布

$$\Phi(\zeta) = \frac{1}{\sqrt{2\pi}} \int_{-\infty}^{\zeta} e^{-\frac{x^2}{2}} dx \tag{13.48}$$

である。$g(X), G(X)$ の有効性はそれぞれ式 (13.42), 式 (13.43) の $g(X_n), G(X_n)$ と比較することにより確認される。各種の $\nu T$ の値に対する $G(X_n)$ と $G(X)$ の比較を図 13.5 に示した。$\nu T$ が 50 以上では両者はよく一致している。

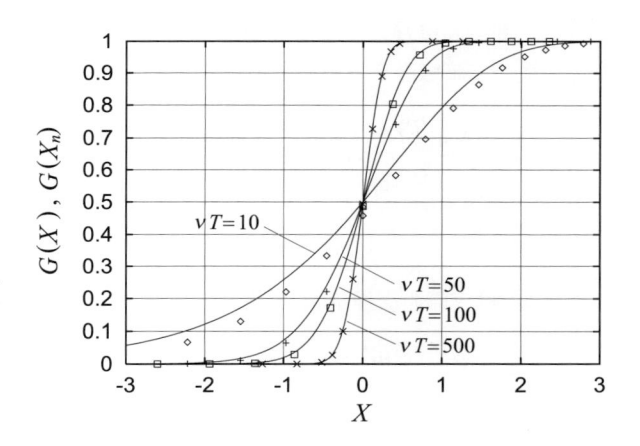

図 13.5: $G(X_n)$ と $G(X)$ の比較（図中のプロットは $G(X_n)$ を，実線は $G(X)$ を表す）

## 13.3 暗騒音の影響

上述の議論では暗騒音について考慮していないが現実問題として暗騒音の影響は極めて重要である。$L_{\text{Aeq}}(T)$ の統計的性質や分布にも少なからず影響を及ぼしている。ここでは暗騒音を適切にモデル化することにより，$L_{\text{Aeq}}(T)$ に対する影響を調べることにする。

さて暗騒音の音圧を $p_b(t)$，空気の特性インピーダンスを $\rho c$ とすれば，暗騒音

による等価受音強度 $i_\mathrm{Aeq}(T)$ は次式で表される。

$$i_\mathrm{Aeq}(T) = \frac{1}{T}\int_0^T \frac{p_b^2(t)}{\rho c}dt \tag{13.49}$$

$p_b(t)$ は確率統計的に定常と見なし得ることが多い。その場合には観測時間長 $T$ がある程度長ければ，$i_\mathrm{Aeq}(T)$ は受音点ごとにほぼ一定の値をとるものと考えられ，

$$i_\mathrm{Aeq}(T) \simeq \frac{H}{T}n_b\langle w\rangle \tag{13.50}$$

とおくことができる。即ち暗騒音による等価受音強度は通過車両の $n_b$ 台の増加に対応づけられる。従って暗騒音を考慮した場合の等価受音強度 $I'_\mathrm{Aeq}(T)$ は

$$\begin{aligned}I'_\mathrm{Aeq}(T) &= I_\mathrm{Aeq}(T) + i_\mathrm{Aeq}(T)\\ &\simeq \frac{H}{T}(n+n_b)\langle w\rangle\\ &= \frac{H}{T}n'\langle w\rangle\end{aligned} \tag{13.51}$$

と表される。ここに $n'$ は実際の交通量 $n$ と暗騒音に対する換算交通量 $n_b$ の和

$$n' = n + n_b$$

である。この場合の等価騒音レベル $L'_\mathrm{Aeq}(T)$ は $L'_\mathrm{Aeq}(\infty)$ をベースとして

$$\begin{aligned}\Delta L'_\mathrm{Aeq}(T) &= L'_\mathrm{Aeq}(T) - L'_\mathrm{Aeq}(\infty)\\ &= 10\log_{10}\frac{n'}{\langle n'\rangle}\\ &= 10\log_{10}\frac{n+n_b}{\nu T+n_b}\end{aligned} \tag{13.52}$$

と表される。ただし前章と同様，エルゴード性を仮定し

$$\begin{aligned}\langle n'\rangle &= \langle n\rangle + n_b\\ &\simeq \nu T + n_b\end{aligned} \tag{13.53}$$

とした。式 (13.52) を基に等価騒音レベルに関する暗騒音の影響を具体的に検討してみよう。ただし，$n'$ の分布は前述のポアソン交通流に対しては

$$P_{n'} = P_n = \frac{(\nu T)^n}{n!}e^{-\nu T} \tag{13.54}$$

$$n' = n + n_b \quad (n=0,1,2,\cdots) \tag{13.55}$$

となり，原点が $n_b$ に移動したポアソン分布で与えられる。

### 13.3.1 $L'_{\text{Aeq}}(T)$ の信頼帯

暗騒音のある場合の信頼帯，即ち $L'_{\text{Aeq}}(T)$ の $L'_{\text{Aeq}}(\infty)$ の周りのばらつきの程度を求めるには前節と同様の議論を繰り返せばよい。そのためには受音強度の変動率

$$\delta_{I'_{\text{Aeq}}(T)} = \frac{\sigma_{I'_{\text{Aeq}}(T)}}{\langle I'_{\text{Aeq}}(T) \rangle} \tag{13.56}$$

を求める必要がある。式 (13.51) より

$$\langle I'_{\text{Aeq}}(T) \rangle = \langle I_{\text{Aeq}}(T) \rangle + i_{\text{Aeq}}(T)$$
$$= \langle I_{\text{Aeq}}(T) \rangle \left\{ 1 + \frac{i_{\text{Aeq}}(T)}{\langle I_{\text{Aeq}}(T) \rangle} \right\} \tag{13.57}$$

$$\sigma_{I'_{\text{Aeq}}(T)} = \sigma_{I_{\text{Aeq}}(T)} \tag{13.58}$$

となることから

$$\delta_{I'_{\text{Aeq}}(T)} = \delta_{I_{\text{Aeq}}(T)} \frac{1}{1 + i_{\text{Aeq}}(T)/\langle I_{\text{Aeq}}(T) \rangle}$$
$$= \delta_{I_{\text{Aeq}}(T)} \frac{1}{1 + 10^{BNR/10}} \tag{13.59}$$

と表される。ただし

$$\delta_{I_{\text{Aeq}}(T)} = \frac{\sigma_{I_{\text{Aeq}}(T)}}{\langle I_{\text{Aeq}}(T) \rangle} \tag{13.60}$$

$$BNR = 10 \log_{10} \frac{i_{\text{Aeq}}(T)}{\langle I_{\text{Aeq}}(T) \rangle} = 10 \log_{10} \frac{n_b}{\nu T} \quad [\text{dB}] \tag{13.61}$$

はそれぞれ暗騒音のない場合の変動率及び道路交通騒音に対する暗騒音レベル (Background Noise Ratio) である。以上より

$$\Delta L'^{\pm}_{\text{Aeq}}(k, \nu T) = 10 \log_{10} \left\{ 1 \pm k \delta'_{I_{\text{Aeq}}(T)} \right\} \quad \text{(複号同順)} \tag{13.62}$$

とおけば

$$\Delta L'_{\text{Aeq}}(T) = L'_{\text{Aeq}}(T) - L'_{\text{Aeq}}(\infty) \tag{13.63}$$

が $\Delta L'_{\text{Aeq}}{}^-(k,\nu T) \sim \Delta L'_{\text{Aeq}}{}^+(k,\nu T)$ の範囲に存在する確率は

$$\Pr\left\{\Delta L'_{\text{Aeq}}{}^-(k,\nu T) \leq \Delta L'_{\text{Aeq}}(T) \leq \Delta L'_{\text{Aeq}}{}^+(k,\nu T)\right\} \geq 1 - \frac{1}{k^2} \quad (13.64)$$

で与えられる。$k=3$ とした場合の信頼帯を $BNR$ をパラメータとして図 13.6 に示した。ただし，次式を基に算出した。

$$\Delta L'_{\text{Aeq}}{}^\pm(3,\nu T) = 10\log_{10}\left\{1 \pm 3\delta'_{I_{\text{Aeq}}(T)}\right\} \quad (13.65)$$

$$\delta'_{I_{\text{Aeq}}(T)} \simeq \delta_{max}(T)\frac{1}{1+10^{BNR/10}}$$

$$= \frac{1.82}{\sqrt{\nu T}}\frac{1}{1+10^{BNR/10}} \quad (13.66)$$

図 13.6 より $BNR$ （道路交通騒音に対する暗騒音レベル）が高くなるに従って信頼帯は狭くなり $L'_{\text{Aeq}}(T)$ のばらつきは抑制されることが知られる。

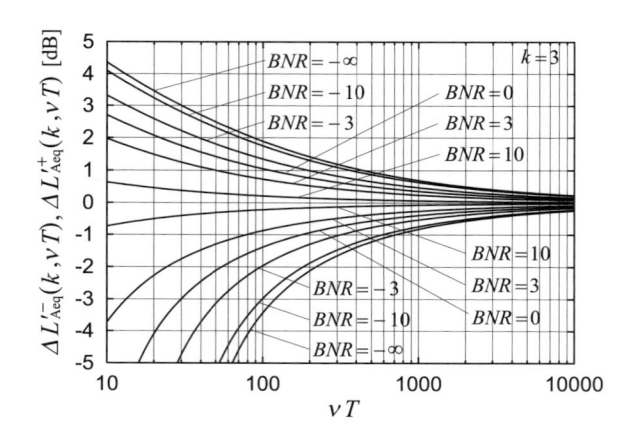

図 13.6: $L'_{\text{Aeq}}(T)$ の $3\sigma$ 信頼帯

### 13.3.2　$L'_{\text{Aeq}}(T)$ のレベル分布

暗騒音のある場合の等価騒音レベル $L'_{\text{Aeq}}(T)$ のレベル分布も

$$\Delta L'_{\text{Aeq}}(T) = L'_{\text{Aeq}}(T) - L'_{\text{Aeq}}(\infty)$$
$$= 10 \log_{10} \frac{n'}{\langle n' \rangle}$$
$$\equiv X_{n'} \tag{13.67}$$

と置くことにより前節と同様の手順に従い導出することができる。ポアソン交通流に対しては、$X_{n'}$ の確率密度関数及び分布関数はそれぞれ

$$g(X_{n'}) = P_n = \frac{(\nu T)^n}{n!} e^{-\nu T} \tag{13.68}$$

$$G(X_{n'}) = \sum_{j=0}^{n} \frac{(\nu T)^j}{j!} e^{-\nu T} \tag{13.69}$$

$$(n' = n + n_b, n = 0, 1, 2, \cdots)$$

で与えられる。$n'(= n + n_b)$ は $n$ の分布を $n_b$ だけ右方にシフトした分布（原点を $n_b$ とするポアソン分布）を，従って $X_{n'}$ は $10\log_{10}\{n_b/(\nu T + n_b)\}$ を起点とする分布を持つこととなり，その期待値は $BNR$ により定まる（$X_n$ の期待値のように $-\infty$ にはならない）。13.2.2 項の $X_n$ におけると同様にして，$\nu T \gg 1$ の場合には $X_{n'}$ は確率密度関数

$$g(X') \simeq \frac{1}{4.34} \sqrt{\frac{\nu T}{2\pi}} \left(1 + 10^{BNR/10}\right) 10^{X'/10}$$
$$\times e^{-\frac{\nu T}{2}(1+10^{BNR/10})^2(10^{X'/10}-1)^2} \tag{13.70}$$

を有する連続変量 $X'$ で近似される。またこの $X'$ の分布関数は

$$G(X') \simeq \Phi\left(\sqrt{\nu T}(1 + 10^{BNR/10})(10^{X'/10} - 1)\right) \tag{13.71}$$

で与えられる。$\nu T$ 及び $BNR$ をパラメータとして，$G(X')$ の様子を図 13.7〜図 13.9 に示した。$BNR$ が大きくなるにつれ分布の幅は狭くなるが，$\nu T$ が 100 以上であれば $BNR$ の如何にかかわらず 0dB を中心とし概ね ±1dB の範囲に納まっている。

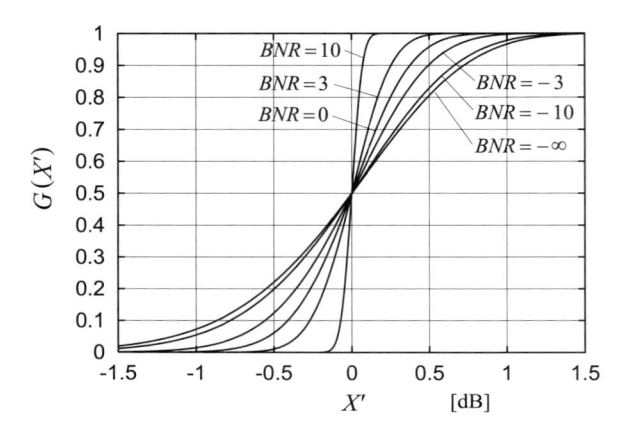

図 **13.7:** $G(X')$ $(\nu T = 50)$

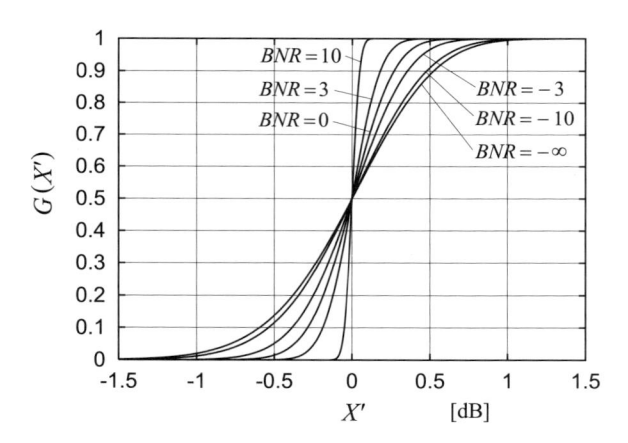

図 **13.8:** $G(X')$ $(\nu T = 100)$

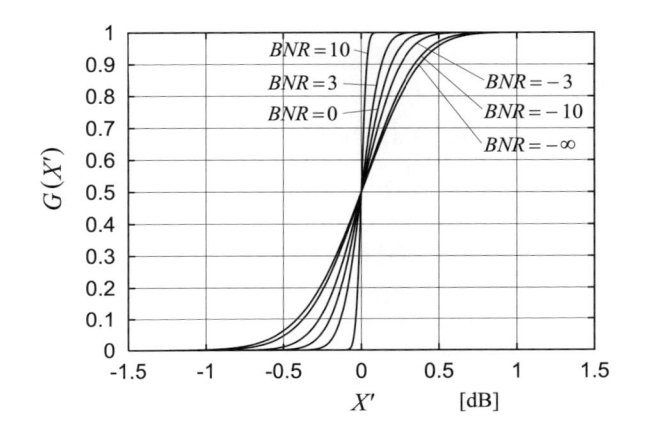

図 **13.9**: $G(X')$ ($\nu T = 200$)

### 13.3.3 偶発的な暗騒音の影響

道路交通騒音に暗騒音が加わると等価騒音レベル $L'_{\text{Aeq}}(T)$ の分布範囲が狭くなり，$L'_{\text{Aeq}}(T)$ のばらつきが減少する．しかも $BNR$ が大きいほど（暗騒音のエネルギーが増加するほど），この傾向は顕著である．何となく奇異な感じがするが，暗騒音が定常であり，その等価受音強度 $i_{\text{Aeq}}(T)$ がほぼ一定と見なされる場合には前2項より上記の結果が得られる．

しかしながら現実の暗騒音には定常成分以外に偶発的な成分があり，出現頻度が低くてもそのエネルギーが大きければ事情は異なる．その場合には $L'_{\text{Aeq}}(T)$ の分布は広がり（高レベル側に延び），測定値の安定度は低下する．この様な突発的な偶発事象を如何に検出し，処理するかが，実務における $L_{\text{Aeq}}$ 計測上の課題の一つとなっている [4]．

## 13.4 実測との照合のための計算

前節までの議論は建設予定の道路に対し等価騒音レベル $L_{\text{Aeq}}$ を予測する場合の計算値に関するものであり，交通量及び車種混入率は確率変数であり，$\nu T, r_1, r_2$

はそれらの期待値を表している。しかるに予測計算式を供用中の道路に適用する際には若干の配慮が必要となる。即ち純粋の予測の場合に比し，実測値との照合の場合には，幾つかの情報が付与されることが多い。通常，交通量及び車種混入率は観測値が明示されており，もはや確率変数ではなく単なる定数である。従って実測値との照合を目的とした $L_{\text{Aeq}}$ の計算においてはこの点に留意し，その性質を議論する必要がある。以下では $L_{\text{Aeq}}$ の信頼帯がどのような修正を受けるか考えてみよう。そのため交通量 $n$ 及び車種混入率 $r_1, r_2$ が既知である場合の等価受音強度を $I_{\text{Aeq}}^*(T)$ と表し，その期待値 $\langle I_{\text{Aeq}}^*(T) \rangle$ 及び分散 $\sigma^2_{I_{\text{Aeq}}^*(T)}$ を求めるとそれぞれ

$$\langle I_{\text{Aeq}}^*(T) \rangle = \frac{H}{T}(n+n_b)\langle w \rangle$$
$$= \frac{H}{T}(n+n_b)\left(r_1\langle w_1 \rangle + r_2\langle w_2 \rangle\right) \tag{13.72}$$

$$\sigma^2_{I_{\text{Aeq}}^*(T)} = \frac{H^2}{T^2}n\sigma_w^2$$
$$= \frac{H^2}{T^2}n\left(r_1\sigma_{w_1}^2 + r_2\sigma_{w_2}^2\right) \tag{13.73}$$

で与えられる。ただし $n_b$ は暗騒音に対する換算交通量であり $\sigma_{w_1}^2, \sigma_{w_2}^2$ は小型車及び大型車の音響出力の分散である。さて交通量 $n$ を予測の場合の期待値 $\nu T$ に設定し $n = \nu T$ と置き，走行車両のパワーレベル（音響出力）については 13.1 節と同一の仮定の下に上記の $\langle I_{\text{Aeq}}^*(T) \rangle$ 及び $\sigma^2_{I_{\text{Aeq}}^*(T)}$ を算定し変動率を求めれば

$$\delta_{I_{\text{Aeq}}^*(T)} = \frac{\sigma_{I_{\text{Aeq}}^*(T)}}{\langle I_{\text{Aeq}}^*(T) \rangle}$$
$$= \delta_{I_{\text{Aeq}}(T)}\left(1 - \frac{r_1\langle w_1\rangle^2 + r_2\langle w_2\rangle^2}{r_1\langle w_1^2\rangle + r_2\langle w_2^2\rangle}\right)^{1/2}\frac{1}{1+n_b/\nu T}$$
$$= \delta_{I_{\text{Aeq}}(T)}\left(1 - e^{-(\beta\sigma_{W_1})^2}\frac{r_1 + 25r_2}{r_1 + 25r_2 e^{\beta^2\Delta\sigma_W^2}}\right)^{1/2}$$
$$\times \frac{1}{1+10^{BNR/10}} \quad (0 \leq r_2 \leq 1) \tag{13.74}$$

が得られる。ここに $\delta_{I_{\text{Aeq}}(T)}$ は式 (13.7) で定義される $I_{\text{Aeq}}(T)$ の変動率であり，具体的には式 (13.21) で与えられる。上式において右辺の第 2 及び第 3 因子はそれぞれ交通量が一定であることによるファクター及び暗騒音レベルに起因するファ

クターであり，何れも変動率を低くする働きがあることを示している．従って実測条件を加味した計算値における変動率の低下割合は

$$\frac{\delta_{I^*_{\text{Aeq}}(T)}}{\delta_{I_{\text{Aeq}}(T)}} = \left\{1 - e^{-(\beta\sigma_{W_1})^2} \frac{r_1 + 25r_2}{r_1 + 25r_2 e^{\beta^2 \Delta\sigma_W^2}}\right\}^{1/2}$$
$$\times \frac{1}{1 + 10^{BNR/10}} \quad (0 \leq r_2 \leq 1) \tag{13.75}$$

となる．

なお，上式は $r_2 \geq 0.1$ なる場合には次式で近似される．

$$\frac{\delta_{I^*_{\text{Aeq}}(T)}}{\delta_{I_{\text{Aeq}}(T)}} \simeq \left\{1 - e^{-(\beta\sigma_{W_2})^2}\right\}^{1/2} \frac{1}{1 + 10^{BNR/10}}$$
$$= \frac{0.69}{1 + 10^{BNR/10}} \quad (0.1 \leq r_2 \leq 1) \tag{13.76}$$

式 (13.75) 及び式 (13.76) をそれぞれ図 13.10 に示した．$BNR$ が $-10$dB 以上では変動率の急激な低下が認められる．

さて，$I^*_{\text{Aeq}}(T)$ に対する等価騒音レベル

$$L^*_{\text{Aeq}}(T) = 10\log_{10}\frac{I^*_{\text{Aeq}}(T)}{10^{-12}} \tag{13.77}$$

の $L^*_{\text{Aeq}}(\infty)$ のまわりのばらつき（信頼帯）は 13.2.1 項と同様の議論をくり返すことにより

$$P_r\{\Delta L^{*-}_{\text{Aeq}}(k, \nu T) \leq \Delta L^*_{\text{Aeq}}(T) \leq \Delta L^{*+}_{\text{Aeq}}(k, \nu T)\} \geq 1 - 1/k^2 \tag{13.78}$$

で与えられる．ここに

$$\Delta L^*_{\text{Aeq}}(T) = L^*_{\text{Aeq}}(T) - L^*_{\text{Aeq}}(\infty) \tag{13.79}$$

$$\Delta L^{*\pm}_{\text{Aeq}}(k, \nu T) = 10\log_{10}\{1 \pm k\delta_{I^*_{\text{Aeq}}(T)}\} \quad \text{（複号同順）} \tag{13.80}$$

である．$L^*_{\text{Aeq}}(T)$ に対する信頼帯は $L_{\text{Aeq}}(T)$ のそれに比し式 (13.76) に対応する分だけ狭くなる．その様子を図 13.6 と同じく $k = 3$ の場合に種々の $BNR$ に対し $\nu T$ の関数として図 13.11 に示す．ただし安全側に見積り

$$\delta_{I_{\text{Aeq}}(T)} = \delta_{max}(T) \simeq \frac{1.82}{\sqrt{\nu T}} \tag{13.81}$$

$$\delta_{I^*_{\text{Aeq}}(T)} \simeq \delta_{max}(T)\frac{0.69}{1 + 10^{BNR/10}} = \frac{1.26}{\sqrt{\nu T}}\frac{1}{1 + 10^{BNR/10}} \tag{13.82}$$

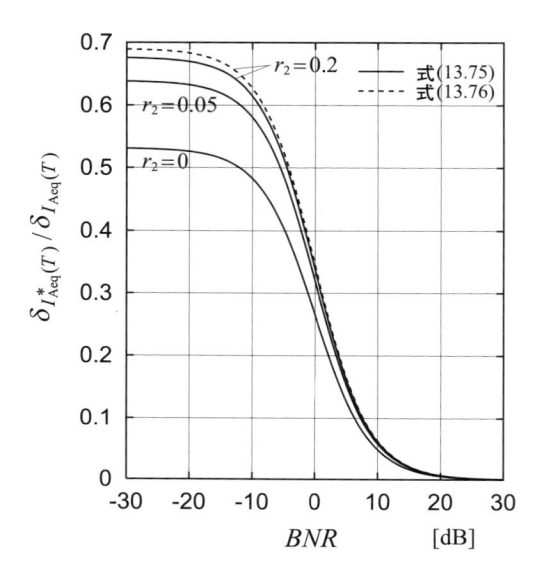

図 13.10: $BNR$ に対する変動率の低下割合

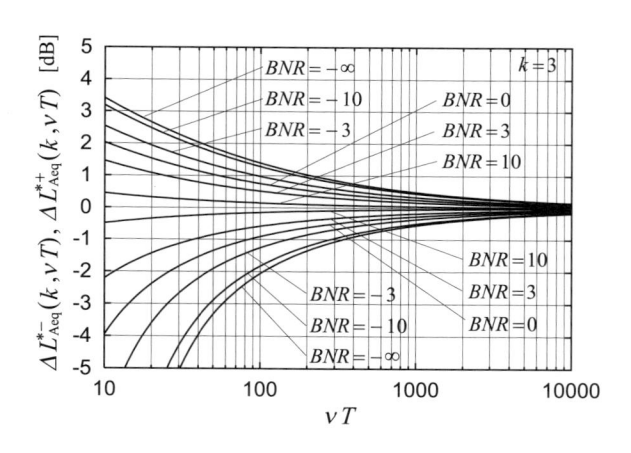

図 13.11: $L_{\text{Aeq}}^*(T)$ の $3\sigma$ 信頼帯

とおいた。これより観測時間中の交通量 $\nu T$ が 100 台を越えれば，$L^*_{\text{Aeq}}(T)$ に対する上記 $3\sigma$ 信頼帯は $\pm 2\text{dB}$ の範囲におさまることが知られる。

## 13.5 計算機シミュレーションに関する留意事項

　最近では，道路交通騒音の算定には計算機シミュレーションが利用されることも多い。シミュレーションには様々な手法があり，それにより推定値の統計的性質が異なることに留意すべきである。前節までの議論を踏まえ，$L_{\text{Aeq}}$ を算定するためのシミュレーションの例をいくつか考えてみよう。

(1) 道路上を流れる車群（音源群）を発生させ，時々刻々の受音強度 $I_A(t)$ を基に $I_{\text{Aeq}}$ を求める。実際には，道路区間と観測時間長を設定し，模擬すべき交通流（例えばポアソン交通流）を発生させる。また，車種混入率に基づき二項分布を用いて，大型車と小型車の色分けを行なうとともに，車種別のパワーレベルの分布に基づき各音源の出力を設定する。$I_A(t)$ の時間平均値を求め，レベル表示を行なう。

(2) 上記 (1) のシミュレーションモデルにおいて，時々刻々の $I_A(t)$ を観測する代わりにユニットパターンの積分値を求めておき，発生交通流に基づき加算し，時間平均値を求め，レベル表示を行なう。

(3) 観測対象とする道路区間を設定し，そこにある規則に従って（例えば，指数分布なり，等間隔分布なり）音源を配置し，その影響を受音点において観測する。音源配置を毎回新たに設定し受音強度を求め，それらの平均値を算定し，レベル表示を行なう。

(4) 単位長さあたり 1W の音響出力をもつ線音源による受音強度 $i$ を求める。上記道路区間における単位長さあたりの平均音響出力 $\overline{w}^{(k)}$ を求める。$i$ と $\overline{w}^{(k)}$ の積 $i\overline{w}^{(k)} = \overline{I}^{(k)}$ の平均値を算定し，レベル表示を行なう。なお，$\overline{w}^{(k)}$ は $k$ 回目のシミュレーション実験において対象道路区間に配置すべき個々の音源の出力の総和（全音響出力）を区間長 $l$ で割ることにより得られる。

　従来のシミュレーションでは，(1) または (3) の方法が用いられている。その主な理由は，騒音レベルの瞬時値を観測し，それを基に時間率騒音レベル $L_{\text{A}\alpha}(\alpha = 5, 50, 95)$ を算定することを目指していたからである。そして，$L_{\text{Aeq}}$ 自体は副次

的に算定されていたケースが多い．したがって，観測値としては，$I_A(t)$ではなく，そのレベル $10\log_{10}\{I_A(t)/10^{-12}\}$ が選ばれている．

しかしながら，$L_{Aeq}$ の算定を主目的にするのであれば，(1) よりも (2)，(3) よりも (4) の方が簡単で，かつ精度も高いことは，明らかである．なお，シミュレーションを実施するにあたり，以下の点に配慮すべきである．

- シミュレーションの方法により推定値の精度が異なる．
- $L_{Aeq}$ を算定するには，受音強度の平均値を求めた後，レベル表示することが望ましい．

これは $L_{Aeq}$ を推定するにあたり，どのような算定手順に従ったかにより，推定値の統計的性質が異なるからである．統計的に望ましい推定値は，期待値が真値に等しく（不偏推定量），かつ観測時間長（または区間長）が長くなるにつれて観測値が真値に近づくような推定量（一致推定量）である．受音強度の時間平均値や $\overline{T}^{(k)}$ はそのような性質を満たしているが，瞬時レベルの算術平均値は $L_{Aeq}$ の不偏推定量ではない．これらの留意事項は模型実験や現場の実測データの処理についてもそのままあてはまる．

以上は，計算機シミュレーションによる予測について述べたのであるが，実測値との照合に際しては次の点に留意すべきであろう．小型車と大型車の各交通量は，通常，観測され確定していることから，計算機上でサイコロを振り得るのはそれらの車の音響出力（パワーレベル）と配置のみである．特に等価騒音レベル $L_{Aeq}$ についてはシミュレーション (2),(4) に従えば，サイコロを振るのは各車両の音響出力（パワーレベル）のみであり，シミュレーション自体極めて単純化される．

## 13.6 まとめ及び課題

道路交通騒音の評価に $L_{Aeq}$ を用いる場合，観測に由来する諸問題について述べた．特に安定な $L_{Aeq}$ を得るために必要とされる観測条件をチェビシェフの不等式を基に交通量，車種混入率，パワーレベルの分布などの影響を考慮し検討を行い，定常な交通流の場合には 200 台程度の通過車両を観測対象とすればよいことを導いた．また，暗騒音の影響についても考察し，定常な暗騒音であれば $L_{Aeq}$

のばらつきを抑制し，安定化させる効果があることを示した．

さらに，計算機シミュレーションにより $L_{\text{Aeq}}$ を算定するための方法を幾通りか示し，それぞれ推定値の精度や安定性など統計的性質が異なることを述べた．そして予測のための計算値であるか，実測値との照合のための計算値であるかによっても $L_{\text{Aeq}}$ の安定性は影響を受けることを指摘した．

実務的な面からは短時間の計測で安定な $L_{\text{Aeq}}$ を得る手法の開発や，影響力の大きな偶発的な暗騒音をいかに検出・処理するかが課題となっている．

## 文献

1) 河上省吾, 松井寛, 交通工学（森北出版, 1987）94-96.
2) 久野和宏, 野呂雄一, "道路交通騒音予測のこと [X] –Leq 観測上の諸問題–", 騒音・振動研究会資料, N-96-08 (1996).
3) W. Feller, *An introduction to probability theory and its applications*, vol.I (Modern Asia Edition, 1960) 219.
4) 田中義郎, 佐藤利和, "環境騒音測定における異常音削除処理の必要性について", 日本騒音制御工学会講演論文集 (1998) 139-142.

# 第14章　その他の予測方式

道路交通騒音の予測方法についてはこれまで述べてきたもの以外にも

(1) 境界要素法（BEM）などによる数値解析的方式
(2) 物理モデルの残差補正による方式
(3) 数量化理論Ⅰ類，ニューラルネットワークなど実測データの分析，学習に基づく方式

など，実測データとの係わり合いの程度に応じ種々の興味ある予測方式が考えられる。本章ではこれらの予測方式の骨組みと特質，現状と課題などについて概説する。

## 14.1　BEMによる方式

道路構造や遮音壁，路面や地表面性状など現実の複雑な境界条件に配慮し，具体的に道路交通騒音を予測する方法としては縮尺模型実験がよく用いられている。しかしながら模型の製作や実験には多大の時間と経費がかかること，パラメータの変更（模型及び実験条件の変更）が面倒なことなどの問題点がある。

一方，車室内及び車外の音場を波動方程式に対する境界値問題として定式化し計算機により数値解を求める方法が幾つか提案されている。差分法や有限要素法（FEM）及び境界要素法（BEM）がそれである[1)2)3)4)]。これらの数値解法を道路交通騒音予測に適用する場合，縮尺模型実験に比し境界条件の変更が容易である（パラメータの設定が自由に行える）ことが大きな利点である。FEMは数値解析手法として優れているが，開放領域問題に対処することは困難である。他方BEMは開放領域の取扱いも可能であり，必要に応じて任意の箇所の値が求められること等の利点を有している[5)]。

## 14.1. BEM による方式

　一般に音場は音源の動作と境界面上の音圧及び粒子速度の法線方向成分（音圧の法線方向微分）により決定される。この考えに基づき BEM では波動方程式に対する境界値問題を境界面上の音圧とその法線方向微分に関する積分方程式に変換し，さらにこれを境界面上の離散的なサンプル値に関する連立 1 次方程式で近似する。そしてその数値解を基に境界以外の任意の点の音場を算定するものである。従って BEM では境界面上のサンプル値に関する連立 1 次方程式を解けばよい。道路交通騒音の予測計算にも BEM の活用が大いに期待されているが，目下のところその利用は（現在の計算機の能力では），2 次元音場でしかも数百 Hz 以下に限定されている [3)6)]。例えば道路上に線音源があり，1000Hz の周波数（波長 34cm）の波を放射しているものとし，音源から 100m までの音場を求めるものとしよう。境界（路面及び地表面）に沿って 1 波長あたり 10 点の要素を選ぶものとすれば総要素数（総サンプル数）は

$$\frac{100}{0.34} \times 10 \simeq 3000$$

となり，3000 元程度の連立 1 次方程式を解くこととなり，係数行列を格納する場所だけでも，

$$3000 \times 3000 \simeq 10^7$$

となり，多量のメモリと計算時間を要する。3 次元の広い領域にわたり（遠方まで）高い周波数の音場を計算することは現時点では未だ実用的とは言えないが，計算機は日進月歩であり，近い将来，これもごく普通に処理できる問題として取り扱われるようになるであろう。そうすれば縮尺模型実験に代わって BEM は道路交通騒音予測に威力を発揮することとなろう。しかしながら単に BEM（波動方程式に基づく数値解法）を用いたからと言って，予測結果が即精密になる訳ではない。結果の精度は音源の動作や境界条件についてどの程度正確な情報が入手できるかにかかっている。BEM により詳細な予測がなされるが，その結果が意味あるためには綿密な条件設定がなされねばならない。実際問題として通常これらの条件に関する正確な情報を得ることは困難な場合が多い。BEM は鋭利な刃物であり，その使用には，それ相応の準備が必要とされるのである。

## 14.2 物理モデルの残差補正による方式

物理モデルの予測精度を高めるためには音源の特性（パワーレベル，スペクトル等）や音の伝搬特性（ユニットパターン）の把握を精密に行う必要があるが，使い易さの観点から言えば $L_{A50}$ に対する音響学会式 **ASJ Model 1975** や 12 章で取上げた $L_{Aeq}$ に対する簡易モデルと同様，地表面や気象の影響は $\alpha_i$ や $\alpha_{i,\mathrm{eq}}$ に含ませ，他の不確実なものの効果と一括して統計処理する方が実際的であると思われる。この $\alpha_i$ や $\alpha_{i,\mathrm{eq}}$ は実測値と物理モデルによる予測値のギャップ（残差）に相当する量であり，この残差をいかに表現し，補正値として予測に取り入れるかが鍵となる。残差の平均値のみならず，ゆらぎ幅をも算定できることが望まれる。単純な物理モデルにより直線道路周辺の $L_{Aeq}$ を予測する場合の残差処理の方法について述べてみよう。

### 14.2.1 補正値の抽出

まず道路構造別，高さ別に道路からの距離に対する実測値と予測値との差をプロットし，距離に対する残差の散布図を描く。

完全反射面上の半自由空間における騒音伝搬と，回折効果とが物理モデルに組み込まれているものとすれば，実測値との残差は主に地表面による過剰減衰及び気象（風）の影響や暗騒音等によるものと考えられる。直線道路（線音源）による騒音暴露量は理想的には距離 $x$ の 1 乗に反比例するが，実際には $x$ のべき乗（1〜2 乗）に反比例し，線音源と点音源の中間的な距離減衰を示すと言われている[7]。

従って上記散布図には

$$\gamma(x) = -(a \log_{10} x + b) + \varepsilon(x) \tag{14.1}$$

なる回帰関係を想定するのが適当と思われる。ただし，$\varepsilon(x)$ は風その他の偶発的な効果による項である。

本来，回帰式は測定地点毎に設定すべきものであるが，複数（多数）の測定地点における散布図から 1 本の回帰式を得ることがよく行われる。この場合の回帰式は多数の回帰式の平均

$$\overline{\gamma}(x) = -(\overline{a} \log_{10} x + \overline{b}) + \overline{\varepsilon}(x) \tag{14.2}$$

を表していると考えられる。従って $\varepsilon(x)$ 同様，式 (14.1) の回帰パラメータ $a$, $b$ も確率変数と見なすことができる。

予測式における残差補正は通常，式 (14.2) の $\overline{\gamma}(x)$ を基になされる。しかしながら $\overline{\gamma}(x)$ による補正はあくまで平均的なものであり，その周りにばらつきのあることに留意すべきである。さらにばらつきには回帰パラメータ $a$, $b$ の分布に由来するものと，ランダム誤差 $\varepsilon(x)$ によるものの 2 種類がある。このばらつきを求めることは予測式の精度を明らかにする上で重要である。

さて，$a$, $b$ および $\varepsilon(x)$ に対し以下の仮定を置くことは概ね妥当と思われる。

(1) $a$ は平均値 $\overline{a}$, 分散 $\sigma_a^2$ の正規分布に従う。
(2) $b$ は平均値 $\overline{b}$, 分散 $\sigma_b^2$ の正規分布に従う。
(3) $\varepsilon(x)$ は平均値 0, 分散 $\sigma_\varepsilon^2 x$ なる正規分布に従う。
(4) $a$, $b$, $\varepsilon(x)$ は相互に無相関である。

このうち $\varepsilon(x)$ は騒音伝搬に伴う偶発的な事象に由来し，その発生回数に比例（従って距離 $x$ に比例）した分散を有することが予想され，上記 (3) によりモデル化した。以上の仮定の下で実測値と理論値の残差 $\gamma(x)$ の平均値 $\overline{\gamma}(x)$ 及び分散 $\sigma_\gamma^2(x)$ を求めるとそれぞれ次式で与えられる [5]。

$$\overline{\gamma}(x) = -(\overline{a}\log_{10} x + \overline{b}) \tag{14.3}$$
$$\sigma_\gamma^2(x) \equiv \overline{\{\gamma(x) - \overline{\gamma}(x)\}^2}$$
$$= \sigma_a^2 (\log_{10} x)^2 + \sigma_b^2 + \sigma_\varepsilon^2 x \tag{14.4}$$

これより回帰式（補正値）$\overline{\gamma}(x)$ のまわりのばらつき $\sigma_\gamma^2(x)$ は道路からの距離 $x$ とともに増加することが知られるが，次にその特性について調べてみよう。

## 14.2.2　補正値のまわりのばらつき [8]

補正値 $\overline{\gamma}(x)$ のまわりのばらつき，即ち道路交通騒音に対する評価量 $L_{Aeq}$ を理論的に算出し，補正を行った後の誤差の程度について検討する。これはまた $L_{Aeq}$ の平均的な距離減衰特性のまわりのばらつきを問題にすることである。そのためには回帰パラメータ $a$, $b$ の分散 $\sigma_a^2$, $\sigma_b^2$ 及び単位長さあたりの偶発的なゆらぎ $\sigma_\varepsilon^2$

の値を具体的に把握する必要がある。現時点ではこれらの値を精密に求めることはできないものの，以下の知見や仮定をもとに概ね推定することが可能である。

① $L_{Aeq}$ の実測値は道路からの距離 $x$ の 1～2 乗に逆比例して減衰する。即ち回帰パラメータ $a$ は 0～10 の間に分布する。
② 路肩近くにおける残差データのばらつきのレンジは 5～6dB である。
③ 風等による騒音レベルの偶発的な変動幅は道路から 100m の地点で 10dB 程度である。

式 (14.4) とこれらより

$$3\sigma_a \simeq \overline{a}$$
$$\sigma_b \simeq 1$$
$$\sigma_\varepsilon \simeq 0.17$$

と見積られる。従って

$$\overline{a} = 5 \text{ の場合には} : \sigma_a \simeq 1.7$$
$$\overline{a} = 3 \text{ の場合には} : \sigma_a \simeq 1$$
$$\overline{a} = 1 \text{ の場合には} : \sigma_a \simeq 0.33$$

となる。これらの結果をまとめ表 14.1 に掲げる。 また図 14.1 には $\overline{a} = 3, \sigma_a = 1$

表 14.1: 残差を決定するパラメータの値

| $\overline{a}$ | $\sigma_a$ | $\sigma_b$ | $\sigma_\varepsilon$ |
|---|---|---|---|
| 5 | 1.7 | | |
| 3 | 1 | 1 | 0.17 |
| 1 | 0.33 | | |

の場合に対する残差の平均的な回帰曲線 $\overline{\gamma}(x)$ と 95%信頼帯 $\pm 2\sigma_\gamma(x)$ とを示した。但し

$$\sigma_\gamma(x) = \left\{(\sigma_a \log_{10} x)^2 + 0.03x + 1\right\}^{1/2} \qquad (14.5)$$

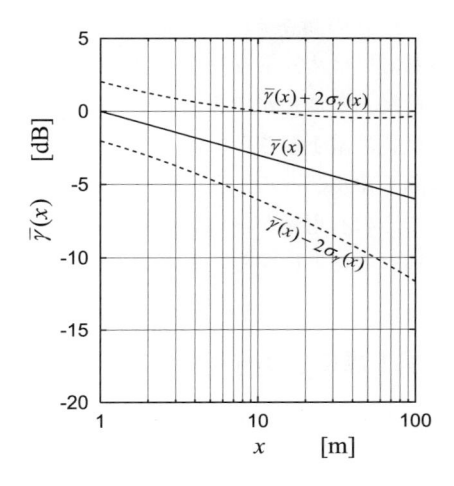

図 14.1: 残差の平均的な回帰曲線 $\bar{\gamma}(x)$ と 95%信頼帯 $\pm 2\sigma_\gamma(x)$ ($\bar{a}=3, \sigma_a=1$)

である。なお図では便宜的に $\bar{b}=0$ としている。即ち路肩（道路端）における残差の平均値を 0 とおいた。

## 14.3 数量化理論及びニューラルネットワークによる方式

前述の数値解析的手法や物理モデルでは実測データは計算結果の検証又は予測残差の補正を行うために副次的に使用されるに過ぎない。これに対し，実測データに根差した，実測データが主役を演じるものに統計的モデルあるいはネットワークモデルというべきものがある。原因（入力）と結果（出力）との間に多数の未知パラメータを含むある種の構造を導入し，実測データを基に入出力間に適切な対応関係が成立するよう未知パラメータが定められる。未知パラメータの決定や調整には各種のデータ処理（統計的解析や学習）が行われる。

道路交通騒音については現在までに多くの実測調査が行われ騒音レベルの $L_{A\alpha}$ ($\alpha=5,50,95$) や $L_{Aeq}$ とともに交通量その他各種付帯情報の収集・蓄積・管理

が計られている。これら既存の調査データを基に $L_{A\alpha}$, $L_{Aeq}$ と諸要因との関連を上述の統計的モデルあるいはネットワークモデルを用い分析,学習することにより有用な予測方式を構築することができる。その代表的な手法として通常の重回帰モデルをはじめ数量化理論 I 類さらにはニューラルネットワークが挙げられる。ここでは数量化理論 I 類及び近年,生理学や認知科学のみならず工学や社会科学などあらゆる分野でその有用性が注目されているニューラルネットワークによる予測手法について述べることにする。また両者の関係についても言及する。

### 14.3.1 数量化理論 I 類による予測

道路交通騒音の実測調査において収集されるデータは騒音評価量とそれに影響を与える付帯情報とに分けられる。騒音評価量は分析・予測対象となる受音点における騒音レベルの $L_{A\alpha}$ ($\alpha = 5, 50, 95$) や $L_{Aeq}$ であり,目的変数とか外的基準あるいは出力と呼ばれることもある。一方付帯情報は,道路,交通流,周辺状況及び受音点に関するものからなり,要因とか説明変量あるいは入力と呼ばれる。表 14.2 にこれら調査データの内訳を示す。付帯情報を使って如何に騒音評価量の値を説明し言いあてるか。両者の間にさまざまな構造が持ち込まれ,実測データに基づきその未知パラメータが調節,決定され予測モデルができる。簡便な方法として重回帰分析があるが,通常の重回帰分析では説明変量(要因)が定量的なもの,表 14.2 で言えば交通量,車速,道路からの距離等に限られるため,折角の付帯情報を活かしきれない恨みがる。これに対し数量化理論 I 類では説明変量はカテゴリ化できるものであればよく,定性的,質的変量をも含めることができ[9)10)11)],付帯情報の活用の点からも有利である。従って通常の重回帰モデルでは困難である道路構造,路面性状,地表面性状,気象などの要因も適切にカテゴリ化することにより説明変量に加えることができる。このように数量化理論では多種多様な変量を説明要因に用いることができるが,予測モデルの成功は

○ 目的変量(外的基準)にとって重要な要因を網羅すること
○ 各要因を適切に区分け(カテゴライズ)すること

にかかっている。また各要因間の相関(内部相関)はできるだけ小さいことが望まれ,幾つかの付帯情報をまとめて一つの複合要因を作ると有効なことも多い。勿

論，調査段階において何を付帯情報として収集するかが大きな問題であるが，ともあれ手持ちの（入手可能な）データをフルに活用するよう心掛けるべきである。

**表 14.2: 道路交通騒音に関する調査データの内訳**

| 騒音評価量<br>［分析・予測対象，<br>目的変量，外的基準］ | | $L_{A\alpha}(\alpha = 5, 50, 95)$<br>$L_{Aeq}$ |
|---|---|---|
| 付帯情報<br>［要因，<br>説明変量］ | 道路 | 道路構造<br>地上高<br>防音壁<br>車線数<br>路面性状 [注1] |
| | 交通流 | （時間）交通量<br>大型車混入率<br>車速 |
| | 周辺状況 | 地表面性状 [注2]<br>建物等障害物<br>気象 (風 [注3]，温湿度) |
| | 受音点 | 道路からの水平距離<br>受音点高さ |

注1) 路面粗さ，舗装年数，累積交通量
注2) 草地・荒地・アスファルトなどの類別，流れ抵抗
注3) ベクトル風速

さて，表 14.2 の調査データを基に数量化理論 I 類を用い，騒音評価量 $L_{A\alpha}$ や $L_{Aeq}$ の予測モデルを構築するには，まず付帯情報を例えば表 14.3 に示すごとくアイテム，カテゴリ化し（要因の選定と区分けを行い），調査データの分析を実施し，カテゴリスコア及び各要因の偏相関係数を求める。勿論，偏相関係数（あるいはカテゴリスコアのレンジ）の大きいものほど騒音評価量に大きな影響を及ぼす重要な要因である。実際の予測計算は，予測対象サンプルに対応する上記カテゴリスコアを各要因から一つずつ選びそれらの総和を求めればよく，極めて単純である。また分析及び予測精度は計算値と実測値の間の相関係数（重相関係数）によって計られる。なお表 14.3 の要因のうち，路面性状としては路面粗さとか舗装整備後の年数又は累積交通量などを，地表面性状としては草地，荒地，コンクリートなどの類別又は流れ抵抗などを，風の影響（気象）に対してはベクトル風

速などの利用が考えられる。

　この分析，予測モデルは $L_{A\alpha}$ や $L_{Aeq}$ 何れに対しても同様に用いることができる。但し，表 14.3 のカテゴリスコア及び偏相関係数の値は評価量ごとに異なる。

### 14.3.2　ニューラルネットワークによる予測

　前項で述べた数量化理論 I 類は通常の重回帰分析を質的（定性的）要因をも含めうるように一般化したものである。しかしながら両理論（モデル）とも説明要因は互いに独立であること，目的変量は説明要因の 1 次結合で与えられること（線形性）などが仮定されている。これらの制約を取り去ったさらに一般的なモデルに階層型ニューラルネットワークがある。使用上における三者の間の簡単な比較を表 14.4 に示す。この表からも明らかなようにニューラルネットワークは極めて柔軟なモデルであり，さまざまな分野においてその有用性が確認されつつある[12)13)]。

　前項と同様な要因（入力）を用いて，道路交通騒音予測のための階層型ニューラルネットワークを構成すれば図 14.2 が得られる。道路交通騒音に関し蓄積された既存の調査データを学習用サンプルとして利用し，入出力間にスムーズな対応関係が成立するようネットワークの素子間の結線の重みを決定すればよい。このようにして構築されたネットワーク（パラメータが設定されたネットワーク）に予測条件を入力として与えれば，所望の騒音評価量（$L_{A\alpha}$ や $L_{Aeq}$ など）の予測値が出力される。当然，騒音評価量（予測対象）が異なればネットワークのパラメータの値は異なる。このネットワークにより，どの程度の予測精度が達成されるか興味の持たれるところである。パラメータの学習には多少時間を要するが経験的には数量化理論の場合よりも高い精度が得られることが知られている。この方法では風の影響や，路面の影響，地表面の影響などについても調査データを基に学習することができるが，入出力関係は概して複雑であり，物理的な因果関係は必ずしも明確になるとは限らない。

表 14.3: 道路交通騒音の数量化理論 I 類による分析（目的変量を $L_{A\alpha}$ や $L_{Aeq}$ などの騒音評価量とした場合）

| 要因 (アイテム) | 区分 (カテゴリ) | カテゴリスコア | 偏相関係数 |
|---|---|---|---|
| 道 路 構 造 | $C_{1,1}$<br>$C_{1,2}$<br>$\vdots$<br>$C_{1,J_1}$ | $x(1,1)$<br>$x(1,2)$<br>$\vdots$<br>$x(1,J_1)$ | $\gamma_1$ |
| 路 面 性 状 | $C_{2,1}$<br>$\vdots$<br>$C_{2,J_2}$ | $x(2,1)$<br>$\vdots$<br>$x(2,J_2)$ | $\gamma_2$ |
| 時 間 交 通 量 | $C_{3,1}$<br>$\vdots$<br>$C_{3,J_3}$ | $x(3,1)$<br>$\vdots$<br>$x(3,J_3)$ | $\gamma_3$ |
| 車 速 | $C_{4,1}$<br>$\vdots$<br>$C_{4,J_4}$ | $x(4,1)$<br>$\vdots$<br>$x(4,J_4)$ | $\gamma_4$ |
| 大型車混入率 | $C_{5,1}$<br>$\vdots$<br>$C_{5,J_5}$ | $x(5,1)$<br>$\vdots$<br>$x(5,J_5)$ | $\gamma_5$ |
| 道路からの水平距離 | $C_{6,1}$<br>$\vdots$<br>$C_{6,J_6}$ | $x(6,1)$<br>$\vdots$<br>$x(6,J_6)$ | $\gamma_6$ |
| 迂回経路長（行路差） | $C_{7,1}$<br>$\vdots$<br>$C_{7,J_7}$ | $x(7,1)$<br>$\vdots$<br>$x(7,J_7)$ | $\gamma_7$ |
| 音線の平均地上高 | $C_{8,1}$<br>$\vdots$<br>$C_{8,J_8}$ | $x(8,1)$<br>$\vdots$<br>$x(8,J_8)$ | $\gamma_8$ |
| 地 表 面 性 状 | $C_{9,1}$<br>$\vdots$<br>$C_{9,J_9}$ | $x(9,1)$<br>$\vdots$<br>$x(9,J_9)$ | $\gamma_9$ |
| ベクトル風速 | $C_{10,1}$<br>$\vdots$<br>$C_{10,J_{10}}$ | $x(10,1)$<br>$\vdots$<br>$x(10,J_{10})$ | $\gamma_{10}$ |

表 14.4: 階層型ニューラルネットワークと重回帰分析及び数量化理論 I 類に対する使用上の比較

| | 重回帰分析 | 数量化理論 I 類 | 階層型ニューラルネットワーク |
|---|---|---|---|
| 説 明 変 量 (要因, アイテム, 入力) | 定量的変量<br><br>連続変量<br><br>変量は互に独立 | $\begin{cases}定量的変量\\定性的変量\end{cases}$<br>カテゴリ変量<br><br>変量は互に独立 | $\begin{cases}定量的変量\\定性的変量\end{cases}$<br>$\begin{cases}連続変量\\カテゴリ変量\end{cases}$<br>独立でなくてもよい |
| 目 的 変 量 (外的基準, 出力) | 定量的変量<br><br>連続変量 | 定量的変量<br><br>連続変量 | $\begin{cases}定量的変量\\定性的変量\end{cases}$<br>$\begin{cases}連続変量\\カテゴリ変量\end{cases}$ |
| 説明変量と目的変量の間の関係 (入出力関係) | 線形 | 線形 | 一般には非線型 |

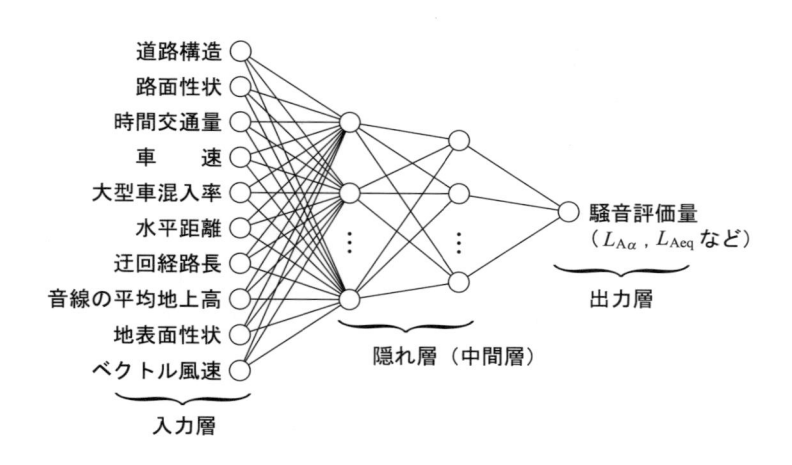

図 14.2: ニューラルネットワークによる道路交通騒音の予測モデル

### 14.3.3 数量化理論I類とニューラルネットワークの関係

数量化理論I類こおける要因（入力）と外的基準（出力）との対応関係は両者の間を結ぶネットワークとしても表現することができる。例えば表 14.3 の結果は図 14.3 に示すネットワークと等価である。但し入力層（1層目）としては各要因とも何れか1つのカテゴリが1で他は0となるように選ばれるものとする。2層目（中間層）には各要因ごとに1つの加算素子が配置され，3層目の出力層は諸要因の寄与の総和を求める加算素子よりなる。従って要因間のクロス（相互作用）がなく，中間層及び出力層は単なる加算素子で構成されていることが分かる。またカテゴリスコアは入力層と中間層の間の結線の重みを与えており，中間層と出力層間の結線の重みは全て1である。

このネットワークを以下の諸点に関し一般化し，さらに複雑にしたものが図 14.2 のニューラルネットワークである。

- イ．中間層（隠れ層）は一層とは限らず多層になることもある。
- ロ．中間層の素子数は要因数と一致するとは限らない。
- ハ．要因間のクロス（相互作用）を認める。
- ニ．素子の働きが多様で高機能である。単なる加算機能のみではなく加算結果を閾値と比較し，非線形変換する。
- ホ．各要因に対する入力は必ずしもカテゴリ化されている必要はない（アナログ入力も可）。
- ヘ．ネットワークのパラメータに関する学習方法（結線の重み等の決定方法）が異なる。

このように階層型ニューラルネットワークは数量化理論I類を内包し，入出力関係に関する極めて柔軟なモデルを提供するものであり，道路交通騒音予測に対してもその威力が大いに期待される。

## 14.4 まとめ及び課題

道路交通騒音の予測計算法には物理的，純理論的なものから実測データに根差したものまで多岐にわたり種々あるが，現在あるいは極く近い将来において実現可能と思われる予測方式の幾つかを取り上げ概説した。即ち純理論的な方式の代

224　第 14 章　その他の予測方式

**入力**
（アイテム・カテゴリ）

道路構造 $\begin{cases} C_{1,1} & x(1,1) \\ C_{1,2} & x(1,2) \\ \vdots & \vdots \\ C_{1,J_1} & x(1,J_1) \end{cases}$

時間交通量 $\begin{cases} C_{3,1} & x(3,1) \\ C_{3,2} & x(3,2) \\ \vdots & \vdots \\ C_{3,J_3} & x(3,J_3) \end{cases}$

ベクトル風速 $\begin{cases} C_{10,1} & x(10,1) \\ C_{10,2} & x(10,2) \\ \vdots & \vdots \\ C_{10,J_{10}} & x(10,J_{10}) \end{cases}$

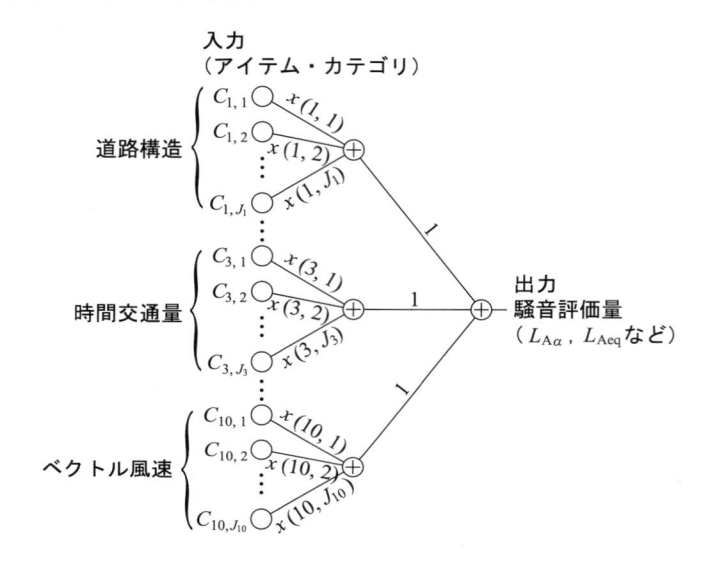

**出力**
騒音評価量
（$L_{A\alpha}$, $L_{Aeq}$ など）

図 14.3: 数量化理論 I 類（表 14.3）のネットワーク表示

表として境界要素法（BEM）を用いる方式を，実測調査データの分析学習に基づく方式として数量化理論 I 類及びニューラルネットワークを用いる方式を，また両者の中間的なものとして物理モデルと実測データとの混合方式（物理的，理論的な予測式を実測データを踏まえ補正する方式）を取り上げ，各々の骨組みを提示するとともに，特徴や課題等について言及した．

　BEM を用いて波動方程式に対する境界値問題として純理論的に音場を算出する場合には音源の動作や境界条件を把握し適切にモデル化することが重要であり，数量化理論 I 類やニューラルネットワークを利用する場合には，騒音測定とともに有効な付帯情報（要因）の収集・蓄積が必要である．これらはいずれも計算機を活用した道路交通騒音の新しい予測方式として今後の発展が期待される．

　一方，残差補正を行う従来型の予測方式では物理モデルの骨格を簡素で分かり易くし，実測値と理論値との残差を明確にし，適切な統計処理を施し，補正値のみならずそのまわりのゆらぎ幅についても予測できるようにすることが望まれる．

# 文献

1) 珠玖達良, "差分法による不規則形状の音場解析", 日本音響学会誌, 28 巻 (1972) 5-12.

2) 河野寺雄, 中村敏明, 竹内龍一, "有限要素法による音場の解析", 日本音響学会誌, 34 巻 (1978) 659-664.

3) 田村正行, "境界要素法による屋外騒音伝搬の予測", 日本音響学会誌, 48 巻 (1992) 451-454.

4) 河井康人, "境界積分方程式による堀割道路からの騒音伝搬予測", 日本音響学会誌, 56 巻 (2000) 143-147.

5) R.D.Ciskowski, C.A,Brebbia, Eds. *Boudary Element Methods in Acoustics* (Computational Mechanics Publications, Southampton,1991).

6) 奥村陽三, 久野和宏, "境界要素法による鉄道騒音の計算機シミュレーション", 音響学会講演論文集 (1991.10), 711-712.

7) G.S.Anderson, "Specific differences between the revised design guide and the two authorized noise prediction methods of the FHWA", Transportation Research Circular, No.175 (1976) 29-39.

8) 久野和宏, "道路交通騒音予測のこと (I) —— 予測式の確率統計的側面 ——", 騒音・振動研究会資料, N-93-04 (1993).

9) 駒澤勉, 数量化理論とデータ処理 (朝倉書店, 東京, 1982).

10) 青島縮次郎, 川上省吾, "幹線街路周辺の騒音実態とその予測について", 交通工学, 10 巻 6 号 (1975).

11) 奥村陽三, 久野和宏, 大石弥幸, 池谷和夫, "新幹線鉄道騒音・振動の要因分析と予測に関する研究", 日本音響学会誌, 41 巻 (1985) 527-534.

12) 松葉育雄, ニューラルシステムによる情報処理 (昭晃堂, 東京, 1993).

13) 奥村陽三, 久野和宏, "ニューラルネットワークによる鉄道騒音・振動レベルの予測", 日本音響学会誌, 49 巻 (1993) 563-567.

# 第15章　トンネル坑口周辺の騒音予測

　通常の道路交通騒音予測では主として平坦，盛土，切土，高架構造よりなる周囲が開けた直線道路区間を対象としている。一方，トンネル区間や堀割区間，インターチェンジ部，さらには建物が連担する市街地道路周辺における騒音予測の必要性が近年高まりつつある。これらの区間は道路交通騒音予測においては特殊箇所と呼ばれ，取扱いが複雑で面倒であるが，新設道路のアセスメントや騒音対策の現場では簡便な予測式の構築が望まれている[1),2)]。

　それらのうち，一般的な取り扱いが比較的容易なトンネル区間については本章で，堀割区間（半地下道路）については16章で，また市街地道路については17章でそれぞれモデル化の方法を紹介するとともに，予測式の導出を行う。

## 15.1　坑内伝搬音のモデル化と坑口の音響出力

　断面積 $S[\mathrm{m}^2]$，周長 $\ell_\phi[\mathrm{m}]$，長さ $T[\mathrm{m}]$ のトンネルが平坦な明り部に通じている場合を考える。図15.1に示すごとくトンネルは一様であり，内表面の平均吸音率を $a$ とする。自動車走行によるトンネル坑口（出入口）周辺における騒音レベルを算定するには，坑内における騒音伝搬と坑口からの放射特性を適切にモデル化する必要がある。通常，一台の車両の走行に伴う騒音波形（ユニットパターン）と交通流を基に騒音評価量（$L_\mathrm{Aeq}$, $L_\mathrm{A\alpha}$ など）が算定される。各種のモデル化が可能であるが，ここでは等価騒音レベル $L_\mathrm{Aeq}$ を予測対象とする簡単なモデル化の方法について述べる。

　上述のようにユニットパターンを求め，積分する方法が考えられるが，さらに簡易な方法は，トンネル内の音場を拡散場と見なすことである。$L_\mathrm{Aeq}$ を算定するには，トンネル内に音源（自動車）が一様に存在する場合を考えればよく，このとき坑内音場は拡散場で近似される[3),4)]。

## 15.1. 坑内伝搬音のモデル化と坑口の音響出力

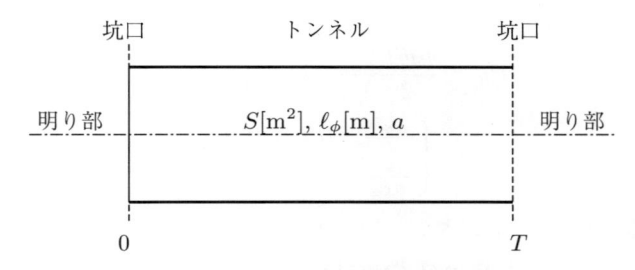

```
         坑口        トンネル        坑口
          ┆─────────────────────────┆
          │                         │
明り部    │   S[m²], ℓ_φ[m], a      │    明り部
─ ─ ─ ─ ─ ┤                         ├ ─ ─ ─ ─
          │                         │
          ┆─────────────────────────┆
          0                         T
```

図 15.1: トンネル及び明り部

($S$：断面積 [m²], $\ell_\phi$：周長 [m], $T$：トンネル長 [m], $a$：平均吸音率)

車両密度 (単位長さあたり平均音源数) を $\mu$[台/m], 車両の音響出力を $w$[W/台] とする。

このとき定常的な拡散場では音の強さ $I_n$ に対しエネルギーバランスの関係から

$$(a\ell_\phi T + 2S)I_n = \mu w(T+h) \tag{15.1}$$

が成り立つ。左辺は単位時間にトンネル内表面で吸収されるエネルギー及び坑内から流出する (坑口から放射される) エネルギーを表す。また右辺は坑内の車両による音響出力 $\mu wT$ と明り部から坑口に流入するエネルギー $\mu wh$ ($h$ はトンネル断面の等価半径) の和である。[付録15.1] これより坑内の音の強さ $I_n$ は

$$I_n = \frac{\mu w(T+h)}{a\ell_\phi T + 2S} \tag{15.2}$$

で与えられる。即ち $I_n$ はトンネルが単位時間に獲得するエネルギーと失うエネルギー (吸音力) の比により定まる。なおトンネルの吸音力

$$A = a\ell_\phi T + 2S$$

は内表面の吸音力 $a\ell_\phi T$ と坑口の吸音力 $2S$ の和からなる。

各坑口から外部に放射される音響出力は，この音の強さ $I_n$ に断面積 $S$ を乗ずることにより

$$\begin{aligned} P_K &= I_n S \\ &= \frac{\mu w(T+h)S}{a\ell_\phi T + 2S} \quad [\text{W}] \end{aligned} \tag{15.3}$$

で与えられる．上式は

$$P_K \simeq \frac{\mu wT}{2} \frac{1}{1+a\ell_\phi T/2S} \tag{15.4}$$

$$\simeq \begin{cases} \frac{\mu wT}{2} & (a\ell_\phi T/2S \ll 1) \\ \frac{\mu wS}{a\ell_\phi} & (a\ell_\phi T/2S \gg 1) \end{cases}$$

と近似されることから，トンネル内表面の吸音力が小さい $(a\ell_\phi T/2S \ll 1)$ 場合には坑内で発生した音響出力 $\mu wT$ が折半され，両端の坑口から放射される．一方，内表面の吸音力 $a\ell_\phi T$ が坑口の吸音力 $2S$ に比し大きくなると $(a\ell_\phi T/2S \gg 1)$，坑口出力はトンネル長さ $T$ によらない一定値 $\mu wS/a\ell_\phi$ に近づくことが知られる．

また坑口の音響出力 $P_K$ は坑内に損失のない $(a=0)$ 場合の出力 $\mu wT/2$ を基準（0dB）としてレベル表示すれば

$$10\log_{10}\left(\frac{P_K}{\mu wT/2}\right) \simeq 10\log_{10}\left(\frac{1}{1+a\ell_\phi T/2S}\right) \quad [\text{dB}] \tag{15.5}$$

となる．図 15.2 は坑口のパワーレベルが，内表面の吸音力の増加により低下する様子を示す．内表面の吸音力 $a\ell_\phi T$ が坑口の吸音力 $2S$ とバランスしたとき 3dB の低下となる．内表面の吸音力が坑口のそれを上回る $(a\ell_\phi T/2S > 1)$ 領域では，吸音力（トンネル長 $T$）が 2 倍になるごとに $P_K/(\mu wT/2)$ は 3dB の割合で減少するが，$P_K$ 自体はほぼ一定となる．

## 15.2 坑口音の放射指向特性

トンネル坑口は外部の空間にとっては音源と等価であり，2 次的な音源と見なされる．出力は前節で求めた $P_K$ で与えられるが，周囲の放射場を算出するためには，音源の指向特性が必要となる．坑口音の正確な指向特性を与えることは難しいが

- Lambert の拡散放射
- Fresnel-Kirchhoff の回折放射
- 無指向性放射

などが用いられている．ここでは坑内の音場が拡散的であるとし，坑口音は Lambert の拡散放射に従うものとする．

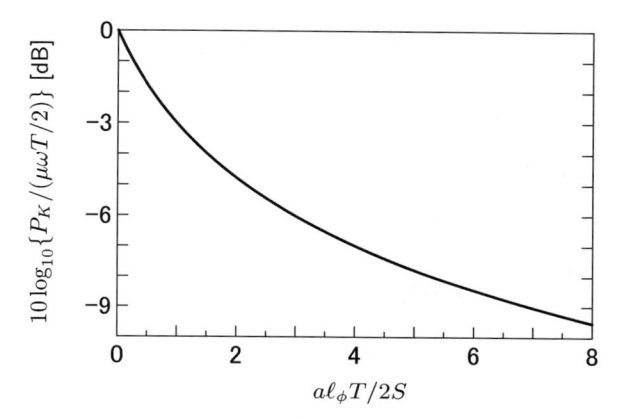

図 15.2: トンネル内表面の吸音力と坑口音のパワーレベル

まず拡散場では音の強さ $I_n$（単位面積に垂直に流入するエネルギー）と受音強度 $I$（単位面積にあらゆる方向から流入するエネルギー）の間には

$$I = 4I_n \tag{15.6}$$

なる関係が成り立つこと [3)4)]，任意の点 $0'$ に単位立体角あたり $I_n/\pi$ のエネルギーが一様に流入することに留意しよう．

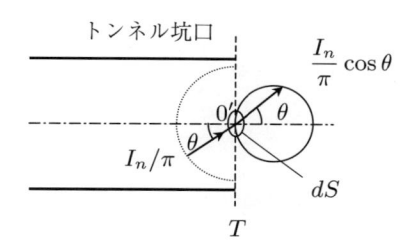

図 15.3: 坑口へのランダム入射と拡散放射

坑口における回折を無視すれば坑口上の点 $0'$ を含む面素 $dS$ に $\theta$ 方向から入射したエネルギー流は直進し，坑外の $\theta$ 方向に放射されるが，単位立体角あたりの

流出量は

$$\frac{I_n}{\pi}dS\cos\theta$$

となる。ここに $\cos\theta$ は坑口上の面素 $dS$ のエネルギー流（音線）方向への射影因子である。従って距離 $r$ の点 $(r,\theta)$ に坑口上の面素 $dS$ を通して再放射される音の強度は

$$2\frac{I_n dS\cos\theta}{\pi r^2} = \frac{2I_n}{\pi}d\Omega(r,\theta) \tag{15.7}$$

で与えられる。ただし明り部における路面の反射係数を 1 とした。

この様に面素 $dS$ の法線に対し $\cos\theta$ の指向性を有する放射を Lambert の拡散放射といい，面素 $dS$ が受音点 $(r,\theta)$ に張る立体角

$$d\Omega(r,\theta) = \frac{dS\cos\theta}{r^2} \tag{15.8}$$

に比例した放射特性を示し，面素 $dS$ は何れの方向から見ても同一の放射強度を有する。従って坑口放射による受音点 $(r_o,\theta_o)$ における音の強度は，式 (15.7) を坑口 $S$ にわたり積分することにより

$$\begin{aligned}I(r_o,\theta_o) &= 2\int_S \frac{I_n dS\cos\theta}{\pi r^2} \\ &= \frac{2I_n}{\pi}\Omega_S(r_o,\theta_o)\end{aligned} \tag{15.9}$$

で与えられる。ここに

$$\begin{aligned}\Omega_S(r_o,\theta_o) &= \int_S \frac{dS\cos\theta}{r^2} \\ &\simeq \frac{S\cos\theta_o}{r_o^2} \quad (r_o^2 \gg S)\end{aligned} \tag{15.10}$$

は受音点 $(r_o,\theta_o)$ に対し坑口 $S$ が張る立体角であり，坑口の極く近くを除けば上式で近似されることから，式 (15.9) は

$$\begin{aligned}I(r_o,\theta_o) &\simeq \frac{2I_n S}{\pi r_o^2}\cos\theta_o \\ &= \frac{2P_K}{\pi r_o^2}\cos\theta_o \\ &= I(r_o,0)\cos\theta_o\end{aligned} \tag{15.11}$$

と表される。

従って坑軸に対し $\theta_o$ 方向における受音強度は，坑軸 ($\theta_o = 0$) 方向のそれ

$$I(r_o, 0) = \frac{2P_K}{\pi r_o^2} \qquad (15.11')$$

に指向性因子 $\cos\theta_o$ を乗ずることにより得られる。

なお，Lambert の余弦則（拡散放射）は坑口側方（$\theta = \pi/2$ 近くの領域）に対しては精度が低下し改善を要するが，側方の音場は後述のように主として明り部からの放射音により決定される（15.5 節参照）。

## 15.3 明り部の寄与

坑外の受音点 $(r_o, \theta_o)$ における直線道路明り部からの寄与を求める。道路上の車両は単位長さ当たり $\mu w$[W] の線音源と見なし，半自由空間への放射は逆自乗則に従うものとする。このとき道路明り部からの放射による受音強度は，図 15.4 を参照すれば

$$\begin{aligned}
I^{(open)}(r_o, \theta_o) &= \int_{-r_o \cos\theta_o}^{\infty} \frac{\mu w}{2\pi(x^2 + d^2)} dx \\
&= \frac{\mu w}{2d}\left(1 - \frac{\theta_o}{\pi}\right) \\
&= \frac{\mu w}{2r_o \sin\theta_o}\left(1 - \frac{\theta_o}{\pi}\right) \qquad (15.12)
\end{aligned}$$

で与えられる。

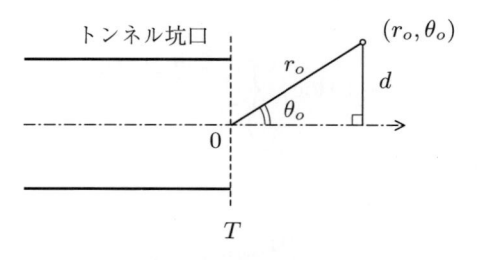

図 15.4: 明り部と受音点

## 15.4 坑口周辺の騒音レベル

坑口近くの地点 $(r_o, \theta_o)$ における受音強度 $I(r_o, \theta_o)$ は坑口音の寄与 $I^{(K)}(r_o, \theta_o)$ と明り部からの寄与 $I^{(open)}(r_o, \theta_o)$ の和

$$I(r_o, \theta_o) = I^{(K)}(r_o, \theta_o) + I^{(open)}(r_o, \theta_o) \tag{15.13}$$

で表される。坑口音の寄与は坑口の放射指向特性により異なるが，ここでは Lambert の拡散放射に従うものとすれば式 (15.11) 及び式 (15.4) より

$$\begin{aligned} I^{(K)}(r_o, \theta_o) &= \frac{2P_K \cos\theta_o}{\pi r_o^2} \\ &\simeq \frac{\mu w T \cos\theta_o}{\pi r_o^2} \frac{1}{1 + a\ell_\phi T/2S} \end{aligned} \tag{15.14}$$

で与えられる。また明り部の寄与は前節の式 (15.12) で与えられることから，式 (15.13) は

$$\begin{aligned} I(r_o, \theta_o) &= \frac{\mu w}{2r_o \sin\theta_o} \left\{ \frac{2T \sin\theta_o \cos\theta_o}{\pi r_o (1 + a\ell_\phi T/2S)} + \left(1 - \frac{\theta_o}{\pi}\right) \right\} \\ &= I_{\text{eq}}^{(\infty)}(d) \left\{ \frac{T \sin 2\theta_o}{\pi r_o (1 + a\ell_\phi T/2S)} + \left(1 - \frac{\theta_o}{\pi}\right) \right\} \end{aligned} \tag{15.15}$$

と書かれる。ここに

$$I_{\text{eq}}^{(\infty)}(d) = \frac{\mu w}{2d} \tag{15.16}$$

はトンネルのない通常の直線道路における等価受音強度（等価騒音レベル $L_{\text{Aeq}}$ に対応する受音強度）である。

従ってトンネル坑口近くの地点 $(r_o, \theta_o)$ の $L_{\text{Aeq}}$ は，式 (15.15) をレベル表示することにより

$$L_{\text{Aeq}}(r_o, \theta_o) = L_{\text{Aeq}}^{(\infty)}(d) + 10\log_{10}\left\{ \frac{T \sin 2\theta_o}{\pi r_o (1 + a\ell_\phi T/2S)} + \left(1 - \frac{\theta_o}{\pi}\right) \right\} \quad [\text{dB}] \tag{15.17}$$

で与えられる。ただし

$$L_{\text{Aeq}}^{(\infty)}(d) = 10\log_{10}\left\{ \frac{I_{\text{eq}}^{(\infty)}(d)}{10^{-12}} \right\} \quad [\text{dB}] \tag{15.18}$$

は，明り部のみからなる通常の無限長直線道路に対する $L_{\text{Aeq}}$ である。

## 15.5 トンネルの影響範囲

前節の結果を基に坑口近くにおけるトンネルの影響について調べてみよう。まず，トンネルが介在することにより受音点における $L_{\text{Aeq}}$ は

$$\Delta L_{\text{Aeq}}(r_o, \theta_o) = L_{\text{Aeq}}(r_o, \theta_o) - L_{\text{Aeq}}^{(\infty)}(d)$$
$$= 10 \log_{10} \left\{ \frac{T \sin 2\theta_o}{\pi r_o (1 + a\ell_\phi T/2S)} + \left(1 - \frac{\theta_o}{\pi}\right) \right\} \quad [\text{dB}]$$
(15.19)

だけ上昇する。

上式はトンネル内表面の吸音力 $a\ell_\phi T$ と坑口の吸音力 $2S$ の大小により概ね次の 3 つの場合に分けられる。

$$\Delta L_{\text{Aeq}}(r_o, \theta_o) = \begin{cases} 10 \log_{10} \left\{ \dfrac{T \sin 2\theta_o}{\pi r_o} + \left(1 - \dfrac{\theta_o}{\pi}\right) \right\} & (a\ell_\phi T/2S \ll 1) \\ 10 \log_{10} \left\{ \dfrac{T \sin 2\theta_o}{2\pi r_o} + \left(1 - \dfrac{\theta_o}{\pi}\right) \right\} & (a\ell_\phi T/2S \simeq 1) \\ 10 \log_{10} \left\{ \dfrac{\sin 2\theta_o}{\pi (a\ell_\phi r_o/2S)} + \left(1 - \dfrac{\theta_o}{\pi}\right) \right\} & (a\ell_\phi T/2S \gg 1) \end{cases}$$
(15.20)

図 15.5 に各々の場合に対するコンターを描いた。これにより坑口音 (トンネル) の影響は $\theta_o = 45°$ 方向で大きいこと，また坑口に近いほど ($r_o/T$ 又は $a\ell_\phi r_o/2S$ が小さいほど) 大きいことが知られる。例えば $a\ell_\phi T/2S \simeq 1$ の場合，$\theta_o = 45°$ 方向に対しては，

$$\Delta L_{\text{Aeq}}(r_o, \pi/4) \simeq 10 \log_{10}(T/r_o) - 8 \quad (T/r_o \gg 1) \tag{15.21}$$

となり，長さ 1,000m のトンネルでは $r_o = 40\text{m}, 80\text{m}$ とすれば，それぞれ 6dB，3dB となる。

一方，$\theta_o = 0°$ の方向では

$$\Delta L_{\text{Aeq}}(r_o, 0) = 0 \quad [\text{dB}]$$

$\theta_o = \pi/2 (= 90°)$ の方向では

$$\Delta L_{\text{Aeq}}(r_o, \pi/2) = -3 \quad [\text{dB}]$$

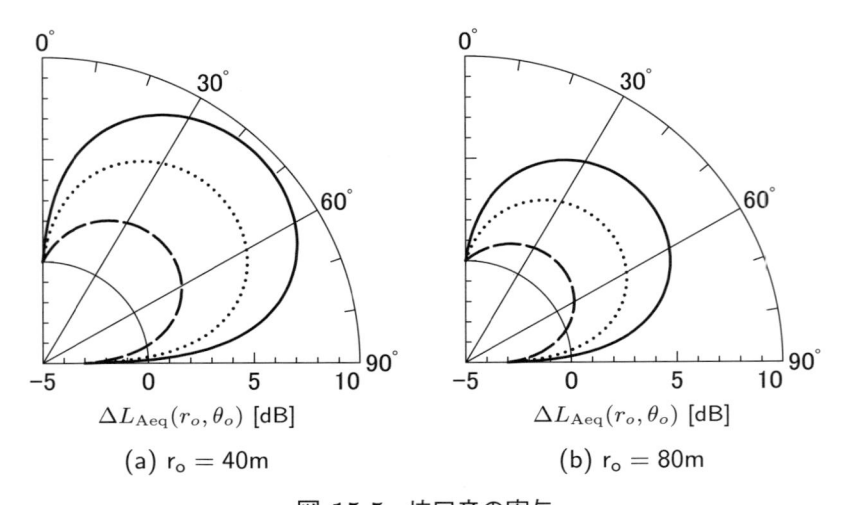

**図 15.5**: 坑口音の寄与
(a) $r_o = 40$m
(b) $r_o = 80$m
($T = 1,000$m, ──: $a\ell_\phi T/2S \ll 1$, ……: $a\ell_\phi T/2S \simeq 1$, ーー: $a\ell_\phi T/2S \gg 1$)

となり，道路明り部近くや，坑口側方では明り部の影響が強いことが知られる．

なお，坑口音の寄与と明り部からの寄与の大小を評価するためには，両者の比のレベル表示

$$10\log_{10}\left\{\frac{I^{(K)}(r_o,\theta_o)}{I^{(open)}(r_o,\theta_o)}\right\} = 10\log_{10}\left\{\frac{T\sin 2\theta_o}{(\pi-\theta_o)r_o(1+a\ell_\phi T/2S)}\right\} \quad \text{[dB]} \tag{15.22}$$

を調べればよい．この式からも坑口に近いほど，トンネル内表面の吸音力が小さいほど，$\theta_o = 45°$ 方向において坑口音の影響が強いことが知られる．一方，$\theta_o \simeq 0$ 及び $\theta_o \simeq \pi/2$ 方向に対しては，$\sin 2\theta_o \simeq 0$ であり，上式は $-\infty$ となり，坑口音の影響は無視できる．

## 15.6 トンネルの吸音処理による騒音低減効果

トンネル近傍における坑口音の影響を低減するために，トンネル壁面を吸音処理することがある[5]．本節では坑口音に対するこの騒音対策の効果について概説

する[6]。

まず，トンネル全長を吸音処理した場合の効果を，次に坑口近くの区間のみを吸音処理した効果について述べる。

吸音処理の効果は，個々の受音点によって異なるが，効果の大要は坑口の音響出力 $P_K$ の低減量により評価できる。また，$P_K$ は坑口における音の強さ $I_n$ と断面積 $S$ により

$$P_K = SI_n$$

と表されることから，吸音処理の効果は実際には $I_n$ の低減量を調べればよいことになる。

### 15.6.1　全長を吸音処理した場合

図 15.1 においてトンネルの全区間 $T$ にわたり壁面に吸音パネル等を設置することにより，平均吸音率が $a$ から $a^*$ に増加したとする。これに伴い坑内の音の強さは，式 (15.2) を参照すれば

$$I_n(a, T) = \frac{\mu w(T+h)}{a\ell_\phi T + 2S} \tag{15.23}$$

から

$$I_n(a^*, T) = \frac{\mu w(T+h)}{a^*\ell_\phi T + 2S} \tag{15.24}$$

に減少することになる。従って吸音処理による騒音低減効果は，両者の比を基に次式で算定される。

$$\begin{aligned}
10\log_{10}\left\{\frac{I_n(a^*,T)}{I_n(a,T)}\right\} &= 10\log_{10}\left\{\frac{2S+a\ell_\phi T}{2S+a^*\ell_\phi T}\right\} \\
&= 10\log_{10}\left\{\frac{1+a\ell_\phi T/2S}{1+a^*\ell_\phi T/2S}\right\} \\
&= 10\log_{10}\left(\frac{1+\alpha T}{1+m\alpha T}\right) \quad [\text{dB}] \tag{15.25}
\end{aligned}$$

ここに

$$\alpha = a\ell_\phi/2S$$
$$\alpha^* = a^*\ell_\phi/2S$$
$$m = \alpha^*/\alpha = a^*/a \qquad (15.26)$$

であり，$\alpha$ 及び $\alpha^*$ は無対策時及び対策時におけるトンネル単位長当たりの減衰率を，$m$ は両者の比，即ち吸音倍率を表す．

従ってトンネル内表面の吸音処理による坑口音の低減量は，$m$ 及び $\alpha T$ に依存し，特に $\alpha T \gg 1$ では

$$10\log_{10}(1/m) = -10\log_{10}(a^*/a) \qquad (15.27)$$

となり，吸音倍率 $m$ により定まる一定値に近づくことが知られる．この場合，吸音率が 5 倍になれば 7dB，10 倍になれば 10dB，20 倍になれば 13dB の減音となる．

図 15.6 には $\alpha T$ に伴う低減量の変化の様子を $m = 5, 10, 20$ 及び 30 の各々について示した．$\alpha T = 2$ 程度で式 (15.27) の減衰量が達成されることが知られる．

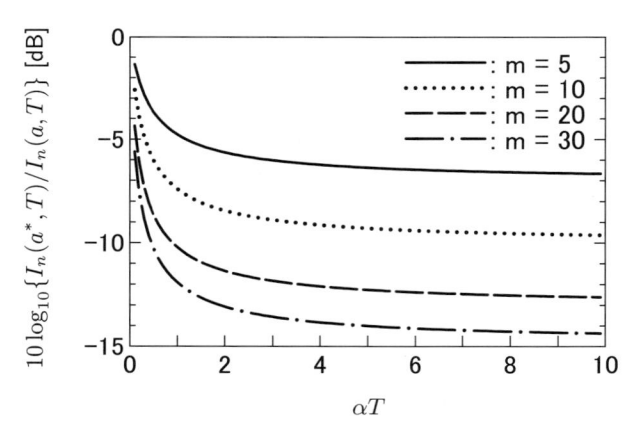

図 15.6: 吸音処理（全長）による減音量

## 15.6.2 坑口区間のみを吸音処理した場合

前項より，トンネル全長を吸音処理した場合，低減量は $m$ 及び $\alpha T$ とともに増大することが分かった。しかし，トンネル長 $T$ については，$\alpha$ を固定すれば，ある程度の長さ ($\alpha T \simeq 2$) で低減量が飽和傾向を示す。従って長いトンネルでは，坑口近くの適当な区間のみを吸音処理すれば，全長を処理したのと同程度の効果が期待される。長いトンネルに対し，坑口を含むどの程度の区間を吸音処理すべきかは，騒音対策上極めて興味ある課題である。

そこで，図 15.7 に示すごとく，トンネル全長 $T$ を $T_1$ と $T_2$ に分け，$T_2$ 区間のみ吸音処理した場合における坑口 2 での低減量について調べてみよう。$T_1$ 区間の吸音率を $a$，$T_2$ 区間の吸音率を $a^*$ とし，それぞれの区間の音の強さを $I_{1n}(a, T_1|a^*, T_2)$, $I_{2n}(a, T_1|a^*, T_2)$ とおけば，各区間におけるエネルギーバランスの関係から，

$$(2S + a\ell_\phi T_1)I_{1n} = \mu(T_1 + h/2)w + SI_{2n} \tag{15.28}$$

$$(2S + a^*\ell_\phi T_2)I_{2n} = \mu(T_2 + h/2)w + SI_{1n} \tag{15.29}$$

が成り立つ。これより $I_{1n}$ 及び $I_{2n}$ はそれぞれ次式で与えられる。

$$I_{1n}(a, T_1|a^*, T_2) = \frac{A^*(T_2)P_1 + SP_2}{A(T_1)A^*(T_2) - S^2} \tag{15.30}$$

$$I_{2n}(a, T_1|a^*, T_2) = \frac{A(T_1)P_2 + SP_1}{A(T_1)A^*(T_2) - S^2} \tag{15.31}$$

ここに

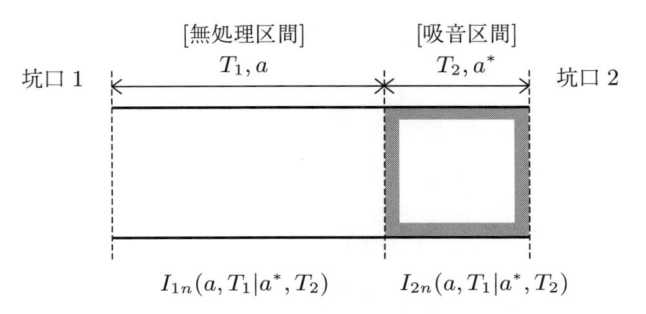

図 15.7: 坑口部 $T_2$ に対する吸音処理

$$A(T_1) = 2S + a\ell_\phi T_1$$
$$A^*(T_2) = 2S + a^*\ell_\phi T_2$$
$$P_i = \mu w(T_i + h/2) \simeq \mu w T_i \quad (i=1,2) \tag{15.32}$$

はトンネル区間 $T_1, T_2$ の吸音力及び音響出力である．さて，トンネルが十分長く，内壁の吸音力 $a\ell_\phi T_1$ 及び $a^*\ell_\phi T_2$ が $2S$ に比し大きく

$$A(T_1) \simeq a\ell_\phi T_1$$
$$A^*(T_2) \simeq a^*\ell_\phi T_2 \tag{15.33}$$

が成り立つものとすれば式 (15.30) 及び式 (15.31) は

$$I_{1n}(a, T_1 | a^*, T_2) \simeq \frac{P_1}{A(T_1)}$$
$$I_{2n}(a, T_1 | a^*, T_2) \simeq \frac{P_2}{A^*(T_2)} + \frac{S}{A(T_1)A^*(T_2)} P_1 \tag{15.34}$$

と書かれる．ただし無処理区間 $T_1$ は処理区間 $T_2$ より長く（$T_1 > T_2$），従って $T_1$ 区間における音響出力 $P_1$ は $T_2$ 区間の出力 $P_2$ よりも大である（$P_1 > P_2$）とした．

吸音処理区間 $T_2$ の音の強さ $I_{2n}(a, T_1 | a^*, T_2)$ と無処理区間 $T_1$ の音の強さ $I_{1n}(a, T_1 | a^*, T_2)$ のレベル差に関しても興味の持たれるところであるが，吸音処理による坑口音の低減効果としては，全長 $T$（$= T_1 + T_2$）が無処理である場合の音の強さ

$$I_{1n}(a, T) = \frac{\mu w(T + h)}{2S + a\ell_\phi T} \tag{15.35}$$
$$\simeq \frac{P}{A(T)}$$

と $I_{2n}(a, T_1 | a^*, T_2)$ を比較する方がより適切である．ここに

$$P = P_1 + P_2 \simeq \mu w T$$
$$A(T) = 2S + a\ell_\phi T \tag{15.36}$$

はトンネル坑内における音響出力及び全長が無処理の場合のトンネルの吸音力である．

## 15.6. トンネルの吸音処理による騒音低減効果

従って区間 $T_2$ を吸音処理したことによる坑口 2 の騒音低減量は,

$$10 \log_{10} \left\{ \frac{I_{2n}(a, T_1|a^*, T_2)}{I_{1n}(a, T)} \right\}$$
$$= 10 \log_{10} \left\{ \frac{I_{2n}(a^*, T)}{I_{1n}(a, T)} \frac{I_{2n}(a, T_1|a^*, T_2)}{I_{2n}(a^*, T)} \right\}$$
$$= 10 \log_{10} \left\{ \frac{I_{2n}(a^*, T)}{I_{1n}(a, T)} \right\} + 10 \log_{10} \left\{ \frac{I_{2n}(a, T_1|a^*, T_2)}{I_{2n}(a^*, T)} \right\} \quad (15.37)$$

と表される。

ここに右辺第 1 項は全長 $T$ を吸音処理した場合の低減量であり, 前項の式 (15.25)

$$10 \log_{10} \left\{ \frac{I_{2n}(a^*, T)}{I_{1n}(a, T)} \right\} = 10 \log_{10} \left( \frac{1 + \alpha T}{1 + m\alpha T} \right)$$

で与えられる。また右辺第 2 項は区間 $T_1$ が無処理であることによるレベル上昇 (補正) を表し

$$10 \log_{10} \left\{ \frac{I_{2n}(a, T_1|a^*, T_2)}{I_{2n}(a^*, T)} \right\} \simeq 10 \log_{10} \left\{ 1 + \frac{1}{a\ell_\phi T_2/S} \right\}$$
$$= 10 \log_{10} \left( 1 + \frac{1}{2\alpha T_2} \right) \quad [\text{dB}] \quad (15.38)$$

で近似される。なお上式の導出に際しては, 式 (15.33), 式 (15.34) 及び

$$I_{2n}(a^*, T) = \frac{P}{2S + a^*\ell_\phi T} \simeq \frac{P}{a^*\ell_\phi T}$$
$$\frac{P_i}{P} \simeq \frac{T_i}{T} \quad (15.39)$$

なる関係を用いた。

これより以下の興味ある結果が導かれる。

- トンネルが十分長ければ全長を吸音処理することにより

$$10 \log_{10}(1/m) = -10 \log_{10}(a^*/a) \quad [\text{dB}]$$

なる低減効果が得られる。

- また坑口区間 $T_2$ のみを吸音処理することによる上記減音量の補正 (低下) は

$$10 \log_{10}\{1 + 1/(2\alpha T_2)\}$$

で与えられる。従って

$$2\alpha T_2 = 1$$

即ち坑口から

$$T_2 = 1/2\alpha = S/a\ell_\phi \tag{15.40}$$

なる区間を吸音処理することにより，減音量の低下は全長処理の場合に比し 3dB 程度に抑えられる。

標準的な 2 車線のトンネルを想定し，$S \simeq 50\mathrm{m}^2, \ell_\phi \simeq 30\mathrm{m}, a \simeq 0.02$ と置けば，上記 $T_2$ の長さは

$$T_2 \simeq 83 \quad [\mathrm{m}]$$

となり，坑口から約 80m の区間を吸音処理すればよいことになる。いま $a^* = 0.2 \sim 0.4 (m = 10 \sim 20)$ なる場合を考えると，坑口音の低減量は 7〜10dB と見積られる。トンネルの吸音処理により坑口音が減少すれば，その分相対的に明り部の影響が大きくなる。

## 15.7　まとめ及び課題

道路交通騒音における特殊箇所の一つであるトンネル坑口周辺の騒音予測について概説した。等価騒音レベル $L_{\mathrm{Aeq}}$ を予測対象とする場合，坑内音場は拡散場で近似できること，それにより単純で簡便な予測式が導かれることを示した。また坑口音の放射指向特性並びに影響範囲について検討した。さらにトンネルの吸音処理による坑口音の低減量を推定し，坑口から 80m 程度の区間を吸音すれば，全長吸音に近い効果が得られることを示した。

なお，坑内伝搬や坑口放射に関しては，様々なモデルや解析手法が考えられ[1)2)6)7)]，音響学的には多くの興味深い課題をはらんでいる。しかしながら，道路交通騒音予測では明り部と坑口からの寄与の大小関係を踏まえ，坑口音に対する計算法や予測精度を検討するのが実際的である。また，騒音評価量として $L_{\mathrm{Aeq}}$ ではなく $L_{\mathrm{A}\alpha}$ （$\alpha = 5, 50, 95$）を予測対象とするのであれば，本章で述べた方法とは幾分異なったモデル化やアプローチが要求されよう[8)]。

# 付録 15.1： 明り部から坑口に流入する音響パワー

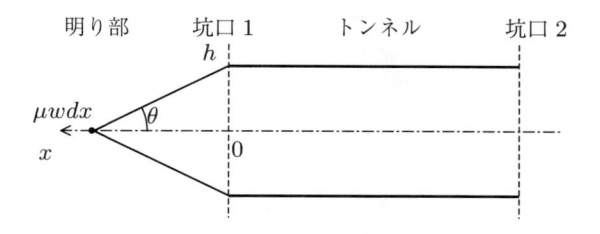

**図 15.8: 明り部の音源要素と坑口**

明り部から放射された音の一部は坑口を通して流入し，坑内の音響パワーの増加をもたらす。坑口 1 から流入する音響パワーは次の様に算定される。

明り部の音源要素 $\mu w dx$ が坑口 1 を見込む立体角は

$$\Omega(x) = 2\pi(1 - \cos\theta)$$
$$= 2\pi\left\{1 - \frac{x}{\sqrt{x^2 + h^2}}\right\} \quad (15.41)$$

であり（図 15.8），この要素から坑口 1 に流入する音響パワーは

$$\mu w dx \frac{\Omega(x)}{4\pi} = \frac{\mu w}{2}\left\{1 - \frac{x}{\sqrt{x^2 + h^2}}\right\} dx$$

となる。ここに $h$ は坑口の断面積 $S$ に対する等価半径

$$h = \sqrt{2S/\pi} \quad (15.42)$$

である。従って坑口 1 の前方の明り部から流入する全音響パワーは

$$\int_0^\infty \frac{\mu w}{2}\left\{1 - \frac{x}{\sqrt{x^2 + h^2}}\right\} dx = \frac{h}{2}\mu w \quad (15.43)$$

で与えられる。坑口 1 に対するこの明り部の効果は，坑内の音響パワーに関する限り，トンネル長が $h/2$ だけ増加したことと等価である。坑口 2 に対する明り部の効果についても全く同様であり，全体として $h$ だけトンネルが長くなったことに対応する。

## 文献

1) 日本音響学会道路交通騒音調査研究委員会, "道路交通騒音の予測モデル ASJ Model 1998", 日本音響学会誌, 55 巻 (1999) 281-324.
2) 三宅龍雄, 高木興一, 山本貢平, 橘秀樹, 飯森英哲, "トンネル坑口周辺部の騒音予測法について", 騒音制御, 24 巻 (2000) 127-135.
3) H. Kuttruff, *Room Acoustics, third ed.*(Elsevier Applied Seience, 1991) chap.V.
4) 牧田康雄編著, 現代音響学（オーム社, 1976）243-255.
5) 池田宏, "トンネル内吸音対策の実測例", 騒音制御, 23 巻 (1999) 174-178.
6) 岡田恭明, 吉久光一, 野呂雄一, 久野和宏, "吸音処理によるトンネル坑口部周辺の騒音低減効果について", 騒音・振動研究会資料, N-2001-09 (2001).
7) 久野和宏, 奥村陽三, "道路交通騒音予測のこと [XXIV] —六たび坑口音について—", 騒音・振動研究会資料, N-99-9 (1999).
8) 久野和宏, 奥村陽三, "道路交通騒音予測のこと [XXII] —五たび坑口音について—", 騒音・振動研究会資料, N-98-8 (1998).

# 第16章 半地下道路周辺の騒音予測

 堀割や切土などの半地下構造は騒音対策上有効であることから都市域や近郊の住宅密集地を通過する道路に採用されるケースが増えている。併せて沿道の騒音予測についても種々検討が進められている。その予測計算法としては、イメージ法やBEM（境界要素法）が有力視されているが[1)2)]、これらは計算量が膨大な上、結果の見通しが良くないことが難点である。そのため、結果を巨視的に分り易く、コンパクトに表示する手法の開発が望まれている。ここではその様な試みとして堀割や切土等半地下道路内部の反射波をマクロに捕えその開口からの放射場として沿道騒音を算定する簡便な方法について概説する。

 これは前章で述べたトンネル坑口周辺の騒音予測の場合と類似の手法であり、坑口に替わりトンネル壁面上方に帯状の開口を考えることに相当する。

## 16.1 半地下道路内の音の強さ

 図16.1に示す一様断面Sの半地下道路を考える。上部に幅

$$2l'_x = 2\varepsilon l_x \quad (0 < \varepsilon \leq 1) \tag{16.1}$$

の帯状の開口を有するものとする。側壁の吸音率 $a_z$、天井の吸音率を $a_x$、開口の吸音率を1とする。路面上（完全反射面とする）には単位長さあたり平均 $\mu$[台] の車両が存在し、各車両の音響出力を $w$[W] とする。等価騒音レベル $L_\mathrm{Aeq}$ を予測対象とするのであれば、単位長さあたり $\mu w$[W] の incoherent（非干渉性）な線音源を半地下道路内に想定し、開口からの放射場を求めればよい。この場合、半地下道路内では直接音と反射音が入り乱れ、様々な方向へのエネルギー流が形成され、いわば拡散場に近い状態が出現する[3)]。2次元又は3次元の拡散場で近似することが考えられるが、エネルギー流の方向分布からすると3次元拡散場とし

て取扱う方がより実際的である．この場合，長さ $l_y$ の任意の道路区間について路面に対する鏡像空間を考慮すれば，エネルギーバランスの関係式は

$$I_n l l_y \bar{a} = 2\mu w l_y \tag{16.2}$$

となる．ここに，$I_n$ は 3 次元拡散場の音の強さであり，

$$l = 4(l_x + l_z)$$
$$\bar{a} = \frac{4 l_z a_z + 4(l_x - l'_x) a_x + 4 l'_x}{l} = \frac{a_z l_z + a_x l_x + (1 - a_x) l'_x}{l_z + l_x} \tag{16.3}$$

はそれぞれ道路断面の周長及び平均吸音率を表す．式 (16.2) より音の強さは

$$I_n = \frac{2\mu w}{\bar{a} l} \tag{16.4}$$

となり，道路 1m あたりの音響出力 $2\mu w$ と吸音力 $\bar{a} l$ の比で与えられる．また $\bar{a}$ は断面周長の等価的な開口率とも見なされる．さて，この $I_n$ は開口の単位面積に入射する音響エネルギーでもあり，開口から外部に放射される．従って $I_n$ は開口の単位面積あたりの音響出力を表すこととなる．

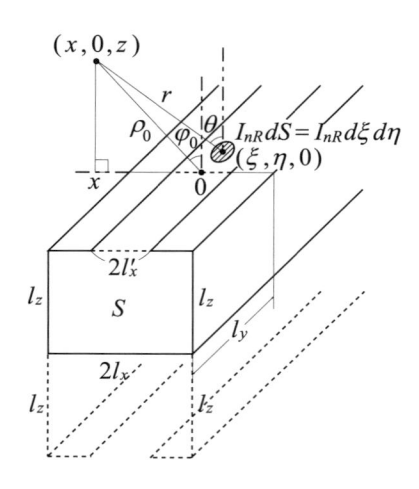

図 16.1: 幅 $2l'_x$ の開口を有する半地下道路

## 16.2 開口からの音響放射

前節の議論では半地下道路の音場が直達音をも含め拡散的であるとしている。しかしながら直達音は受音位置により大きく異なり非拡散的であることから直達音を除き，反射音のみ拡散的であると仮定するのがより合理的である。そのため以下では開口からの放射場を直達音による放射場と反射音による放射場に分けて算定し，両者を合成（エネルギー加算）する。

### 16.2.1 反射音による拡散場

室内音響学でよく知られている様に半地下道路内の反射音の強さ $I_{nR}$ は式 (16.4) に道路断面の平均反射率 $1-\overline{a}$ を乗ずることにより次式で与えられる。

$$
\begin{aligned}
I_{nR} &= (1-\overline{a})I_n \\
&= \frac{1-\overline{a}}{\overline{a}l}2\mu w
\end{aligned}
\tag{16.5}
$$

この $I_{nR}$ は開口を 2 次音源と見なした場合の反射音による単位面積あたりの音響出力でもある。なお音源の指向特性としては拡散放射，いわゆる Lambert の余弦則に従うものとすれば，上記 2 次音源による放射場の受音強度は

$$
\begin{aligned}
I_R &= \iint \frac{2I_{nR}\cos\theta}{2\pi r^2}d\xi d\eta \\
&= \frac{I_{nR}}{\pi}\int_{-\infty}^{\infty}d\eta\int_{l'_x}^{-l'_x}\frac{z}{\{(\xi-x)^2+\eta^2+z^2\}^{3/2}}d\xi \\
&= \frac{2}{\pi}I_{nR}\Phi
\end{aligned}
\tag{16.6}
$$

と表される（図 16.1 参照）。ここに $\Phi$ は受音点 $(x,0,z)$ から開口（幅 $2l'_x$ のスリット）を見込む角度

$$
\Phi \simeq \frac{2l'_x}{\rho_0}\cos\varphi_0 \tag{16.7}
$$

である。式 (16.6) に代入することにより $I_R$ の近似表現として

$$
I_R \simeq 4\Gamma_R\frac{\mu w}{2\pi\rho_0}\cos\varphi_0 \tag{16.8}
$$

を得る。ただし

$$\Gamma_R = \frac{1-\overline{a}}{\overline{a}}\sigma \tag{16.9}$$

$$\sigma = \frac{4l'_x}{l} = \frac{l'_x}{l_x + l_z} \quad (: 開口率) \tag{16.10}$$

とする。

以上，要約すれば反射音による放射場は半地下道路内の音の強さ $I_{nR}$ 及び受音点から開口を見込む角度 $\Phi$ に比例すること，また近似的には開口中央に出力 $2\Gamma_R \mu w [\mathrm{W/m}]$，指向性 $\cos\varphi_0$ の線音源があるのと等価である。

## 16.2.2　直達音の回折場

次に半地下道路中央の線音源（車群）からの直達音について考える。半自由空間への放射場の強度は周知のごとく

$$I_0 = \frac{\mu w}{2\rho} \tag{16.11}$$

で与えられる。従って開口（スリット）による回折補正量（減音量）を $D_{slit}[\mathrm{dB}]$ とすれば，直達音による受音強度は

$$I_D = I_0 10^{D_{slit}/10} = \frac{\mu w}{2\rho} 10^{D_{slit}/10} \tag{16.12}$$

と表される。

なお回折補正量 $D_{slit}$ は例えば後述の 19.5 節の方法により容易に算定される。

## 16.2.3　受音強度の合成

開口周辺の受音強度 $I$ は反射音による放射場の強度 $I_R$ と直達音の回折場の強度 $I_D$ を加算することにより

$$\begin{aligned}
I &= I_D + I_R \\
&= \frac{\mu w}{2\rho} 10^{D_{slit}/10} + \frac{2}{\pi} I_{nR}\Phi \\
&\simeq \frac{\mu w}{2\rho} 10^{D_{slit}/10} + 4\Gamma_R \frac{\mu w}{2\pi\rho_0} \cos\varphi_0
\end{aligned} \tag{16.13}$$

で与えられる。なお $\rho$ は半地下道路中央からの $\rho_0$ は開口中央から受音点までの距離である。

## 16.3 半地下道路周辺の $L_{\text{Aeq}}$ とその低減効果

前節によれば半地下道路周辺における音の強度は直達音および反射音の和として

$$
\begin{aligned}
I &= I_D + I_R \\
&\simeq \frac{\mu w}{2\rho} \left\{ 10^{D_{slit}/10} + \left(\frac{\rho}{\rho_0}\right) \frac{4\Gamma_R}{\pi} \cos\varphi_0 \right\} \\
&= \frac{\mu w}{2\rho_0} \left\{ \left(\frac{\rho_0}{\rho}\right) 10^{D_{slit}/10} + \frac{4\Gamma_R}{\pi} \cos\varphi_0 \right\}
\end{aligned} \tag{16.14}
$$

と表される。これより受音点における等価騒音レベル $L_{\text{Aeq}}(\rho;\rho_0,\varphi_0)$ は

$$
\begin{aligned}
L_{\text{Aeq}}(\rho;\rho_0,\varphi_0) &= 10\log_{10}\left(\frac{I}{10^{-12}}\right) \\
&\simeq L_{\text{Aeq}}(\rho) + 10\log_{10}\left\{10^{D_{slit}/10} + \left(\frac{\rho}{\rho_0}\right)\frac{4\Gamma_R}{\pi}\cos\varphi_0\right\} \\
&= L_{\text{Aeq}}(\rho_0) + 10\log_{10}\left\{\left(\frac{\rho_0}{\rho}\right)10^{D_{slit}/10} + \frac{4\Gamma_R}{\pi}\cos\varphi_0\right\}
\end{aligned} \tag{16.15}
$$

で与えられる。なお

$$
L_{\text{Aeq}}(\rho) = 10\log_{10}\left(\frac{\mu w}{2\rho}\right) \tag{16.16}
$$

は平坦道路を考えた場合の,また

$$
L_{\text{Aeq}}(\rho_0) = 10\log_{10}\left(\frac{\mu w}{2\rho_0}\right) \tag{16.17}
$$

は平坦道路が開口部にあるとした場合の等価騒音レベルであり,$\varphi_0$ に依らない(指向性を有しない)。従って半地下道路と平坦道路の $L_{\text{Aeq}}$ の差は

$$
\begin{aligned}
\Delta L_{\text{Aeq}} &= L_{\text{Aeq}}(\rho;\rho_0,\varphi_0) - L_{\text{Aeq}}(\rho) \\
&= 10\log_{10}\left\{10^{D_{slit}/10} + \left(\frac{\rho}{\rho_0}\right)\frac{4\Gamma_R}{\pi}\cos\varphi_0\right\}
\end{aligned} \tag{16.18}
$$

で与えられる．また平坦道路が半地下道路の開口部にあるとすれば，このレベル差は

$$\Delta L'_{\text{Aeq}} = L_{\text{Aeq}}(\rho; \rho_0, \varphi_0) - L_{\text{Aeq}}(\rho_0)$$
$$= 10 \log_{10} \left\{ \left( \frac{\rho_0}{\rho} \right) 10^{D_{slit}/10} + \frac{4\Gamma_R}{\pi} \cos \varphi_0 \right\} \quad (16.19)$$

となる．

なお，遠距離では $\rho = \rho_0$ とおけば $\Delta L_{\text{Aeq}}$ と $\Delta L'_{\text{Aeq}}$ は一致し

$$\Delta L_{\text{Aeq}} \simeq \Delta L'_{\text{Aeq}}$$
$$\simeq 10 \log_{10} \left\{ 10^{D_{slit}/10} + \frac{4\Gamma_R}{\pi} \cos \varphi_0 \right\} \quad (16.20)$$

となる．このレベル差は半地下道路の平坦道路に対する騒音低減効果と見なされるが，物理的には半地下道路から放射される騒音の指向特性を示すものであり，$\varphi_0$ に大きく依存する．即ち開口（スリット）による直達音の回折放射の指向特性（回折補正量）

$$10 \log_{10} \left\{ 10^{D_{slit}/10} \right\} = D_{slit}(\varphi_0) \quad [\text{dB}]$$

と反射音の放射特性（拡散放射）

$$10 \log_{10} \left\{ \frac{4\Gamma_R}{\pi} \cos \varphi_0 \right\} = 10 \log_{10} \left\{ \frac{4(1-\overline{a})\sigma}{\pi \overline{a}} \cos \varphi_0 \right\}$$
$$\equiv R(\varphi_0; \overline{a}, \sigma) \quad (16.21)$$

をパワー合成してられる dB 値

$$\Delta L_{\text{Aeq}}(\varphi_0; \overline{a}, \sigma) = 10 \log_{10} \left\{ 10^{D_{slit}(\varphi_0)/10} + 10^{R(\varphi_0; \overline{a}, \sigma)/10} \right\} \quad (16.22)$$

を表している．まず $D_{slit}(\varphi_0)$，$R(\varphi_0; \overline{a}, \sigma)$ とも $\varphi_0$ $(0 \leq \varphi_0 \leq \pi/2)$ の減少関数であることから，水平方向に向うにつれて騒音レベルが低下することが分る．次に

$$\Delta L_{\text{Aeq}}(\varphi_0; \overline{a}, \sigma) \geq D_{slit}(\varphi_0) \quad (16.23)$$

が成り立ち，反射音の影響が無視できる（$\Gamma_R = 0$）とき $\Delta L_{\text{Aeq}}(\varphi_0; \overline{a}, \sigma)$ は最小値 $D_{slit}(\varphi_0)$ をとる．一方，壁面の反射率が 1（$a = 0$，従って $\overline{a} = \sigma$）のとき最大値

$$\Delta L_{\text{Aeq}}(\varphi_0; \sigma) = 10 \log_{10} \left\{ 10^{D_{slit}(\varphi_0)/10} + \frac{4(1-\sigma)}{\pi} \cos \varphi_0 \right\} \quad (16.24)$$

をとる．さらに通常

$$\frac{4(1-\sigma)}{\pi} \simeq 1 \quad (16.25)$$

であることから，この最大値は

$$\Delta L_{\text{Aeq}}(\varphi_0) \simeq 10 \log_{10} \left\{ 10^{D_{slit}(\varphi_0)/10} + \cos \varphi_0 \right\} \quad (16.26)$$

と見積られる．特に開口中央の法線方向（$\varphi_0 \simeq 0$）に対しては

$$D_{slit}(\varphi_0) \simeq 0$$
$$\cos \varphi_0 \simeq 1$$

であることから

$$\Delta L_{\text{Aeq}}(0) \simeq 10 \log_{10}(1 + 1) = 3 \quad [\text{dB}] \quad (16.27)$$

また水平方向（$\varphi_0 \simeq \pi/2$）では

$$\Delta L_{\text{Aeq}}(\varphi_0) \simeq 10 \log_{10} \left\{ 10^{D_{slit}(\pi/2)} + \frac{z}{\rho_0} \right\}$$

であることから

$$\cos \varphi_0 = \frac{z}{\rho_0} < 1/20 \quad (16.28)$$

なる領域では，回折パスの行路差を 1m 前後とすれば（図 7.3）

$$\Delta L_{\text{Aeq}}(\varphi_0) \simeq D_{slit}(\pi/2)$$
$$\simeq -(10 \sim 20) \quad [\text{dB}] \quad (16.29)$$

と見積られる．

以上要約すれば半地下道路の放射指向特性 $\Delta L_{\mathrm{Aeq}}(\varphi_0; \bar{a}, \sigma)$ は法線方向 $(\varphi_0 = 0)$ で強く，半自由空間への放射（平坦道路からの放射）に比し 3dB 程度高くなることがあるが，水平方向 $(\varphi_0 = \pi/2)$ に向うにつれ抑制され，10〜20dB 程度の軽減が期待される。騒音対策上は水平方向の領域での低減効果が重要であり，法線方向における騒音レベルの増加はさほど問題にならないことが多い。

## 16.4 まとめ及び課題

半地下道路内の反射場を拡散場で近似し，開口部の音響出力と放射指向特性をもとに沿道の等価騒音レベル $L_{\mathrm{Aeq}}$ を予測する簡便な計算式を導いた。半地下構造による騒音の放射指向特性の変換，遮へい効果及び内表面における吸音等により沿道地域（水平方向）では平坦道路に比し 10dB を越える減音が期待されることを示した。本章では半地下道路での直達音と反射音を分離し，開口部での回折及び放射特性を考慮し，各々に対する受音強度を求め，両者を加算することにより予測式を導出した。なお，直達音のみならず低次反射音をも分離し，それぞれ個別に受音強度を求め，合成すれば予測式自体はさらに精密化されるが，その分複雑となる。

## 文献

1) 日本音響学会道路交通騒音調査研究委員会，"道路交通騒音の予測モデル ASJ Model 1998"，日本音響学会誌, 55 巻 (1999) 281-324.
2) 田村正行，"境界要素法による屋外騒音伝搬の予測"，日本音響学会誌, 48 巻 (1992) 451-454.
3) H. Kuttruff, *Room Acoustics, third ed.*(Elsevier Applied Seience, 1991) chap.V.

# 第17章　市街地道路周辺の騒音予測

　沿道の建物は音響障害物として機能し，後背地に対し騒音低減効果がある。建物が密集する市街地における騒音伝搬にはこの建物群の影響を考慮する必要がある。沿道の建物による遮音効果は過剰減衰として道路交通騒音予測に組み込まれることが多い。模型実験等の結果を基に経験的な過剰減衰式が幾つか提案されている[1)2)3)4)]。本章では市街地の建物群を2次元平面上にランダムに散在する（ポアソン分布する）障害物としてモデル化し，この様な空間を伝搬する音線（音響エネルギー粒子）の障害物との衝突・減衰過程について考える。その結果，障害物の寸法及び占有率（面積率）から過剰減衰を予測する簡便な計算式が得られることを示す。

## 17.1　市街地における建物群のモデル

　市街地における建物群は騒音伝搬に大きな影響を与える。音響障害物として適切にモデル化を行う必要がある。ここではその一例として，建物を等面積の円柱で置き換え市街地の建物群を平面上に林立する円柱群により表現することにしよう。さらに議論を単純化するため，以下の仮定を置く。

(1) 各円柱の面積は対象地域における建物の面積の平均値 $S_0$ に等しい。また円柱の高さは無限大とする。
(2) 円柱は平面上に無秩序に散在する（建物は一様に分布する）。
(3) 円柱（建物）の平均密度は $\nu$[個/m$^2$] である。即ち，建物の占有率（建物面積率）を

$$\beta = \nu S_0 \tag{17.1}$$

とする。

ここではまず受音位置が建物より低い場合を想定し，円柱の高さを無限大としているが，建物と受音高さとの関係については 17.5 節で検討を行う．

## 17.2 障害物空間における音線の伝搬・衝突過程 [5]

最初に点音源から放射された音線の伝搬について考える．前節のモデルに従い，市街地を円柱状の障害物が散在（林立）する空間として捉らえ，点音源を含む円柱に垂直な 2 次元平面内における音線の伝搬・衝突過程を追跡する．

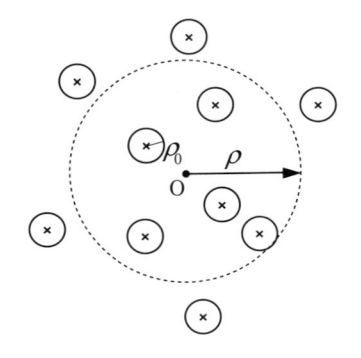

図 17.1: 音線と円柱状障害物

点音源（原点）O からあらゆる方向に一様に音線が放射されているものとする．図 17.1 に示すごとく点 O から任意の方向に放射された音線が直進し半径 $\rho$ の円周上に到達する間に散在する円柱（半径 $\rho_0$ の円）に衝突する回数とその確率を調べる．平面上に面積 $S_0 (= \pi \rho_0^2)$ の円形障害物が無秩序に散在している場合，点 O を中心とする半径 $\rho$（面積 $S = \pi \rho^2$）内に $n$ 個の障害物が存在する確率は

$$P_n = \frac{1}{n!} \left( \frac{S - S_0}{\overline{S} - S_0} \right)^n e^{-(S-S_0)/(\overline{S}-S_0)} \quad (S \geq S_0, n = 0, 1, 2, \cdots) \quad (17.2)$$

なるポアソン分布で与えられる．ただし円形障害物は互に重なり合うことはなく，単位面積あたりの平均個数を $\nu$ 個とする．即ち平面内に面積

$$\overline{S} = 1/\nu \quad (17.3)$$

## 17.2. 障害物空間における音線の伝搬・衝突過程 [5]

に付き 1 個の割合で障害物が存在し，いわゆる障害物の面積率 $\beta$ は式 (17.1) より

$$\beta = S_0/\overline{S} \tag{17.4}$$

となる．

点 O を中心とする半径 $\rho$ 内に $n$ 個の障害物がある場合，点 O を出た音線が直進し円周 $\rho$ に達する間にこれら障害物と $m(=0,1,2,\cdots,n)$ 回衝突するものとすれば，その確率は

$$\binom{n}{m} \gamma^m (1-\gamma)^{n-m} P_n \tag{17.5}$$

で与えられる．ここに $\gamma$ は音線が $\rho$ 内に存在する任意の円形障害物（半径 $\rho_0$）と衝突する確率であり，いわゆる Buffon の針として積分幾何学においてよく知られた問題であり

$$\gamma \simeq \frac{2\rho_0}{\pi\rho} \tag{17.6}$$

で近似される <sup>付録:17.1)</sup>．式 (17.5) において $m=0$ とおけば $\rho$ 内に $n$ 個の障害物がある場合，1 度も衝突することなく，円周 $\rho$ に達する条件付き確率は

$$(1-\gamma)^n P_n \quad (n=0,1,2,\cdots) \tag{17.7}$$

となり，$n$ に関する上式の総和を取ることにより，点 O から放射された音線が 1 回も障害物と衝突することなく円周 $\rho$ に達する確率

$$\begin{aligned}
P_0' &= P_0 + (1-\gamma)P_1 + \cdots + (1-\gamma)^n P_n + \cdots \\
&= P_0 \left\{ 1 + \frac{S-S_0}{\overline{S}-S_0}(1-\gamma) + \cdots + \frac{1}{n!}\left(\frac{S-S_0}{\overline{S}-S_0}\right)^n (1-\gamma)^n + \cdots \right\} \\
&= P_0 e^{(1-\gamma)(S-S_0)/(\overline{S}-S_0)} \\
&= e^{-\gamma(S-S_0)/(\overline{S}-S_0)}
\end{aligned} \tag{17.8}$$

が得られる．なお上式の変形には式 (17.2) におけるポアソン分布の性質

$$\begin{aligned}
P_n &= \frac{1}{n!}\left(\frac{S-S_0}{\overline{S}-S_0}\right)^n P_0 \quad (n=0,1,2,\cdots) \\
P_0 &= e^{-(S-S_0)/(\overline{S}-S_0)}
\end{aligned} \tag{17.9}$$

を用いた．同様に点 O から放射された音線が円周 $\rho$ に達する間に障害物と $m$ 回衝突する確率は式 (17.5) の和として

$$\begin{aligned}
P'_m &= \binom{m}{m}\gamma^m P_m + \binom{m+1}{m}\gamma^m(1-\gamma)P_{m+1} \\
&\quad + \binom{m+2}{m}\gamma^m(1-\gamma)^2 P_{m+2} + \cdots \\
&= P_m \gamma^m \left\{ 1 + (1-\gamma)\frac{S-S_0}{\overline{S}-S_0} + \frac{(1-\gamma)^2}{2!}\left(\frac{S-S_0}{\overline{S}-S_0}\right)^2 + \cdots \right\} \\
&= P_m \gamma^m e^{(1-\gamma)(S-S_0)/(\overline{S}-S_0)} \\
&= \frac{1}{m!}\left(\gamma\frac{S-S_0}{\overline{S}-S_0}\right)^m e^{-\gamma(S-S_0)/(\overline{S}-S_0)} \\
&= \frac{1}{m!}\left(\gamma\frac{S-S_0}{\overline{S}-S_0}\right)^m P'_0 \qquad (S \geq S_0, \ m=0,1,2,\cdots) \quad (17.10)
\end{aligned}$$

で与えられる．さて，上述の $P'_m(m=0,1,2,\cdots)$ は点 O から平面上のあらゆる方向に放射された音線が距離 $\rho$ 進む間に無秩序に散在する障害物と $m$ 回衝突する確率を表している．いま音線が個々の障害物に遭遇した際，回折，透過等により通り抜ける確率を $\tau$ とすれば，音線が円周 $\rho$ に達し得る可能性は

$$\begin{aligned}
P' &= P'_0 + \tau P'_1 + \tau^2 P'_2 + \cdots + \tau^m P'_m + \cdots \\
&= P'_0 \left\{ 1 + \tau\gamma\frac{S-S_0}{\overline{S}-S_0} + \frac{1}{2!}\left(\tau\gamma\frac{S-S_0}{\overline{S}-S_0}\right)^2 + \cdots \right. \\
&\qquad\qquad \left. + \frac{1}{m!}\left(\tau\gamma\frac{S-S_0}{\overline{S}-S_0}\right)^m + \cdots \right\} \\
&= P'_0 e^{\tau\gamma(S-S_0)/(\overline{S}-S_0)} \\
&= e^{-(1-\tau)\gamma(S-S_0)/(\overline{S}-S_0)} \qquad (S \geq S_0) \quad (17.11)
\end{aligned}$$

と表される．従って達し得ない確率は

$$\begin{aligned}
Q' &= 1 - P' \\
&= 1 - e^{-(1-\tau)\gamma(S-S_0)/(\overline{S}-S_0)} \qquad (S \geq S_0) \quad (17.12)
\end{aligned}$$

となる．

## 17.3 点音源に対する距離減衰[5]

前節の結果を基に，市街地をモデル化した障害物空間に置かれた点音源のまわりの音の距離減衰を求めることができる．そのためには前節の結果に

$$S = \pi \rho^2$$
$$S_0 = \pi \rho_0^2$$
$$\overline{S} = \pi \overline{\rho}^2 \tag{17.13}$$

を代入し，面積 $S, S_0, \overline{S}$ に対する表示を点音源 O からの距離 $\rho$, 障害物（円柱）の半径 $\rho_0$ 及び占有半径 $\overline{\rho}$（この半径の円内に平均1個の障害物が見い出される）に関する表示に書き改めればよい．従って点 O から任意の方向に放射された音線が直進し半径 $\rho$ の円周上に到達する確率は式 (17.11),(17.4),(17.6),(17.13) より

$$\begin{aligned}
P' &= e^{-(1-\tau)\gamma(\rho^2-\rho_0^2)/(\overline{\rho}^2-\rho_0^2)} \\
&\simeq e^{-(2/\pi)(1-\tau)\frac{\beta}{1-\beta}(\rho/\rho_0 - \rho_0/\rho)} \\
&= e^{-\alpha(\rho/\rho_0 - \rho_0/\rho)} \\
&\equiv P'(\rho/\rho_0; \alpha) \quad (\rho \geq \rho_0)
\end{aligned} \tag{17.14}$$

と表される．ここに

$$\alpha = \frac{2\beta(1-\tau)}{\pi(1-\beta)} \tag{17.15}$$

は障害物（建物）の面積率 $\beta$ と障害物に対する音線の通過率 $\tau$ に依存する定数であり，音の市街地伝搬における建物群による遮へい係数とも言うべきものである．因に $\alpha = 0$ のとき式 (17.14) は

$$P'(\rho/\rho_0; 0) = 1$$

となり，音線は確率1で円周 $\rho$ に達する．これは $\beta = 0$（障害物が存在しない）か，障害物に遭遇しても，妨害されない場合（$\tau = 1$）に起きる．

一方，空間が障害物で埋めつくされ（$\beta = 1$），通過率 $\tau$ が1未満であれば $\alpha = \infty$ となり，音線が円周 $\rho$ に達する可能性は絶無

$$P'(\rho/\rho_0; \infty) = 0$$

である。

要するに式 (17.14) の $P'(\rho/\rho_0; \alpha)$ は音線が距離 $\rho$ だけ直進したとき生き残る確率（可能性）を表しており，伝搬途中の障害物による距離減衰率の期待値を与える。従って点音源から放射された音線（音響エネルギー流）の障害物による過剰減衰量（距離減衰量）は

$$\begin{aligned}
TL(\rho/\rho_0; \alpha) &= 10 \log_{10} P'(\rho/\rho_0; \alpha) \\
&= -4.34\alpha \left( \frac{\rho}{\rho_0} - \frac{\rho_0}{\rho} \right) \\
&= -\frac{8.68}{\pi} \frac{\beta(1-\tau)}{1-\beta} \left( \frac{\rho}{\rho_0} - \frac{\rho_0}{\rho} \right) \quad [\text{dB}] \\
&\qquad\qquad (\rho \geq \rho_0)
\end{aligned} \qquad (17.16)$$

と表される。図 17.2 には種々の $\beta$ に対する距離減衰の様子を示した。建物面積率 $\beta$ が高くなるにつれ過剰減衰量が急激に増大することが知られる。なお図では音線の建物通過率 $\tau$ を 0 としている（建物と衝突した音線は完全に遮へい除外されるものとした）。

## 17.4 線音源に対する距離減衰（建物による道路交通騒音の過剰減衰）

道路を走行する車群は非干渉性の点音源群と見なされる。各車両の音響出力を $w[\text{W}]$，単位長さあたりの平均車両台数を $\mu[\text{台}]$ とすれば，道路を $\mu w[\text{W/m}]$ の出力を有する線音源と見なし $L_{\text{Aeq}}$ を算定することができる。市街地道路のモデルとして障害物が散在する平面内にこの様な非干渉性の点音源群からなる線音源（図 17.3）を考える。道路（$x$ 軸）からの距離 $d$ の地点における等価受音強度は各音源要素 $\mu w dx$ からの寄与

$$\begin{aligned}
dI_{\text{eq}} &= \frac{\mu w dx}{2\pi(d^2 + x^2)} T(\rho, \theta) \\
&= \frac{\mu w}{2d} \frac{d\theta}{\pi} T(\rho, \theta)
\end{aligned}$$

17.4. 線音源に対する距離減衰（建物による道路交通騒音の過剰減衰） **257**

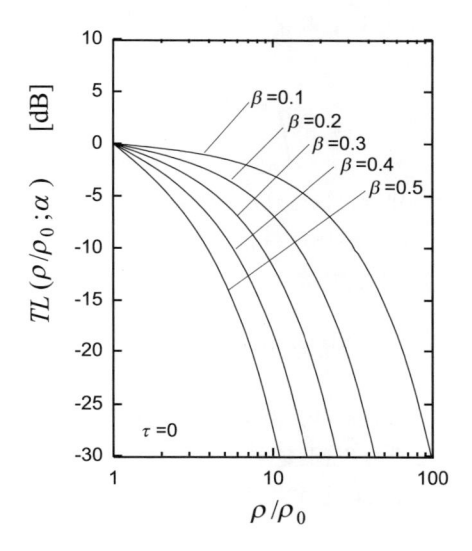

**図 17.2:** 障害物による点音源の過剰減衰

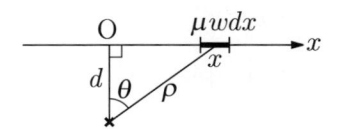

**図 17.3:** 仮想線音源による平面道路のモデル

を加算することにより

$$
\begin{aligned}
I_{\text{eq}} &= \frac{\mu w}{2d} \frac{1}{\pi} \int_{-\pi/2}^{\pi/2} T(\rho, \theta) d\theta \\
&= \frac{\mu w}{2d} \frac{\Theta}{\pi}
\end{aligned}
\tag{17.17}
$$

と表される。ここに $T(\rho,\theta)$ は音源要素 $\mu w dx$ が見通せれば 1, 見通せなければ 0 とする。従って

$$\Theta = \int_{-\pi/2}^{\pi/2} T(\rho,\theta) d\theta$$

は，いわゆる見通し角（建物に遮られることなく道路を見通すことのできる角度の総和）である。建物が無い場合の $\Theta$ は $\pi$ であることから，建物による $I_{\text{eq}}$ の減音量（遮へい効果）は式 (17.17) より

$$TL = 10\log_{10}\left(\frac{\Theta}{\pi}\right)$$

で与えられる。このように個々の受音点における減音量は見通し角 $\Theta$ から簡単に算定されるが，通常 $\Theta$ を求める（測定する）には多大な労力を要する。しかし建物群が無秩序に散在しているものとすれば，前節の結果を用いることにより $T(\rho,\theta)$ の期待値が

$$\begin{aligned}\overline{T(\rho,\theta)} &= 1\cdot P' + 0\cdot(1-P') \\ &= P' \\ &\simeq e^{-\alpha(\rho/\rho_0 - \rho_0/\rho)} \quad (\rho \geq \rho_0)\end{aligned}$$

と表されることから，見通し角 $\Theta$ の期待値として <sup>付録 17.2)</sup>

$$\begin{aligned}\overline{\Theta} &= \int_{-\pi/2}^{\pi/2} \overline{T(\rho,\theta)} d\theta \\ &= \int_{-\pi/2}^{\pi/2} e^{-\alpha(\rho/\rho_0 - \rho_0/\rho)} d\theta \\ &= \int_{-\pi/2}^{\pi/2} e^{-\alpha\left(\frac{d\sec\theta}{\rho_0} - \frac{\rho_0}{d\sec\theta}\right)} d\theta \\ &\simeq \pi e^{-\alpha(d/\rho_0 - \rho_0/d)} \frac{\sqrt{2\pi}\,\Phi\left(\sqrt{\alpha(d/\rho_0 + \rho_0/d)}\,\pi/2\right)}{\sqrt{\alpha(d/\rho_0 + \rho_0/d)}\,\pi/2}\end{aligned}$$

また $I_{\text{eq}}$ の期待値として

$$\overline{I_{\text{eq}}} = \frac{\mu w}{2d}\frac{\overline{\Theta}}{\pi}$$

が得られる。これより建物群による減音量（騒音エネルギーの平均的な遮音量）は

$$
\begin{aligned}
TL(d/\rho_0;\alpha) &= 10\log_{10}\left(\frac{\overline{\Theta}}{\pi}\right) \\
&\simeq -4.34\alpha\left(\frac{d}{\rho_0} - \frac{\rho_0}{d}\right) \\
&\quad + 10\log_{10}\frac{\sqrt{2\pi}\Phi\left(\sqrt{\alpha(d/\rho_0 + \rho_0/d)}(\pi/2)\right)}{\sqrt{\alpha(d/\rho_0 + \rho_0/d)}(\pi/2)} \\
&\simeq \begin{cases} -4.34\alpha\left(\frac{d}{\rho_0} - \frac{\rho_0}{d}\right) \\ \quad (\alpha d/\rho_0 \ll 1; 近距離) \\ -4.34\alpha\left(\frac{d}{\rho_0} - \frac{\rho_0}{d}\right) - 5\log_{10}\left(\frac{d}{\rho_0} + \frac{\rho_0}{d}\right) - 5\log_{10}\alpha - 1 \\ \quad (\alpha d/\rho_0 \gg 1; 遠距離) \end{cases}
\end{aligned}
$$

(17.18)

と見積もられ、遮へい係数 $\alpha$（建物群の面積率 $\beta$ 及び通過率 $\tau$）と等価半径 $\rho_0$ から容易に推定される。

図 17.4 には障害物の面積率 $\beta$ を種々設定し、線音源からの距離減衰の様子を描いた。$\beta$ が 0.1 以下では障害物による過剰減衰は比較的小さいが、$\beta$ が増加するにつれ急激に増大し、$\beta \geq 0.3$ では $d/\rho_0 \simeq 5$（障害物寸法の 2～3 倍程度の距離）において 10dB を超えることが知られる。ただし $\tau = 0$ とした。

## 17.5 建物高さの影響

以上の議論においては、障害物（建物）の高さは無限大であるとしている。即ち、受音位置が建物に比し十分低いものとしている。受音点が高い場合には、建物の高さを考慮する必要が生じる。本節では建物の高さが騒音伝搬に与える影響について概説する。そのため、ここでは建物を面積 $S_0$、高さ $h_0$ の円柱と見なし、市街地をこの様な有限の高さの円柱が平面上に散在する空間でモデル化し、平面上の原点 O に置かれた点音源から放射される音線との衝突確率を調べる。音源（原点 O）からの水平距離 $\rho$、高さ $z$ の観測点に音線が到達する確率 $P'(\rho/\rho_0, z/h_0;\alpha)$ は $xy$ 平面上に投影された音線と円柱との衝突の有無を基に算定されること、そ

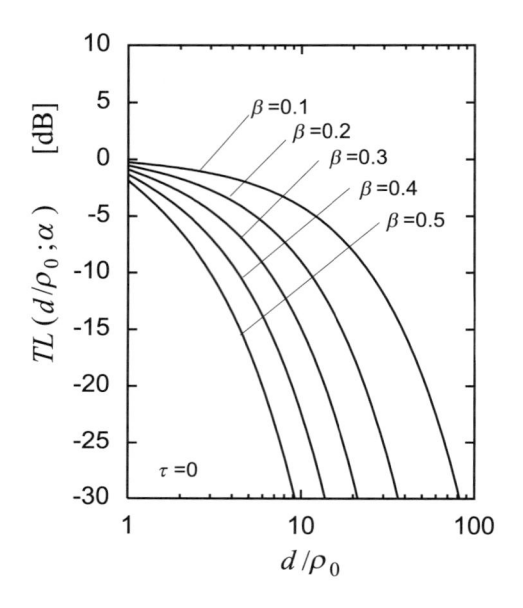

図 17.4: 障害物による線音源の過剰減衰

して図 17.5 から明らかなごとく衝突は $y$ 軸上の区間 $0 \sim \rho_{h_0}(=\rho h_0/z)$ において発生することに留意すれば，17.3 節の結果を適用することにより

$$P'(\rho/\rho_0, z/h_0; \alpha) = \begin{cases} e^{-\alpha(\rho/\rho_0 - \rho_0/\rho)} & (z \leq h_0) \\ e^{-\alpha(\rho_{h_0}/\rho_0 - \rho_0/\rho_{h_0})} & (z \geq h_0) \end{cases}$$
$$= e^{-\alpha(\rho/\rho_0^* - \rho_0^*/\rho)} \tag{17.19}$$

で与えられる。ここに

$$\rho_0^* = \begin{cases} \rho_0 & (z \leq h_0) \\ (z/h_0)\rho_0 & (z \geq h_0) \end{cases} \tag{17.20}$$

とする。上式は受音位置の高さにより障害物としての建物の等価半径が変化することを意味している。即ち，受音位置が建物の高さより低い場合 $(z \leq h_0)$ には，

障害物としての等価半径は $\rho_0$ のままであるが，高い場合 $(z \geq h_0)$ には $(z/h_0)\rho_0$ となることを示している。

これより建物高さの影響を考慮した点音源からの距離減衰式（水平方向 $\rho$ に対する）

$$TL(\rho/\rho_0, z/h_0; \alpha) = 10\log_{10} P'(\rho/\rho_0, z/h_0; \alpha)$$
$$= -4.34\alpha(\rho/\rho_0^* - \rho_0^*/\rho)$$
$$= \begin{cases} -4.34\alpha(\rho/\rho_0 - \rho_0/\rho) & (z \leq h_0) \\ -4.34\alpha(h_0\rho/z\rho_0 - z\rho_0/h_0\rho) & (z \geq h_0) \end{cases} \quad (17.21)$$

が導かれる。

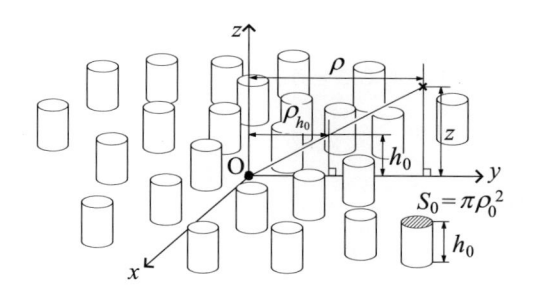

図 17.5: 音源 $O$ と建物高さ $h_0$，受音点高さ $z$ の関係

同様に線音源に対する建物高さの影響についても考えることができる。上述の点音源に対する結果を基に $x$ 軸上に分布する点音源群（単位長さあたりの平均出力 $\mu w$ の線音源）による水平距離 $d$，高さ $z$ の点における等価受音強度は

$$I_{\text{eq}}(d/\rho_0, z/h_0; \alpha) = \int_{-\infty}^{\infty} \frac{\mu w P'(\rho/\rho_0, z/h_0; \alpha)}{2\pi(\rho^2 + z^2)} dx \quad (17.22)$$

で表される。ここに

$$\rho = \sqrt{d^2 + x^2}$$

である。式 (17.19) を上式に代入整理すれば

$$\begin{aligned}I_{\text{eq}}(d/\rho_0, z/h_0; \alpha) &= \frac{\mu w}{2\pi} \int_{-\infty}^{\infty} \frac{e^{-\alpha(\rho/\rho_0^* - \rho_0^*/\rho)}}{d^2 + z^2 + x^2} dx \\ &\simeq \frac{\mu w}{2d^*} e^{-\alpha(d^*/\rho_0^* - \rho_0^*/d^*)} \\ &\quad \times \frac{\sqrt{2\pi}\Phi\left(\sqrt{\alpha(d^*/\rho_0^* + \rho_0^*/d^*)(1+z^2/d^{*2})}(\pi/2)\right)}{\sqrt{\alpha(d^*/\rho_0^* + \rho_0^*/d^*)(1+z^2/d^{*2})}(\pi/2)}\end{aligned}$$
(17.23)

が得られる。ただし

$$d^* = \sqrt{d^2 + z^2}$$

とする。

さらに通常 $(z/d)^2 \ll 1$ であることから

$$d^* \simeq d$$

従って，式 (17.23) は

$$\begin{aligned}I_{\text{eq}}(d/\rho_0, z/h_0; \alpha) &\simeq \frac{\mu w}{2d} e^{-\alpha(d/\rho_0^* - \rho_0^*/d)} \\ &\quad \times \frac{\sqrt{2\pi}\Phi\left(\sqrt{\alpha(d/\rho_0^* + \rho_0^*/d)}(\pi/2)\right)}{\sqrt{\alpha(d/\rho_0^* + \rho_0^*/d)}(\pi/2)}\end{aligned}$$
(17.24)

と表される。即ち，線音源に対する建物高さの影響は，点音源に対すると同様，障害物としての建物の等価半径 $\rho_0$ を受音点の高さに従い式 (17.20) に基づき $\rho_0^*$ に修正することにより得られる。かくして，建物の高さ $h_0$ を考慮した場合の線音源に対する距離減衰式（過剰減衰量）は

$$\begin{aligned}TL(d/\rho_0, z/h_0; \alpha) &= 10\log_{10}\{I_{\text{eq}}(d/\rho_0, z/h_0; \alpha)/I_{\text{eq}}(d/\rho_0, z/h_0; 0)\} \\ &\simeq -4.34\alpha(d/\rho_0^* - \rho_0^*/d) \\ &\quad + 10\log_{10} \frac{\sqrt{2\pi}\Phi\left(\sqrt{\alpha(d/\rho_0^* + \rho_0^*/d)}(\pi/2)\right)}{\sqrt{\alpha(d/\rho_0^* + \rho_0^*/d)}(\pi/2)}\end{aligned}$$
(17.25)

となり，前節の式 (17.18) において建物の等価半径 $\rho_0$ を $\rho_0^*$ と置いたものに他ならない．

## 17.6 建物群による反射音の影響

上述の議論では $\tau = 0$ とおけば，音源から放射された音線が建物等の障害物と衝突することなく観測点に直に到達する確率 (割合) に注目し，受音強度を算定していることになる．しかるに観測点にはこの様な直達音以外に建物や地面等による反射音も到達する．特に建物が密集し，表面の反射率が高い場合には，衝突により trap (補捉) された音線が反射を繰り返し残響場を形成する．本節では trap された音線による残響場について考察し，それによる受音強度の増分を求め，距離減衰式の補正を行う．

建物の分布や寸法 (面積 $S_0 = \pi \rho_0^2$, 高さ $h_0$) は前節と同様とし，まず点音源 O からの放射場について考える．図 17.6 に示すように点音源を中心とする半径 $\rho$ 及び $\rho + \Delta\rho$, 高さ $h_0$ の円柱状の殻で囲まれた領域に着目する．

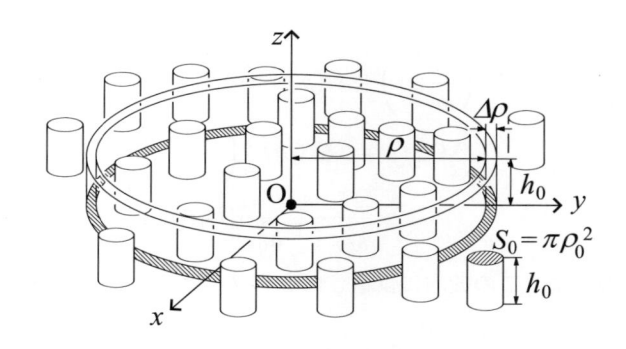

図 17.6: 障害物 (半径 $\rho_0$, 高さ $h_0$) が散在する空間内の円柱殻 (半径 $\rho \sim \rho + \Delta\rho$)

264　第 17 章　市街地道路周辺の騒音予測

この円柱殻の前面，後面及び上面が点音源 O を見込む立体角がそれぞれ

$$\Omega(\rho) = \frac{2\pi h_0}{\sqrt{\rho^2 + h_0^2}} \tag{17.26}$$

$$\begin{aligned}\Omega(\rho + \Delta\rho) &= \frac{2\pi h_0}{\sqrt{(\rho + \Delta\rho)^2 + h_0^2}} \\ &\simeq \Omega(\rho) - \frac{2\pi\rho h_0}{(\rho^2 + h_0^2)^{3/2}}\Delta\rho \\ &= \Omega(\rho) - \Delta\Omega_+(\rho + 0.5\Delta\rho)\end{aligned} \tag{17.27}$$

$$\Omega_+(\rho + 0.5\Delta\rho) \simeq \frac{2\pi\rho h_0 \Delta\rho}{(\rho^2 + h_0^2)^{3/2}} \tag{17.28}$$

であること，またそれぞれの面への音線の到達確率が

$$P'(\rho/\rho_0;\alpha) \simeq e^{-\alpha\rho/\rho_0} \tag{17.29}$$

$$P'((\rho + \Delta\rho)/\rho_0;\alpha) \simeq P'(\rho/\rho_0) - (\alpha/\rho_0)P'(\rho/\rho_0)\Delta\rho \tag{17.30}$$

$$P'((\rho + 0.5\Delta\rho)/\rho_0;\alpha) \simeq P'(\rho/\rho_0) - (\alpha/\rho_0)P'(\rho/\rho_0)\Delta\rho/2 \tag{17.31}$$

であることを考慮すれば，殻内の障害物 (建物) と衝突する音響パワーは次式で表される。

$$\begin{aligned}\frac{w}{2\pi}\Bigg\{&\Omega(\rho)P'\left(\frac{\rho}{\rho_0};\alpha\right) - \Omega(\rho + \Delta\rho)P'\left(\frac{\rho + \Delta\rho}{\rho_0};\alpha\right) \\ &-\Delta\Omega_+(\rho + 0.5\Delta\rho)P'\left(\frac{\rho + 0.5\Delta\rho}{\rho_0};\alpha\right)\Bigg\} \\ &\simeq \frac{w}{\sqrt{\rho^2 + h_0^2}}\alpha(h_0/\rho_0)e^{-\alpha\rho/\rho_0}\Delta\rho\end{aligned} \tag{17.32}$$

従って，反射波によりこの殻内に供給されるパワーは建物の吸音率を $a$ とすれば

$$\frac{(1-a)w}{\sqrt{\rho^2 + h_0^2}}\alpha(h_0/\rho_0)e^{-\alpha\rho/\rho_0}\Delta\rho \tag{17.33}$$

で与えられる。反射音は殻内で拡散的に振舞うものとし，その強さを $I_n^{(R)}(\rho/\rho_0;\alpha)$ とすれば，殻内から毎秒失われる音のエネルギーは

$$\begin{aligned}\{2\pi\rho\Delta\rho \cdot (1-\beta) \cdot 1 + 2\pi\rho\Delta\rho \cdot \nu \cdot 2\pi\rho_0 h_0 \cdot a + 2\pi\rho\Delta\rho \cdot (1-\beta) \cdot a^*\} \\ \times I_n^{(R)}(\rho/\rho_0;\alpha)\end{aligned} \tag{17.34}$$

と見積られる．ここに $a^*$ は地表面の吸音率である．定常状態では式 (17.34) は式 (17.33) と等しくなることから

$$I_n^{(R)}(\rho/\rho_0;\alpha) \simeq \frac{(1-a)we^{-\alpha\rho/\rho_0}}{2\pi\rho\sqrt{\rho^2+h_0^2}} \cdot \frac{\alpha(h_0/\rho_0)}{(1-\beta)(1+a^*)+2\beta(h_0/\rho_0)a}$$

$$\simeq \frac{(1-a)we^{-\alpha\rho/\rho_0}}{2\pi\rho^2(1-\beta)} \cdot \frac{\alpha(h_0/\rho_0)}{1+a^*+\pi\alpha(h_0/\rho_0)a} \tag{17.35}$$

が得られる．3次元拡散場における受音強度 $I^{(R)}(\rho/\rho_0;\alpha)$ は音の強さ $I_n^{(R)}(\rho/\rho_0;\alpha)$ の 4 倍であり

$$I^{(R)}(\rho/\rho_0;\alpha) = 4I_n^{(R)}(\rho/\rho_0;\alpha)$$
$$\simeq \frac{4(1-a)}{1-\beta}\frac{\alpha(h_0/\rho_0)}{1+a^*+\pi\alpha(h_0/\rho_0)a}\frac{we^{-\alpha\rho/\rho_0}}{2\pi\rho^2}$$
$$= H(\beta, h_0/\rho_0 \,|\, a, a^*)\frac{we^{-\alpha\rho/\rho_0}}{2\pi\rho^2} \tag{17.36}$$

と表される．ここに

$$H(\beta, h_0/\rho_0 \,|\, a, a^*) = \frac{4(1-a)}{1-\beta}\frac{\alpha(h_0/\rho_0)}{1+a^*+\pi\alpha(h_0/\rho_0)a} \tag{17.37}$$

$$\alpha = \frac{2\beta}{\pi(1-\beta)} \tag{17.38}$$

である．

一方，直達音による受音強度は

$$I^{(D)}(\rho/\rho_0;\alpha) \simeq \frac{we^{-\alpha\rho/\rho_0}}{2\pi\rho^2} \tag{17.39}$$

であり，反射音 $I^{(R)}(\rho/\rho_0;\alpha)$ と合成することにより全体の受音強度は

$$I(\rho/\rho_0;\alpha) = I^{(D)}(\rho/\rho_0;\alpha) + I^{(R)}(\rho/\rho_0;\alpha)$$
$$= \{1 + H(\beta, h_0/\rho_0 \,|\, a, a^*)\}I^{(D)}(\rho/\rho_0;\alpha) \tag{17.40}$$

で与えられる．従って，直達音 $I^{(D)}(\rho/\rho_0;\alpha)$ を基準にとれば

$$10\log_{10}\frac{I(\rho/\rho_0;\alpha)}{I^{(D)}(\rho/\rho_0;\alpha)} = 10\log_{10}\{1 + H(\beta, h_0/\rho_0 \,|\, a, a^*)\} \quad [\text{dB}] \tag{17.41}$$

の増加が反射音の影響により見込まれることとなる。

式 (17.36)～式 (17.40) から明らかなように $H(\beta, h_0/\rho_0 \,|\, a, a^*)$ は音響障害物 (建物と地面) による総合的な反射係数であり，建物の面積率 $\beta$，寸法 $h_0/\rho_0$，吸音率 $a$ 及び地面の吸音率 $a^*$ から求められる。$a = a^*$ として様々な条件下で式 (17.41) を計算した結果を図 17.7 に示した。$a = a^* = 0.2$ で建物の占有率が $\beta = 0.5$ 程度であれば，建物の高さにも依存するが，5～9dB の騒音レベルの上昇が見込まれることがわかる。

次に線音源の周りの受音強度について反射音の影響を含め考える。音源密度を $\mu$[個/m]，各音源の出力を $w$[W] とすれば，線音源要素 $dx$ による受音強度は上述の点音源に対する結果（式 (17.40)）を参照し

$$\frac{\mu w dx}{2\pi \rho^2} e^{-\alpha \rho/\rho_0} \{1 + H(\beta, h_0/\rho_0 \,|\, a, a^*)\} \tag{17.42}$$

と書かれる。これにより線音源による等価受音強度は

$$\begin{aligned} I_{\text{eq}}(d/\rho_0; \alpha) &= \int_{-\infty}^{\infty} \frac{\mu w e^{-\alpha \rho/\rho_0}}{2\pi \rho^2} \{1 + H(\beta, h_0/\rho_0 \,|\, a, a^*)\} dx \\ &= \{1 + H(\beta, h_0/\rho_0 \,|\, a, a^*)\} I_{\text{eq}}^{(D)}(d/\rho_0; \alpha) \end{aligned} \tag{17.43}$$

と表される。ただし

$$\begin{aligned} I_{\text{eq}}^{(D)}(d/\rho_0; \alpha) &= \int_{-\infty}^{\infty} \frac{\mu w e^{-\alpha \rho/\rho_0}}{2\pi \rho^2} dx \\ &\simeq \frac{\mu w}{2d} e^{-\alpha d/\rho_0} \frac{\sqrt{2\pi}\, \Phi\left(\sqrt{\alpha d/\rho_0}\, \pi/2\right)}{\sqrt{\alpha d/\rho_0}\, \pi/2} \\ &= I_{\text{eq}}^{(D)}(d/\rho_0; 0) e^{-\alpha d/\rho_0} \frac{\sqrt{2\pi}\, \Phi\left(\sqrt{\alpha d/\rho_0}\, \pi/2\right)}{\sqrt{\alpha d/\rho_0}\, \pi/2} \end{aligned} \tag{17.44}$$

である。なお

$$I_{\text{eq}}^{(D)}(d/\rho_0; 0) = \frac{\mu w}{2d} \tag{17.45}$$

は建物の無い ($\alpha = 0$) 半自由空間における線音源の周りの等価受音強度である。

## 17.6. 建物群による反射音の影響

従って線音源の周りの受音レベル (等価騒音レベル) は建物等の反射の影響により点音源の場合と同じく

$$10\log_{10}\frac{I_{\text{eq}}(d/\rho_0;\alpha)}{I_{\text{eq}}^{(D)}(d/\rho_0;\alpha)} = 10\log_{10}\{1+H(\beta,h_0/\rho_0\,|\,a,a^*)\} \quad [\text{dB}] \tag{17.46}$$

なる増分が見込まれることとなる。

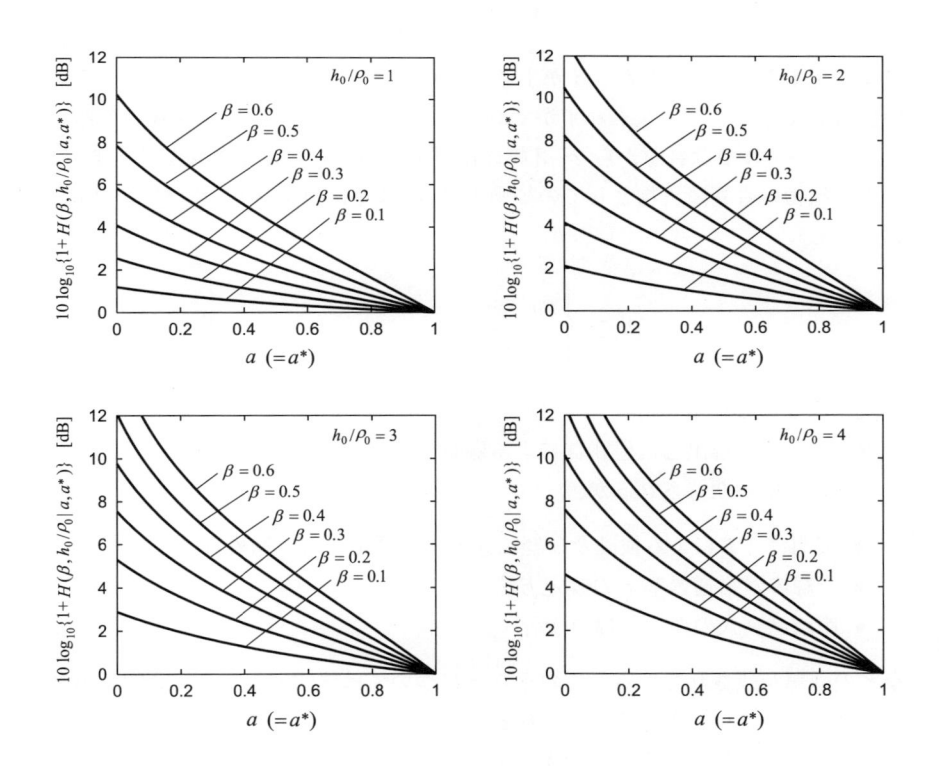

図 **17.7**: 反射音の影響による過剰減衰量の補正 (建物表面の吸音率 $a$ と地表面の吸音率 $a^*$ が等しいと仮定)

## 17.7 まとめ及び課題

市街地の建物は遮音壁と同様に，後背地への騒音の伝搬を妨げる効果がある。本章では建物の等価半径 $\rho_0$ 及び面積率 $\beta$ 等を与えることにより点音源および線音源に対する簡便な距離減衰式を導いた。建物による減音効果は伝搬距離 $\rho$ を建物の等価半径 $\rho_0$ で規格化すれば面積率 $\beta$ 及び通過率 $\tau$ で定義される遮へい係数

$$\alpha = \frac{2\beta(1-\tau)}{\pi(1-\beta)}$$

により定まることを示した。$\beta$ が小さい（0.1以下）場合には建物による音の遮へい係数 $\alpha$ も小さく，減衰もわずかである。しかし，$\beta$ の増加につれ $\alpha$ は急激に増大し，$\beta \geq 0.3$ では音源から2～3棟の距離で10dBを超える減音が見込まれる。

また建物の音響障害物としての等価半径 $\rho_0^*$ は建物の高さ $h_0$ 及び受音点高さ $z$ に依存し

$$\rho_0^* = \begin{cases} \rho_0 & (z \leq h_0) \\ (z/h_0)\rho_0 & (z \geq h_0) \end{cases}$$

と表されることを示した。

本章において導出した建物群による騒音の距離減衰式は市街地道路周辺の騒音予測への適用が期待されるが，

- 実測データによる検証及び経験式との照合をさらに進めること
- 音線の建物通過率 $\tau$ の設定方法
- 距離減衰式のゆらぎ幅の検討

などの課題が残されている。このうち $\tau$ については建物と衝突した音線は消滅する（通過できない）と考え，$\tau = 0$ とするのも一法であるが，実測データとの照合を踏まえ，経験的に定めるのが現実的であろう。

また，建物等による反射の影響が無視できないときには，減音量が小さくなる。建物の密集度（面積率 $\beta$, 高さ $h_0/\rho_0$）が増すにつれ，また吸音率 $a$ が小さいほど反射音の影響は大きくなるが，見通し角 $\Theta = 0$ の場合（沿道に建物が密集し，道路が見通せない場合）に対しては，音線がジグザグに進むことを考慮した新たな伝搬モデルを導入する必要がある。

# 付録 17.1：2次元平面内の円形障害物（円柱断面）と音線の衝突確率

原点 O から平面上のあらゆる方向に音線が放射されるものとする。図 17.8 に示すように半径 $\rho$ 内の任意の位置に物体（等価半径を $\rho_0$ とする）が存在する場合に，音線がこの物体と衝突する確率を考える。これは積分幾何学において Buffon の針の問題として知られている。点 O から放射された音線が物体と衝突する可能性は長さ $2\rho_0$ の針（円柱の直径）が原点 O を見込む角を $2\varphi$ とすれば

$$\frac{2\varphi}{2\pi} = \frac{\varphi}{\pi}$$

と表されるが，物体の中心 O' は半径 $\rho$ 内の任意の点に選ぶことができることから，求める確率はその平均として

$$\begin{aligned}
\frac{\overline{\varphi}}{\pi} &= \int_0^\rho \frac{\varphi}{\pi} \frac{2\pi \rho' d\rho'}{\pi \rho^2} \\
&= \int_{\varphi_\rho}^{\pi/2} \frac{2}{\pi} \varphi \frac{\cos\varphi}{\sin^3\varphi} \left(\frac{\rho_0}{\rho}\right)^2 d\varphi \\
&= \frac{2}{\pi}\left(\frac{\rho_0}{\rho}\right)^2 \left\{-\frac{\pi}{4} + \frac{1}{2}\left(1 + \left(\frac{\rho}{\rho_0}\right)^2\right)\tan^{-1}\left(\frac{\rho_0}{\rho}\right) + \frac{1}{2}\frac{\rho}{\rho_0}\right\}
\end{aligned} \quad (17.47)$$

で与えられる。

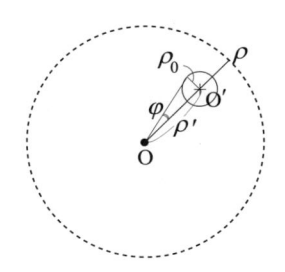

図 17.8: 半径 $\rho$ の円内の障害物と音線との衝突

上式は $\rho/\rho_0 \to \infty$ なる極限において $\overline{\varphi}/\pi \to 2\rho_0/\pi\rho$ となるが $\rho/\rho_0 \geq 2$ なる

$\rho$ に対しても概ね

$$\frac{\overline{\varphi}}{\pi} \simeq \frac{2\rho_0}{\pi\rho} \quad (\rho \geq 2\rho_0) \tag{17.48}$$

で近似できることが知られる（図 17.9 参照）。

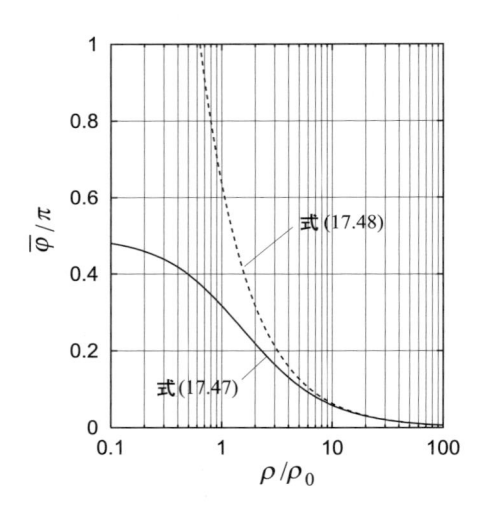

図 17.9: 円（半径 $\rho$）内の針（長さ $2\rho_0$）と音線との衝突確率

上記の結果は半径 $\rho$ の 2 次元拡散場（面積 $S = \pi\rho^2$，障害物の周長 $l_\varphi = 2\pi\rho_0$）における音線の平均自由行程長 [6]

$$\bar{l} = \frac{\pi S}{l_\varphi} = \frac{\pi}{2}\frac{\rho^2}{\rho_0} \tag{17.49}$$

から容易に算出される。この場合，音線が距離 $\rho$ 進む間に障害物と衝突する可能性は

$$\frac{\rho}{\bar{l}} = \frac{2\rho_0}{\pi\rho}$$

と見積もられるからである。

## 付録 17.2：$\overline{\Theta}$ の近似式の誘導

$$\sec\theta \simeq 1 + \frac{\theta^2}{2}$$
$$\frac{1}{\sec\theta} \simeq 1 - \frac{\theta^2}{2}$$

なる関係を代入することにより

$$\overline{\Theta} = \int_{-\pi/2}^{\pi/2} e^{-\alpha\left(\frac{d\sec\theta}{\rho_0} - \frac{\rho_0}{d\sec\theta}\right)} d\theta$$
$$\simeq e^{-\alpha(d/\rho_0 - \rho_0/d)} \int_{-\pi/2}^{\pi/2} e^{-\frac{\alpha\theta^2}{2}\left(\frac{d}{\rho_0} + \frac{\rho_0}{d}\right)} d\theta$$
$$= \pi e^{-\alpha(d/\rho_0 - \rho_0/d)} \frac{\sqrt{2\pi}\,\Phi\left(\sqrt{\alpha(d/\rho_0 + \rho_0/d)}\,\pi/2\right)}{\sqrt{\alpha(d/\rho_0 + \rho_0/d)}\,\pi/2}$$

が導かれる。ただし

$$\Phi(z) = \frac{1}{\sqrt{2\pi}} \int_0^z e^{-t^2/2} dt$$

である。

## 文献

1) 加来治郎, 山下充康, "騒音の市街地浸透に関する研究", 日本音響学会誌, 35 巻 (1979) 257-261.
2) 日本音響学会道路交通騒音調査研究委員会, "道路交通騒音の予測モデル ASJ Model 1998", 日本音響学会誌, 55 巻 (1999) 281-324.
3) 上坂克巳, 大西博文, 千葉隆, 高木興一, "道路に面した市街地における区間平均等価騒音レベルの計算法", 騒音制御, 23 巻 (1999) 441-451.
4) 藤本一寿, 安永和憲, 江崎克浩, 大森寛樹, "戸建て住宅群による道路交通騒音の減衰", 日本音響学会誌, 56 巻 (2000) 815-824.
5) 久野和宏, 野呂雄一, 木村和則, "障害物空間における音線の衝突・減衰過程について", 応用音響研究会資料, EA-2000-6 (2000).
6) 久野和宏, 野呂雄一, 井研治, "イメージ拡散法による閉空間内の音場解析 −音源分布の平滑化法と近距離場に対する補正−", 日本音響学会誌, 44 巻 (1988) 893-899.

# 第18章　幾何音響学と回折理論

　道路交通騒音予測の精度を左右する重要な部分に道路構造や障壁，沿道の建物等による回折補正量の計算がある。通常，この回折補正量は幾何音響学的に取扱われることが多い。

　幾何音響学では音線（Sound Ray）を用い障害物による音波の反射や回折等の現象を直観的で見通し良く表現するのに役立っている。一方，この音線による視覚的表示は種々の思い込みやもどかしさの発生する原因ともなっている。その源の一つは，音線を振幅と位相を有する波動と考えるか，位相を無視したエネルギー流（粒子）と考えるかにある。回折は正に波動としての現象であり，重ねの理やBabinetの原理も波動（音圧や速度ポテンシャル）に対して成り立つ法則であり，エネルギー流や音圧の自乗に対しては必ずしも成り立たない。本章では波動音線理論を基に

- 重ねの理
- 相反定理
- Babinetの原理
- 回折と反射
- 干渉性波動と非干渉性波動
- バンドノイズの性質

などについて概説するとともに，道路交通騒音予測と関連の深い障壁やスリットを取上げ音の回折や反射を考える。

## 18.1 重ねの理(線形性)と相反定理

音圧や速度ポテンシャル(粒子速度),体積変化量が線形の波動方程式で記述されること[1)2)]は,これらの物理量については重ね合せの原理が成り立つことを意味する。音波を周波数成分に分解,合成すること,音場を直達波や反射波,回折波に分解,合成して考えることは重ねの理に基づいている。ただしこの重ねの理は音圧の2乗や粒子速度の2乗などエネルギーに関する非線形な量に対しては一般には適用できない。

また,線形系に対してはいわゆる相反定理(音源と受音点を入れ代えても音圧の観測値は変化しない)が成り立つ。これは線形系では音源と受音点の間の伝達特性が両者の役割を交換しても変わらないことによる。従って音源と受音点を入れ代えた場合にも障壁等による回折補正量は変化しない。

## 18.2 Babinet の原理

重ねの理の応用の一つに Babinet の原理がある。音源 0 と観測点 2 の間に開口 B' を有する剛壁 B があるものとする。開口 B' を経て 2 に達する音圧(回折波)を $p_{B'}(2)$ とする。次に開口と剛壁を入れ替え,B' を剛壁,B を開口としたとき,B を経て 2 に達する音圧を $p_B(2)$ とする。

重ねの理により上記 2 つの音圧の和 $p_{B'}(2) + p_B(2)$ は途中に剛壁がない(B,B' とも開口である)場合の音圧 $p_{B'+B}(2)$ に等しい。

$$p_{B'}(2) + p_B(2) = p_{B'+B}(2)$$
$$= p_{02} \tag{18.1}$$

この関係は Babinet の原理として知られている[3)]。言うまでも無く $p_{B'+B}(2)$ は自由空間における直達波 $p_{02}$ であり,上式は $p_{B'}(2)$ と $p_B(2)$ が直達波 $p_{02}$ に対し相補的であることを表している。

さらに図 18.1 の場合には $p_{B'}(2)$ は開口 B' による回折波 $p_{D,B'}(2)$ であるのに対し,$p_B(2)$ は直達波 $p_{02}$ と開口 B による回折波 $p_{D,B}(2)$ の和

$$p_B(2) = p_{02} + p_{D,B}(2) \tag{18.2}$$

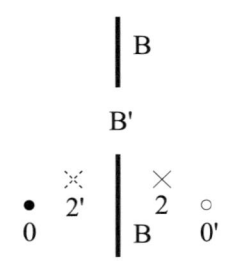

図 18.1: 開口を有する剛壁と音源，受音点配置

であることに留意すれば式 (18.1) は

$$p_{D,B'}(2) + p_{D,B}(2) = 0$$

即ち

$$p_{D,B}(2) = -p_{D,B'}(2) \tag{18.3}$$

と表され，開口 B による回折波は開口 B' による回折波と大きさ等しく，符号のみ異なり，両者の和は零となる。

## 18.2.1 半無限障壁への適用

Babinet の原理を図 18.2 に示す半無限障壁（剛壁）B に適用してみよう。

点音源 0 より開口 B' を経て観測点 2 に至る音線を $p_{012}$，逆に B' を剛壁とした場合，開口 B を経て 2 に至る音線は直達パス $p_{02}$ と回折パス $p_{012}^*$ からなり，式 (18.1) は

$$p_{012} + (p_{02} + p_{012}^*) = p_{02}$$

従って，式 (18.3) に相当する関係として

$$p_{012}^* = -p_{012} \tag{18.4}$$

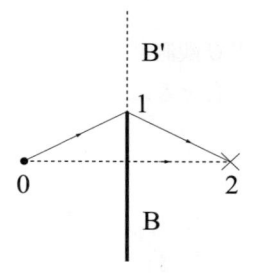

図 18.2: 半無限障壁と音源，受音点配置

を得る．ここに $*$ を付した音線は音源 0 から観測点 2 が見通せることを示す．上式は回折経路として同じパスを通る 2 つの音線（音源から観測点が見通せる場合と見通せない場合に対応）は符号のみ異なることを表している．角周波数 $\omega$ の点音源からの直達波を

$$p_{02} = \frac{e^{-jkr_{02}}}{r_{02}} \quad (k = \omega/c)$$

とし，回折波 $p_{012}$ 及び $p_{012}^*$ の回折係数をそれぞれ $c_{012}$ 及び $c_{012}^*$ とすれば

$$p_{012} = c_{012}\frac{e^{-jkr_{02}}}{r_{02}} = c_{012}p_{02}$$

$$p_{012}^* = c_{012}^*\frac{e^{-jkr_{02}}}{r_{02}} = c_{012}^*p_{02}$$

と表され，式 (18.4) から

$$c_{012}^* = -c_{012} \tag{18.5}$$

が得られる．ただし $r_{02}$ は音線の直達距離である．

角周波数に依存する上記回折係数 $c_{012}$ は一般に複素数である．また通常この係数は Fresnel 数 $N_{012}$（回折パス $\overline{01} + \overline{12}$ と直達パス $\overline{02}$ の行路差 $\delta$ と半波長 $\lambda/2$ の比 $N_{012} = \pm 2\delta/\lambda$）の関数 $c(N_{012})$ で示されることが多く，観測点が見通せない場合 $N_{012}$ は正，見通せれば負としており，上式は

$$c(-N_{012}) = -c(N_{012}) \tag{18.6}$$

と書かれる。

いま，音源 0，障壁エッジ 1 及び観測点 2 が同一直線上にある行路差 $\delta = 0$（フレネル数 $N_{012} = 0$）の特別な場合を考える。

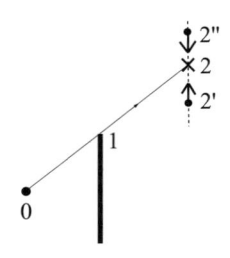

図 **18.3**: 行路差 $\delta = 0$ の場合

図 18.3 において点 $2'$ の音圧は

$$p(2') = p_{012'} = c(N_{012'})p_{02'} \tag{18.7}$$

また点 $2''$ における音圧は

$$\begin{aligned} p(2'') &= p_{02''} + p^*_{012''} \\ &= \{1 + c^*_{012''}\}p_{02''} \\ &= \{1 - c(N_{012''})\}p_{02''} \end{aligned} \tag{18.8}$$

と表される。式 (18.7) において $2' \to 2$ なる極限をとれば

$$\lim_{2' \to 2} p(2') = p(2) = c(+0)p_{02}$$

また式 (18.8) において $2'' \to 2$ なる極限をとれば

$$\lim_{2'' \to 2} p(2'') = p(2) = \{1 - c(+0)\}p_{02}$$

が得られるが，これら両者は一致すべきことから

$$c(+0) = 1 - c(+0) \tag{18.9}$$

となる。従って

$$c(+0) = 1/2 \tag{18.10}$$
$$c(-0) = -1/2 \tag{18.11}$$

が導かれ，Fresnel 数 $N_{012} = 0$ の音線（図 18.3）に対しては

$$p_{012} = \frac{1}{2} p_{02}$$

となり，直達音に比し 6dB の減音となる。

### 18.2.2　スリットへの適用

次に Babinet の原理を図 18.4 に示すスリットに適用してみよう。

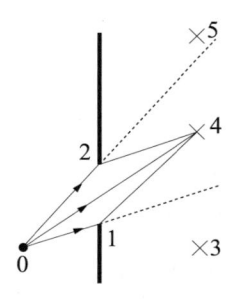

**図 18.4: スリットによる回折**

音線を用いればスリット後方の受音点 4 の音圧 $p(4)$ は直達パス $p_{04}$ と単回折パス $p^*_{014}$ および $p^*_{024}$ の和として

$$\begin{aligned} p(4) &= p_{04} + p^*_{014} + p^*_{024} \\ &= p_{04} - p_{014} - p_{024} \end{aligned} \tag{18.12}$$

と表される。一方，開口と障壁を入れ替えた場合の受音点音圧 $p'(4)$ は単回折パス $p_{014}$ 及び $p_{024}$ の和

$$p'(4) = p_{014} + p_{024} \tag{18.13}$$

で与えられる．これより

$$p(4) + p'(4) = (p_{04} + p^*_{014} + p^*_{024}) + (p_{014} + p_{024})$$
$$= p_{04} \tag{18.14}$$

となり，スリットとそれを反転して得られる幅のある障壁の間に Babinet の原理が成り立つことが知られる．同様に受音点 3 については

$$p(3) = p_{013} + p^*_{023} = p_{013} - p_{023} \tag{18.15}$$
$$p'(3) = p_{03} + p^*_{013} + p_{023} = p_{03} - p_{013} + p_{023} \tag{18.16}$$

受音点 5 については

$$p(5) = p^*_{015} + p_{025} = -p_{015} + p_{025} \tag{18.17}$$
$$p'(5) = p_{015} + p_{05} + p^*_{025} = p_{015} + p_{05} - p_{025} \tag{18.18}$$

となり，いずれも Babinet の原理

$$p(3) + p'(3) = p_{03} \tag{18.19}$$
$$p(5) + p'(5) = p_{05} \tag{18.20}$$

を満たし，開口と障壁とは直達音に関し互いに相補的である．

## 18.3　回折と反射

　Babinet の原理の応用として障壁による回折と反射の関係について考えてみよう．式 (18.1) は図 18.1 において障壁のない場合の音圧 $p_{B'+B}(2)$ は開口 B′ を経て 2 に至る音圧 $p_{B'}(2)$ と相補的な開口 B を経て 2 に至る音圧 $p_B(2)$ の和で表されることを示している．ところで $p_B(2)$ は剛壁 B により，$p_{B'}(2)$ は剛壁 B′ によりそれぞれ遮へいされる音圧と見ることもできることから式 (18.1) は以下の如く様々に解釈される．

- 障壁のない場合の音圧 $p_{B'+B}(2)$ は開口 B′ を経て 2 に至る音圧 $p_{B'}(2)$ と剛壁 B により遮へいされる音圧 $p_B(2)$ の和である．

- 障壁のない場合の音圧 $p_{B'+B}(2)$ は開口 B を経て 2 に至る音圧 $p_B(2)$ と剛壁 B' により遮へいされる音圧 $p_{B'}(2)$ の和である。
- 障壁のない場合の音圧 $p_{B'+B}(2)$ は剛壁 B 及び B' によりそれぞれ遮へいされる音圧 $p_B(2)$ 及び $p_{B'}(2)$ の和である。
- 障壁のない場合の音圧 $p_{B'+B}(2)$ は開口 B 及び B' を経てそれぞれ 2 に至る音圧 $p_B(2)$ 及び $p_{B'}(2)$ の和である (Babinet の原理)。

また剛壁 B によって遮へいされる音圧 $p_B(2)$ は剛壁 B により反射される音圧でもある。同様に $P_{B'}(2)$ は剛壁 B' により反射される音圧と見ることもできる。即ち $p_B(2)$ は開口 B を経て 2 に至る音圧であると同時に，剛壁 B で遮へいされ反射される音圧でもある。換言すれば，剛壁 B による反射と開口 B による回折とは表裏一体の関係にある。このことは剛壁 B' と開口 B' についても同様である。

従って図 18.1 において音源 0 及び観測点 2 の鏡像 0',2' を用いて表現すれば剛壁と開口が入れ替わり，それに対応し回折と反射が入れ替わることになり

$$_0p_B(2) = {_{0'}p_B(2')} \tag{18.21}$$

$$_0p_{B'}(2) = {_{0'}p_{B'}(2')} \tag{18.22}$$

が得られる。式 (18.21) は音源 0 から開口 B を経て 2 に至る音圧 $_0p_B(2) = p_B(2)$ は鏡像音源 0' から開口 B を経て 2' に至る音圧（音源 0 から出て剛壁 B で反射され 2' に至る音圧）$_{0'}p_B(2')$ と等しいことを示している。同様に式 (18.22) は音源 0 から開口 B' を経て観測点 2 に至る音圧 $_0p_{B'}(2) = p_{B'}(2)$ は鏡像音源 0' から開口 B' を経て観測点 2' に至る音圧（剛壁 B' による反射音圧）$_{0'}p_{B'}(2')$ に等しいことを示している。これより式 (18.1) は

$$_{0'}p_{B'}(2') + {_0p_B(2)} = {_0p_{B'+B}(2)} \tag{18.23}$$

$$_0p_{B'}(2) + {_{0'}p_B(2')} = {_0p_{B'+B}(2)} \tag{18.24}$$

と書き表すこともでき

- 障壁のない場合，音源 0 から観測点 2 に達する音圧 $_0p_{B'+B}(2)$ は開口 B を経て 2 に至る音圧 $_0p_B(2)$ と剛壁 B' で反射され 2' に至る音圧 $_{0'}p_{B'}(2')$ の和に等しい。

- 同じく開口 B′ を経て 2 に至る音圧 $_0p_{B'}(2)$ と剛壁 B で反射され 2' に至る音圧 $_{0'}p_B(2')$ の和に等しい。

これらのことを半無限障壁（剛壁）に対し，音線を用いて幾何音響学的に表示すれば（図 18.5 参照）

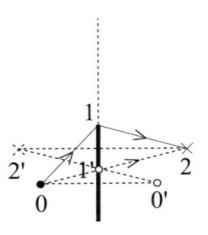

図 18.5: 半無限障壁による回折と反射

$$p_{02} = p_{0'2'}$$
$$p_{012} + (p_{02} + p_{012}^*) = p_{02}$$
$$p_{012} = -p_{012}^*$$
$$p(2') = p_{02'} + (p_{02} + p_{012}^*)$$
$$= p_{02'} + p_{02} - p_{012}$$
$$= p_{02'} + (p_{0'2'} + p_{0'12'}^*)$$
$$= p_{02'} + p_{0'2'} - p_{0'12'}$$

などの関係が得られる。

同様に図 18.6 のスリットに対し音線理論を適用すれば

$$(p_{03} + p_{013}^* + p_{023}^*) + (p_{013} + p_{023}) = p_{03}$$
$$p(3') = p_{03'} + (p_{013} + p_{023})$$
$$= p_{03'} + (p_{0'13'} + p_{0'23'})$$

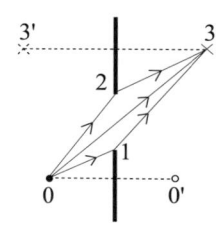

**図 18.6**: スリットによる回折と反射

などの関係が得られる。

なお音源 0 から観測点 3 に至る直達経路が剛壁 1 により遮えぎられる場合には

$$p(3') = p_{03'} + (p_{0'3'} + p^*_{0'13'} + p_{0'23'})$$
$$= p_{03'} + (p_{0'3'} - p_{0'13'} + p_{0'23'})$$
$$= p_{03'} + (p_{03} - p_{013} + p_{023})$$

また剛壁 2 により遮えぎられる場合には

$$p(3') = p_{03'} + (p_{0'3'} + p^*_{0'23'} + p_{0'13'})$$
$$= p_{03'} + (p_{0'3'} - p_{0'23'} + p_{0'13'})$$
$$= p_{03'} + (p_{03} - p_{023} + p_{013})$$

となる。

これらの関係は鏡像法を用いて，反射場を求める際に有効である。

## 18.4　回折計算の手順と考え方

幾何音響学は時に厳密な解を与えることもあるが，障害物の寸法に比しで波長が十分短い場合に有効な近似法である。音線により音の振る舞いを視覚的に表現でき，直感的な取り扱いに便利である。障壁による回折計算を音線理論を基に実行する場合は，通常以下の手順による。

1. 障壁に対する音源，受音点配置を定める。

2. 回折点（障壁エッジ）を見つける。
3. 音線（パス）を描き，進行方向を示す矢印を付す。
4. 反射波を考慮する必要がある場合にはイメージ法を適用し，回折波として取り扱う。
5. 音源から受音点に至る全てのパスの寄与を加算する。

障害物が存在する空間では一般に音源，受音点間には直達波，単回折波，2重回折波，3重回折波，… が混在し，これらの加算に際し種々の工夫（通常パスの集約，整理）がなされる。

即ち，$p_n$ を $n$ 重回折波の音圧とすれば全音圧は

$$p = \sum_n p_n = p_0 + p_1 + p_2 + \cdots \qquad (18.25)$$

と表される。いま，単回折波 $p_1$ は直達波 $p_0$ に単純な回折係数を乗ずることにより求められるものとする。回折が2重，3重になるに従って，対応する回折係数は複雑さを増すことから，それらを単回折の組み合わせとして近似することが望まれる。その場合，2重回折，3重回折などを単回折に分解・合成する方法は一意ではなく，各方法により結果（近似の精度）が異なる。したがって多重回折を，単回折に分解・合成する指針が必要となる。複数の分解・合成法のうちどれを採用するかは Fermat の原理（変分原理）

- 波は最短経路を通り目的地に達する
- エネルギー損失が最小となる経路を通り目的地に達する

を拠り所とすることができよう。

なお受音点音圧に対する寄与度は通常，$p_0, p_1, p_2, \cdots$ の順に小さくなるが，障害物に対する音源，受音点配置によっては直達波 $p_0$ や単回折波 $p_1$ が欠落する場合も生ずる。

## 18.5　音圧合成とエネルギー加算

幾何音響学的には障壁による回折の問題は音源から受音点に向う複数の音線（multi-path）により表現される。multi-path（多重伝搬経路 $i = 1, 2, \cdots, N$）

による音圧の総量 $p$ は波動の線形性（重ねの理）に基づき各パスからの音圧 $p_i$ を加算することにより

$$p = p_1 + p_2 + \cdots + p_N \tag{18.26}$$

で与えられる。いま $p_i$ を実数とすればエネルギーに関連する音圧の 2 乗は

$$\begin{aligned} p^2 &= (p_1 + p_2 + \cdots + p_N)^2 \\ &= p_1^2 + p_2^2 + \cdots + p_N^2 + 2 \sum_{\substack{i,k=1 \\ (i \neq k)}}^{N} p_i p_k \end{aligned} \tag{18.27}$$

と表され，各パス（成分）ごとの音圧の 2 乗 $p_i^2$ の和

$$p_1^2 + p_2^2 + \cdots + p_N^2$$

と成分間の相互作用（結び付き）$p_i p_k$ の和

$$2 \sum_{\substack{i,k=1 \\ (i \neq k)}}^{N} p_i p_k$$

から成る。この成分間の相互作用（干渉）が無い場合や，小さく無視できる場合には

$$p^2 \simeq p_1^2 + p_2^2 + \cdots + p_N^2 \tag{18.28}$$

となり，各成分の音圧の 2 乗和は全音圧の 2 乗に一致し，音圧の 2 乗に関しても重ねの理が成り立つことになる。この場合，各成分（各パス）は互いに非干渉 (incoherent) または無相関であるという。

　成分間に干渉のある場合にも，次の様にしてその影響を軽減したり，取り除くことができる。

(1) 受音点における干渉の正負，強弱は周波数ごとに異なり，ある程度の帯域幅を有するノイズ（騒音）では，この周波数帯域による干渉の平滑化（軽減及び相殺）が起る。
(2) 戸外における音波伝搬ではパス相互間の位相関係が気象等種々の原因により揺らぐため，干渉は弱くなる（位相の乱れによる干渉の平滑化が起る）。従って空間的に離れたパスほど相互に非干渉的である。

(3) 適当な空間領域（波長のオーダー）にわたり $p^2$ の平均処理を行うことにより，干渉が薄められる。

この様に各パスの間の干渉は周波数の分布（帯域），位相のゆらぎ及び空間的な広がりについて平均（積分）することにより軽減，相殺される。戸外を伝搬する帯域ノイズ（道路交通騒音等）では上記 (1) 及び (2) により干渉が薄められ，抑制されているものと考えられる。従って，ある程度のバンド幅を有する騒音に対しては，各パスは通常無相関であるとし，実務的には干渉を無視しエネルギー的な加算が行われることが多い。

## 18.6 まとめ及び課題

道路構造や遮音壁等音響障害物による減音は騒音対策上重要であり，回折補正として予測式に組み込まれている。回折補正は通常，幾何音響的な音線をベースに算定される。本章では音線理論を基に重ねの理や Babinet の原理について概説するとともに，障壁による反射と回折は相補的であり，表裏一体であることを示した。これらの基本的な原理や関係は本来，振幅及び位相を考慮した音圧に対し適用されるものであり，

- 音線法は音の振舞いを視覚的，直観的に表現でき便利である反面，恣意性と思い込みが発生し易く，ディレンマに落ち入る危険性があること
- この原因は主として音源，受音点間の multi-path の設定方法及び集約，整理のプロセスにあること

などを指摘した。

また各パスが非干渉性（incoherent）となり，受音点において単純なエネルギー加算が成り立つ条件についても言及した。

なお，本章の議論はやや抽象的であり，回折係数は正弦波動に関する複素表示となっている。応用に際しては，半無限障壁に対する単回折係数（ナイフエッジによる複素回折係数 $c_{ijk}$）を明示する必要がある。次章では前川チャートの複素表示とその活用法について述べる。

# 文献

1) 早坂寿雄, 吉川昭吉郎, 音響振動論 （丸善, 1974） 14 章.
2) 西山静男, 池谷和夫, 山口善司, 奥島基良, 音響振動工学 （コロナ社, 1979） 3 章.
3) W.C.Elmore,M.A.Heaid,Physics of waves,（McGraw-Hill kogakusya,1969）332.
4) 小出昭一郎, 波・光・熱 （裳華堂, 1997） 32-34.

# 第19章 前川チャートの複素表示とその応用

音響障害物による減音量（回折補正）の算定には前川チャートがよく使用される。これは薄い半無限障壁（ナイフエッジ）による球面波の回折減音量を実測により求め，フレネル数を用い簡便なチャートに表現したものである。図 19.1 に半無限障壁（剛壁）に対する音源，受音点配置を示す。

点 0 に無指向性音源があるものとし，回折エッジを 1，受音点を 2, 3 とする。フレネル数とは行路差（回折による迂回経路長と直達経路長の差）を半波長 $\lambda/2$ を基準に目盛った量であり，回折の程度を表す重要なパラメータである。例えば回折経路 012 に対するフレネル数 $N_{012}$ は

$$N_{012} = 2(\overline{01} + \overline{12} - \overline{02})/\lambda \tag{19.1}$$

また，回折経路 013 に対するフレネル数 $N_{013}$ は

$$N_{013} = -2(\overline{01} + \overline{13} - \overline{03})/\lambda \tag{19.2}$$

である。ただし音源から受音点が見通せる場合にはフレネル数を負とする。

前川はこのフレネル数 $N$ を用いて回折減音量の実測結果を整理し，実用的で簡便なチャート（図 19.2）を与えた[1]。障壁による音の回折という複雑な波動現象がこの図表（前川チャート）で

- 直観的（視覚的），定性的に分り易く表現され，
- 回折による減音量が容易に求められる，

ことから騒音対策に必要な障壁の設計に広く利用されている。このチャートは道路交通騒音予測においても回折補正量を算定するためのベースとなっている（**ASJ Model 1998**）[2]。

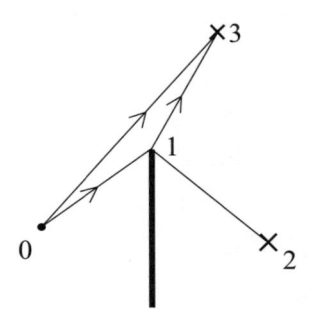

図 19.1: 半無限障壁と音源，受音点配置

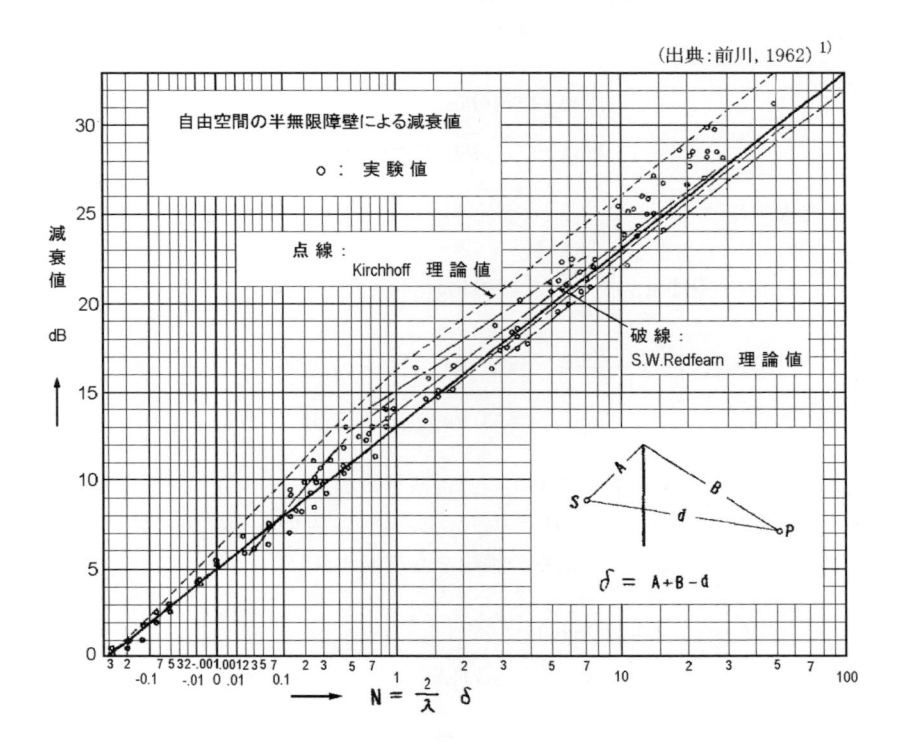

(出典:前川, 1962)[1]

図 19.2: 前川チャート

## 19.1 音線理論と前川チャート[3]

上述の説明からも明らかなように（図 19.1），前川チャートは幾何音響的に音線（パス）を用いて解釈することができる。即ち受音点 2 における回折補正量は音線 012 と音線 02 の音圧振幅の比により

$$10 \log_{10} \left| \frac{p_{012}}{p_{02}} \right|^2 = 20 \log_{10} \left| \frac{p_{012}}{p_{02}} \right| \tag{19.3}$$

一方，受音点 3 における回折補正量は

$$10 \log_{10} \left| \frac{p_{03} + p_{013}^*}{p_{03}} \right|^2 = 20 \log_{10} \left| 1 + \frac{p_{013}^*}{p_{03}} \right| \tag{19.4}$$

で表される。これらはまた音圧回折係数 $c_{012}, c_{013}^*$ を前章と同様

$$p_{012} = c_{012} p_{02} \tag{19.5}$$

$$p_{013}^* = c_{013}^* p_{03} = -c_{013} p_{03} \tag{19.6}$$

により導入すれば

$$10 \log_{10} \left| \frac{p_{012}}{p_{02}} \right|^2 = 20 \log_{10} |c_{012}| \quad (N_{012} \geq 0) \tag{19.7}$$

$$\begin{aligned} 10 \log_{10} \left| \frac{p_{03} + p_{013}^*}{p_{03}} \right|^2 &= 20 \log_{10} |1 + c_{013}^*| \\ &= 20 \log_{10} |1 - c_{013}| \quad (N_{013} \leq 0) \end{aligned} \tag{19.8}$$

と書かれる。前川チャートでは上記の回折補正量がフレネル数に対して示されており，回折係数 $c_{012}, c_{013}^*$ はそれぞれ $N_{012}$ 及び $N_{013}$ のみの関数と見なされる。従ってこれらの回折係数は，前章の議論をも参照すれば

$$c_{012} = c(N_{012}) \tag{19.9}$$

$$c_{013}^* = c(N_{013}) = -c(|N_{013}|) \quad (N_{013} < 0) \tag{19.10}$$

と表され，$c(N)$ はフレネル数 $N$ の奇関数となる。

## 19.2　前川チャートと複素回折係数 [3]

ところで回折係数 $c(N)$ は一般には振幅 $\gamma(N)$ と位相 $\phi(N)$ を有する複素数であり

$$\begin{aligned}c(N) &= \gamma(N)e^{-j\phi(N)} \\ &= \alpha(N) - j\beta(N)\end{aligned} \quad (19.11)$$

と表される。また Babinet の原理（前章の式 (18.6)）から

$$\begin{aligned}c(-N) &= -c(N) \\ &= -\gamma(N)e^{-j\phi(N)} \\ &= -\{\alpha(N) - j\beta(N)\}\end{aligned} \quad (19.12)$$

が成り立つ。

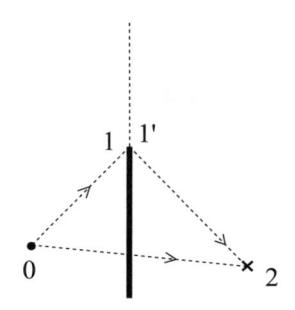

図 19.3: 半無限障壁 1 及び 1' と回折パス

図 19.3 において障壁 1 による回折補正量を $-D(N)$dB，相補的な障壁 1' による補正量を $-D(-N)$dB と記すことにすれば式 (19.7) ～ (19.10) より

$$\gamma(N) = 10^{-D(N)/20} \quad (19.13)$$
$$|1 - \gamma(N)e^{-j\phi(N)}| = 10^{-D(-N)/20} \equiv \gamma^*(N) \quad (19.14)$$

が得られる。これらの関係は複素 $c(N)$ 平面上の 2 つの円を表している（図 19.4）。

式 (19.13) は原点 O を中心とする半径

$$\gamma(N) = 10^{-D(N)/20}$$

の円を，また式 (19.14) は実軸上の 1 を中心とする半径

$$\gamma^*(N) = 10^{-D(-N)/20}$$

の円を表しており，両者の交点から $c(N)$ の位相角 $\phi(N)$ が求められる。

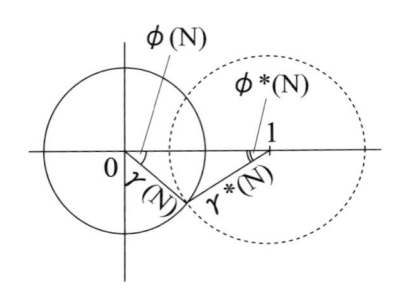

図 19.4: 複素回折係数 c(N)

即ち，図 19.4 より

$$1 + \gamma^2(N) - 2\gamma(N)\cos\phi(N) = \gamma^{*2}(N) \tag{19.15}$$

従って

$$\cos\phi(N) = \frac{1 + \gamma^2(N) - \gamma^{*2}(N)}{2\gamma(N)}$$
$$\phi(N) = \cos^{-1}\left\{\frac{1 + \gamma^2(N) - \gamma^{*2}(N)}{2\gamma(N)}\right\} \tag{19.16}$$

が得られる。また図より明らかなごとく

$$1 - \gamma(N)e^{-j\phi(N)} = \gamma^*(N)e^{j\phi^*(N)}$$

即ち

$$\gamma(N)e^{-j\phi(N)} + \gamma^*(N)e^{j\phi^*(N)} = 1 \tag{19.17}$$

なる相補性（Babinet の原理）が成り立つ。ただし

$$\phi^*(N) = \cos^{-1}\left\{\frac{1 + \gamma^{*2}(N) - \gamma^2(N)}{2\gamma^*(N)}\right\} \tag{19.18}$$

とする。以上，ここでの議論を要約すれば前川チャートは元来フレネル数 $N$ と回折減音量 $D(\pm N)$ との関係を与えるものであるが，これから複素回折係数 $c(N)$ が定まることになる。そして $c(N)$ の振幅 $\gamma(N)$ は式 (19.13) で，また位相 $\phi(N)$ は式 (19.16) で与えられる。

## 19.3 前川チャートの数式表示に関する若干の修正 [3)]

前川チャートは簡便で精度も高いことから実務的な各種の回折計算に広く使用されている。またチャートに関する数式表示も種々提案されており [2)4)5)]

$$D(N) = \begin{cases} 10\log_{10} N + 13 & (N \geq 1) \\ 5 + 8\sqrt{N} & (0 \leq N \leq 1) \\ 5 - 8\sqrt{|N|} & (-0.36 \leq N \leq 0) \\ 0 & (N < -0.36) \end{cases} \tag{19.19}$$

などはその一例である。

前川チャートでは $N = 0$ における回折減音量を 5dB としていることから，数式表示では何れも

$$D(0) = 5$$

となるよう配慮している。この場合，回折係数は

$$c(+0) \simeq \gamma(+0) = 1/\sqrt{3} = 1/1.73$$

となり 1/2 から若干ずれる。

一方，Babinet の原理（18.2 節）によれば

$$c(+0) = \gamma(+0) = 1/2$$

であり，回折減音量 $D(0)$ は 6dB となる。

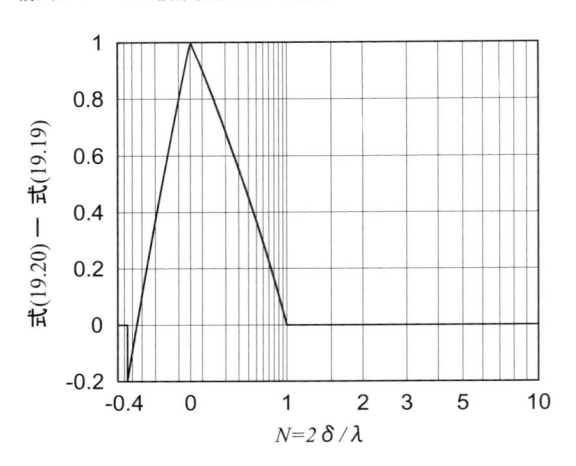

図 19.5: 式 (19.20) と式 (19.19) の差

　前川チャートの基になった実測データを見ると，$N=0$ の近くでは減音量の値は 5dB とも，6dB とも読み取れる状況にある（図 19.2）。そこで

$$D(0) = 20\log_{10} 2 \simeq 6\text{dB}$$

と読み取り，Babinet の原理を満たすようにチャートを修正することを考える。例えば式 (19.19) を若干修正し

$$D(N) \simeq \begin{cases} 10\log_{10} N + 13 & (N \geq 1) \\ 6 + 7\sqrt{N} & (0 \leq N \leq 1) \\ 6 - 10\sqrt{|N|} & (-0.36 \leq N \leq 0) \\ 0 & (N \leq -0.36) \end{cases} \quad (19.20)$$

としても，図 19.5 に示すごとく両者の差はごくわずかであり，実用的には許容されるであろう。前節の結果を踏まえ，$D(N)$ として上式を用いた場合の回折係数

$c(N)$ 及び $1 - c(N)$ の軌跡を図 19.6 に示した。ただし

$$c(N) = \gamma(N)e^{-j\phi(N)}$$
$$\gamma(N) = 10^{-D(N)/20}$$
$$\gamma^*(N) = 10^{-D(-N)/20}$$
$$\phi(N) = \cos^{-1}\left\{\frac{1 + \gamma^2(N) - \gamma^{*2}(N)}{2\gamma(N)}\right\} \qquad (19.21)$$

である。これより

$$c(+0) = 1 - c(+0) = 1/2$$
$$c(\infty) = 0$$
$$1 - c(\infty) = 1$$

となり $c(N)$ 及び $1 - c(N)$ は s 字形の曲線を描く。

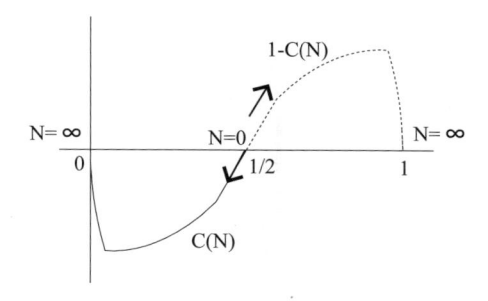

図 19.6: $c(N)$ 及び $1 - c(N)$ の軌跡

## 19.4　前川チャートに基づく回折係数 $c(N)$ の意義

　前川チャートは簡便であるが，実際に使用する場合には種々の工夫が要求される。音源から受音点に至る複数のパスがある場合，各パスに対しチャートを用いて補正量（回折減音量）を求めることができても，それらを合成する方法が定かではなく，各人の判断（直感や経験）に委ねられている。通常，この合成はエネ

ルギー的な視点からなされることが多い。その理由は前川チャートが表面的には回折に伴う振幅情報（音圧の振幅変化）を提供しているからである。

若し，位相情報も同時に提示され，フレネル数 $N$ 対する複素回折係数 $c(N)$ が与えられれば，multi-path の合成は音圧に関する重ねの理（線形性）から各パスに対する結果の単なる加算となる。

音圧の 2 乗（エネルギー量）に関しては，一般には重ねの理が成り立たないため，種々の工夫がなされる。前節で述べたように前川チャートを基に複素回折係数 $c(N)$ を導入することにより，エネルギー的合成に伴う面倒とあいまいさが軽減されることになる。

## 19.5 スリットによる回折計算への適用 [3)]

簡単な応用例として図 19.7 に示すスリットによる回折補正の計算を実行してみよう。

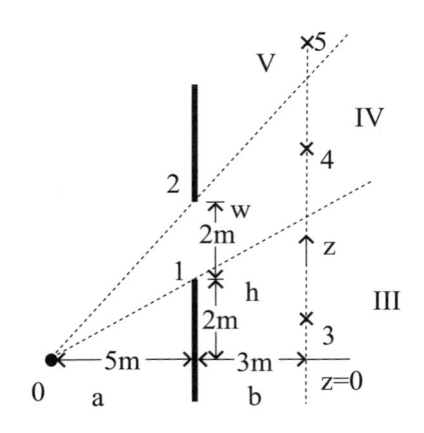

図 19.7: スリットと音源，受音点配置

スリット後方の領域は基本的には図 19.7 に示す 3 つの領域 III,IV,V に分けられ，

受音点音圧はそれぞれ

$$p(3) = p_{013} + p_{023}^* = (c_{013} - c_{023})p_{03} \tag{19.22}$$

$$p(4) = p_{014}^* + p_{04} + p_{024}^* = (1 - c_{014} - c_{024})p_{04} \tag{19.23}$$

$$p(5) = p_{015}^* + p_{025} = (c_{025} - c_{015})p_{05} \tag{19.24}$$

のごとく表される。従って各領域におけるスリットによる回折補正量（減音量）は

$$\begin{aligned}D_{slit} &= -10\log_{10}|p(i)/p_{0i}|^2 \\ &= \begin{cases} -10\log_{10}|c_{013} - c_{023}|^2 & (i=3) \\ -10\log_{10}|1 - c_{014} - c_{024}|^2 & (i=4) \\ -10\log_{10}|c_{025} - c_{015}|^2 & (i=5) \end{cases}\end{aligned} \tag{19.25}$$

で与えられる。

スリットの後方 $b(=3\mathrm{m})$ に受音点を設置し、高さ $z$ 方向に 3,4,5 と移動させた場合の減音量を種々の周波数に対し算定した結果を図 19.8 に示す。ただし式 (19.25) に含まれる単回折係数 $c_{ijk} = c(N)$ の計算には式 (19.20) 及び式 (19.21) を用いた。

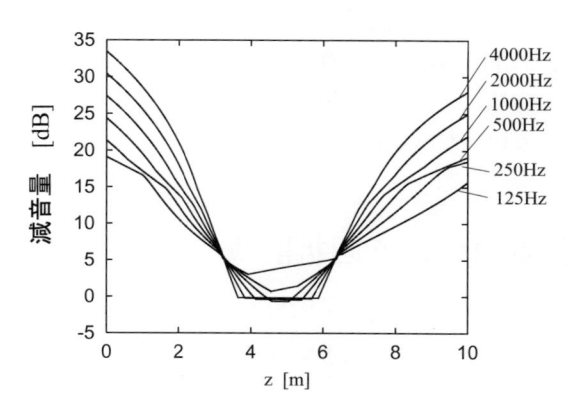

図 19.8: スリット（図 19.7）による周波数別の減音量

ところで実務における計算ではスリット法と呼ばれる以下の様な便法が用いられることがある[2]。これは Babinet の原理がエネルギー（音圧の絶対値の 2 乗）に対しても近似的に成り立つとの考えに基づいている。

それによれば，スリット（エッジ 1-2 間）を通過し受音点 $i(=3,4,5)$ に至る音圧の 2 乗は

(1) エッジ 1 の上方を経て $i$ に達する量からエッジ 2 の上方を経て $i$ に達する量の差である．
(2) 又はエッジ 2 の下方を経て $i$ に達する量からエッジ 1 の下方を経て $i$ に達する量の差である．

しかし，この 2 つの結果は通常一致しない．そのため直達パス $0i$ とエッジ 1,2 との距離を調べ，直達パスがエッジ 1 に近ければ上記 (1) を，エッジ 2 に近ければ (2) を選ぶこととしている．これは 2 つの量のうち大きい方を選択することである．即ち

$$D_{slit} = -10\log_{10}\left[\max_{(\uparrow,\downarrow)}\left\{\left|\frac{p_\uparrow(i)}{p_{0i}}\right|^2, \left|\frac{p_\downarrow(i)}{p_{0i}}\right|^2\right\}\right] \quad (19.26)$$

によりスリットによる減音量が算定されるとしている．ただし，$p_\uparrow(i)$ は上記 (1) より，また $p_\downarrow(i)$ は (2) より求めた領域 $i$ の音圧を表す．

図 19.9 の破線は図 19.7 の配置に対する 500Hz の場合の減音量を上式により求めた結果である．式 (19.25) による算定結果（実線）と比較すると，スリットを通して受音点から音源が見通せる範囲では概ね一致しているが，障壁の背後では両者の差が拡大する傾向がみられる．

## 19.6 二重障壁による回折計算への適用

次に図 19.10 に示す二重障壁による回折を考えることにしよう．例えば領域 V の音圧 $p(5)$ は単回折パス $p_{015}$ と二重回折パス $p_{0125}$ の和により

$$p(5) = p_{015} + p_{0125} \quad (19.27)$$

と表させる．ここで $p_{0125}$ は単回折パス $p_{015}$ に回折係数 $c^*_{125}$ を付加する（乗ずる）ことにより

$$p_{0125} = p_{015} c^*_{125} = -c_{125} p_{015} \quad (19.28)$$

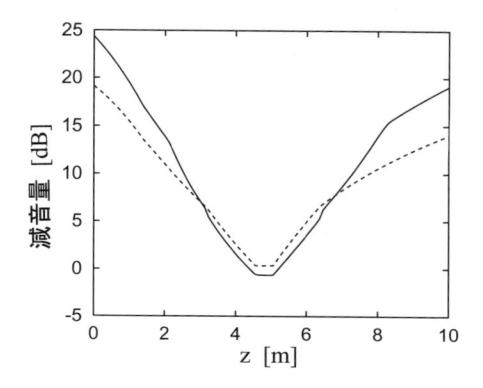

図 19.9: 500Hz における図 19.8（実線）とスリット法（破線）との比較

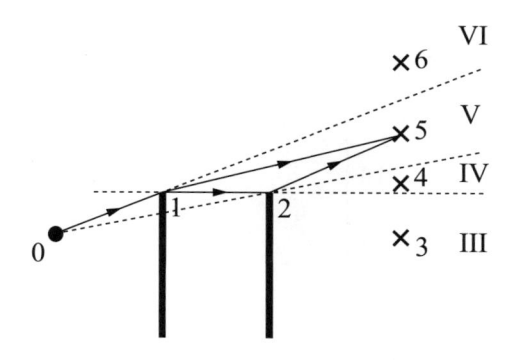

図 19.10: 二重障壁と音線パス

で与えられるものとすれば上式は

$$
\begin{aligned}
p(5) &= (1 - c_{125})p_{015} \\
&= (1 - c_{125})c_{015}p_{05}
\end{aligned}
\tag{19.29}
$$

と書かれる。同様に領域 III,IV,VI の音圧 $p(3), p(4), p(6)$ に対してもパスを用いることにより，それぞれ

$$p(3) = p_{0123} = p_{013}c_{123} = c_{013}c_{123}p_{03} \tag{19.30}$$

$$p(4) = p_{014} + p_{0124} = p_{014}(1 + c_{124}^*)$$
$$= c_{014}(1 - c_{124})p_{04} \tag{19.31}$$

$$p(6) = (p_{06} + p_{016}^*)(1 + c_{126}^*)$$
$$= (1 - c_{016})(1 - c_{126})p_{06} \tag{19.32}$$

と表される。単回折係数 $c_{ijk}$ はそのフレネル数 $N$ を基に前川チャートの複素表示から容易に求められる。図 19.11 において受音点を鉛直方向（$y$ 軸方向）に移動させた場合の騒音レベルの変化を上式により算定した結果を図 19.12 に示す。図には模型実験による実測値[6]と 2 次元差分法を用いた数値シミュレーション（FDTD 法）の結果[7]が併記されている。これらの結果は良い一致を示してい

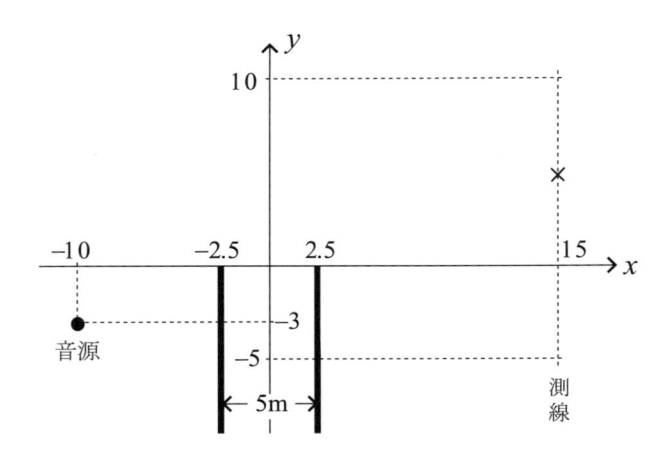

図 **19.11**: 実測及び計算に使用した音源，受音点配置

る。ただし音源のパワーレベルを 0dB とし，そのスペクトルは自動車騒音と同じ周波数特性を有するものとした[2]。

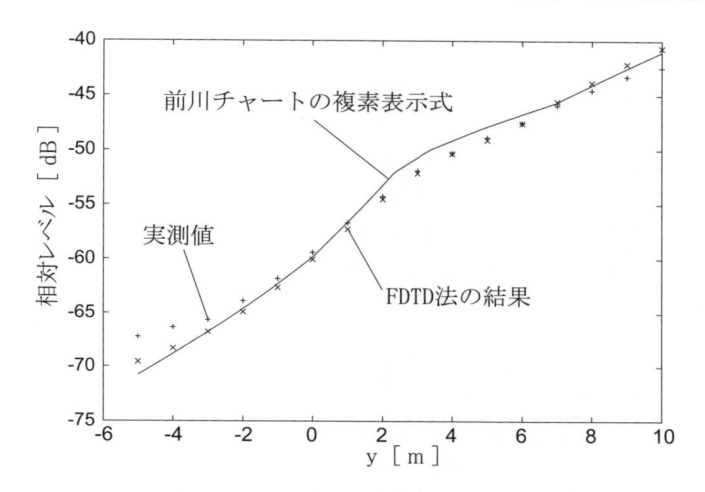

図 19.12: 二重障壁後方（図 19.11）における騒音レベルの実測[6] 及び計算結果

## 19.7　まとめ及び課題

　回折減音量の算定における前川チャートの意義及び実務における役割について概説した。このチャートは表面的にはフレネル数 $N$ と回折係数の振幅情報との関係を与えるものであるが，実際には位相情報をも含んでおり，複素回折係数 $c(N)$ と等価であることを示した。前川チャートの複素表示である $c(N)$ を用いれば，多重伝搬経路からなる各種障壁の回折計算は，音圧の単なる重ね合わせ（加算）に帰着され，減音量の算定がよりスムーズに行われる。

　さらにチャートの数式表示に触れ，Babinet の原理との整合性からは，$N = 0$ に対する減音量を 5dB から 6dB に変更するとともに，若干の修正が望まれることを指摘した。前川チャートは半無限障壁による球面波の回折補正を示すものであり，本来，無指向性点音源に対し適用される。実際には音源に指向性があったり，たとえ実音源が無指向性であっても，回折により生ずる 2 次的，3 次的な音源（エッジ）は指向性を有し，それらの音源に対してはチャートに関する本来の適用条件が満たされないことに留意すべきである。前章で述べた多重回折経路を集約，整理するプロセスにおいて取組むべき重要な課題である。

# 文献

1) 前川純一, "障壁（塀）の遮音設計に関する実験的研究", 日本音響学会誌, 18 巻 (1962) 187-196.
2) 日本音響学会道路交通騒音調査研究委員会, "道路交通騒音の予測モデル ASJ Model 1998", 日本音響学会誌, 55 巻 (1999) 281-324.
3) 久野和宏, 野呂雄一, "前川チャートの複素表示とその応用", 騒音・振動研究会資料, N-2001-15 (2001).
4) 山本貢平, 高木興一, "前川チャートの数式表示について", 騒音制御, 15 巻 (1991) 40-43.
5) 通商産業省環境立地局監修, 三訂・公害防止の技術と法規 騒音編 4 版 （産業環境管理協会, 1999） 94.
6) 堀田竜太, 山本貢平, 高木興一, "二重回折効果の各種計算方法に関する検討", 日本騒音制御工学会講演論文集 (1996) 21-24.
7) 横地克洋, 新川昌子, 久野和宏, 野呂雄一, "前川チャートの複素表示式に基づく回折減衰量の算定", 騒音・振動研究会資料, N-2003-26 (2003).

# 索引

## 【A–Z】

ASJ Model 1975　　17, 18, 32, 34, 41, 45, 90, 96, 101, 103, 180, 181
―――― 1993　　1, 4, 38, 46, 94
―――― 1998　　1, 4, 17, 18, 32, 34, 38, 41, 46, 47, 52, 62, 88, 94
―――― 1998のB法　　183
A特性音圧レベル　　6, 21
$\alpha_i$　　3, 34, 37, 98, 103, 181
$\alpha_{i,\mathrm{eq}}$　　181
A特性フィルタ　　21
Babinetの原理　　272, 273, 277, 289, 295
Background Noise Ratio　　201
BEM　　212, 243
Buffonの針　　253, 269
FEM　　212
Fermatの原理　　282
Fresnel–Kirchhoffの回折放射　　228
Fresnel数　　275
Greenshieldsの式　　168
incoherent　　283
ISO　　7
JIS Z 8731　　7, 9, 25
$L_{\mathrm{A5}}$　　22, 113, 118
$L_{\mathrm{A50}}$　　6, 8, 16, 22, 32, 98, 103, 113, 118, 180
$L_{\mathrm{A95}}$　　22, 113, 118
$L_{\mathrm{Aeq}}$　　4, 8, 17, 18, 34, 40, 106, 116, 129, 135, 137, 181, 190, 232, 243, 247, 267
$L_{\mathrm{Aeq},T}$　　24
Lambertの拡散放射　　228, 230
multi–path　　282
$\mu$–$Q$曲線　　168
$\mu$–$V$曲線　　168
NPL　　4
$Q$–$S$曲線　　171
$Q$–$V$曲線　　18, 169
S.O.Riceの雑音理論　　106
TNI　　4
Underwoodの式　　168
WECPNL　　6

## 【あ, い】

アーラン分布　　108
アーラン分布モデル　　111
ISO　　7
明り部　　227, 231
アセスメント　　2, 12
$\alpha_i$　　37, 181
$\alpha_{i,\mathrm{eq}}$　　3, 34, 37, 98, 103, 181
暗騒音　　186, 189, 199
――による等価受音強度　　200
暗騒音レベル　　201
Underwoodの式　　168

一般地域　　26
イメージ法　　243
incoherent　　283

## 【え】

ASJ Model 1975　　17, 18, 32, 34, 41, 45, 90, 96, 101, 103, 180, 181
―――― 1993　　1, 4, 38, 46, 94
―――― 1998　　1, 4, 17, 18, 32, 34, 38, 41, 46, 47, 52, 62, 88, 94
―――― 1998のB法　　183
A特性音圧レベル　　6, 21
A特性フィルタ　　21
エネルギーバランス　　227, 237
エネルギー流　　243

302　索　引

FEM　212
$L_{A5}$　22, 113, 118
$L_{A50}$　6, 8, 16, 22, 32, 98, 103, 113, 118, 180
$L_{A95}$　22, 113, 118
$L_{Aeq}$　4, 8, 17, 18, 34, 40, 106, 116, 129, 135, 137, 181, 190, 232, 243, 247, 267
$L_{Aeq,T}$　24
エルゴード性　193
エンジン音　69
エンジン系音　55, 73

【お】

大型車混入率　149, 158, 167
音の強度　42
音の強さ　42, 43, 227, 244, 265
音圧　42
音圧レベル　21
音響障害物　251
音線　252, 272, 280, 288
　　──の通過率　255
　　──の伝搬・衝突過程　252
音線理論　281

【か】

開口　246, 273
回折　278
　　──による補正値　98
回折減音量　293
回折パス　274, 277
回折補正　92, 286, 294
回折補正量　34, 101, 246, 248, 272, 288, 295
外的規準　218
拡散場　226, 243
拡散放射　245, 248
確率の保測変換　194
重ね合せの原理　273
過剰減衰　90, 128, 251, 256
過剰減衰量　256
学会式　3
カテゴリスコア　219
環境影響評価　2, 12
環境影響評価法　12
環境技術　14

環境基準　2, 7, 26
環境基本計画　12
干渉　283
幹線道路近接空間　28
ガンマ分布　108

【き】

幾何音響学　280
基本式　180
逆自乗則　96
Q–S 曲線　171
吸音処理　235
吸音率　264
吸音力　227
90%レンジの上下端値　118
Q–V 曲線　18, 169
境界要素法　212, 243
距離減衰　259
距離減衰式　261
切土　243
切土道路　186

【く，け】

グリーン関数　88
Greenshields の式　168
車の音響出力　45, 81

計算機シミュレーション　209

【こ】

高架橋構造物　183
高架道路　186
高架裏面　80
坑口音　228, 233, 235
　　──の低減効果　238
　　──の低減量　236
坑口の音響出力　228
交通工学的視点　18
交通条件　42
交通密度　167, 168
交通容量　170
交通量–速度曲線　18, 169
勾配抵抗　75
剛壁　273
行路差　101

索　引　　**303**

小型車換算時間交通量　150, 168
小型車混入率　149

【さ】

最近接音源　98, 107, 111, 112, 119,
　　　125, 131, 138, 141, 143
最近接音源法　125
最小可聴音圧　21
差分法　212
残響場　263
残差　214
残差補正　214
3重回折波　282

【し】

市街地　251
時間長　189
時間率騒音レベル　22, 40, 96, 98,
　　　106, 111, 116, 126, 126, 130,
　　　131, 132, 135, 142
時間率騒音レベルの中央値　6, 8, 16,
　　　22, 32, 98, 103, 113, 118, 180
時間率騒音レベルの予測式　106
指向特性　248
JIS Z 8731　7, 9, 25
指数分布モデル　17, 40, 106, 111,
　　　118, 132, 137, 143, 145, 197
自動車騒音のパワースペクトル　62, 67
遮音効果　251
車種配列　40
車速の変動率　53
車頭間隔　17, 40, 143
遮へい係数　268
車両の音響出力　45, 81
重回帰分析　218
自由走行車群　107, 197
自由速度　168
渋滞流　170
周波数スペクトル　54
周辺条件　42
自由流　170
受音強度　43, 245, 265
種々の原因による補正値　3, 34, 37, 98,
　　　103, 181
瞬時A特性音圧　24
障害物空間　252

衝突確率　259
障壁　186
ショットノイズ　118
信頼帯　194

【す, せ】

数学的モデル　3
数量化理論　217
数量化理論I類　218
スリット　277, 294, 295
スリット法　295

制限速度　153
線音源　93, 246, 256, 261, 266
線音源モデル　39

【そ】

騒音対策　235, 243
騒音低減効果　236
騒音伝搬　251
騒音暴露量　6
騒音評価量　21, 135, 138
騒音防止対策　9
騒音レベル　21
　──のα%値　126
　──の累積度数分布　22
双極子音源　69
双極子放射　55, 59, 60
総暴露量　189
相反定理　273
速度ポテンシャル　42, 273

【た】

対策技術　14
体積変化量　273
タイヤ系音　55, 69, 73
多孔質弾性舗装　71, 85
多重極子　55
多重伝搬経路　282
建物群　251, 263
　──による減音量　259
建物の占有率　266
建物面積　251
WECPNL　6
単回折波　282

304　索　引

単極子音源　*69*
単極子放射　*55, 59, 60*
単発騒音暴露量　*92, 189*

【ち】

地域類型　*28*
地表面補正　*92*
中央値　*6, 8, 16, 22, 32, 98, 103, 113, 118, 180*
　——に対する予測基本式　*101*
超過減衰　*90*
直達音　*245, 247*
直達波　*282*
直達パス　*274*

【つ，て】

通過率　*255, 268*

デシベル　*21*
点音源　*259*

【と】

等価受音強度　*232, 266*
等価騒音レベル　*4, 8, 17, 18, 34, 40, 106, 116, 129, 135, 137, 181, 190, 232, 243, 247, 267*
　——の実務的な予測計算法　*122*
等価パワーレベル式　*100*
等間隔等パワーモデル　*96, 180*
等間隔モデル　*3, 17, 40, 96, 111, 118, 143, 145*
統計的モデル　*218*
道路環境技術　*14*
道路構造別補正量　*184*
道路勾配　*73, 76*
道路条件　*42*
道路に面する地域　*26*
特殊箇所　*226*
Drake の式　*168*
トンネル坑口　*226*
トンネルの吸音力　*239*

【に，ね】

2 重回折波　*282*

二重障壁　*296*
二乗平均音圧　*67, 68*
ニューラルネットワーク　*217, 220*

ネットワークモデル　*218*

【は】

バイアス誤差　*39*
排水性舗装　*68, 72*
暴露量　*88*
バックグランド音源　*114, 139*
波動方程式　*273*
波動論　*41*
Babinet の原理　*272, 273, 277, 289, 295*
パワースペクトル　*62, 67, 69*
パワー平均レベル　*52*
パワーレベル　*45, 73, 98, 140*
パワーレベル式　*52, 101*
反射　*278*
反射音　*245, 247*
半地下構造　*243*
半無限障壁　*274, 247*

【ひ】

BEM　*212, 243*
非干渉　*283*
非干渉性音源　*43*
Buffon の針　*253, 269*
評価　*10*
評価技術　*14*
評価量　*6*

【ふ】

Fermat の原理　*282*
複素音圧反射係数　*65, 66*
Fresnel-Kirchhoff の回折放射　*228*
Fresnel 数　*275, 286, 298*

【へ】

平均吸音率　*244*
平均車頭間隔　*168*
平均パワーレベル　*100, 101*
平均反射率　*245*

平坦道路　*184*
偏相関係数　*219, 220*
変動率　*190*

## 【ほ】

ポアソン交通流　*107, 190*
ポアソン分布　*197, 251, 252*
防止対策　*10*
放射指向特性　*63, 84, 250*
飽和密度　*168*
堀割　*243*

## 【ま, み】

前川チャート　*286, 288, 292, 293*
　——の複素表示　*298*
multi-path　*282*

密粒アスファルト舗装　*68*
見通し角　*258, 268*

## 【む, め, も】

無指向製放射　*228*

面積率　*253, 268*
目的変量　*218*

盛土道路　*185*

## 【ゆ, よ】

有限要素法　*212*
ユニットパターン　*15, 18, 38, 88, 91, 94, 127, 128, 134, 136*

要請限度　*7, 26, 31*
予測　*10*
　——の前提条件　*42*
　——の透明性　*95*
予測技術　*14*
予測基本式　*121, 125*
予測方式　*15*
予測モデル　*15, 135*

## 【ら, り】

S.O.Rice の雑音理論　*106*
ランダム誤差　*39, 102*
Lambert の拡散放射　*228, 230*

粒子速度　*273*
臨界交通量　*168, 170*
臨界速度　*170, 168*

# 著者紹介

**久野和宏**（くの かずひろ）（三重大学 教授：1,3～19 章分担）
　騒音の予測・評価，音と文化，音場解析，データ解析などの研究に従事。

**野呂雄一**（のろ ゆういち）（三重大学 助教授：2,5,8,9,11,13,15,17～19 章分担）
　デジタル信号処理，道路交通騒音予測，音響計測制御システム，
　生体情報処理に関する研究に従事。

**吉久光一**（よしひさ こういち）（名城大学 教授：10,12,15 章分担）
　建築環境工学，道路交通騒音予測，騒音伝搬などの研究に従事。

**龍田建次**（たつだ けんじ）（愛知学泉大学 助教授：10 章分担）
　音響工学，沿道の音環境，都市環境情報に関する研究に従事。

**岡田恭明**（おかだ やすあき）（名城大学 講師：12,15 章分担）
　建築環境工学，環境影響評価，道路交通騒音予測などの研究に従事。

**奥村陽三**（おくむら ようぞう）（名古屋市工業研究所 研究員：7,9,14,15 章分担）
　音響計測・処理，音場解析，鉄道騒音・振動の要因分析などの研究に従事。

**仲　　功**（なか いさお）（防衛庁 技官：11 章分担）
　レーダー信号処理，道路交通騒音予測などの研究に従事。

| | |
|---|---|
| 道路交通騒音予測 | |
| ―モデル化の方法と実際― | |
| 2004年6月30日　1版1刷　発行 | 定価はカバーに表示してあります |
| | ISBN 4-7655-3199-6 C3050 |

編著者　久野和宏・野呂雄一
発行者　長　　祥　　隆
発行所　技報堂出版株式会社

日本書籍出版協会会員
自然科学書協会会員
工 学 書 協 会 会 員
土木・建築書協会会員

Printed in Japan

Ⓒ Kazuhiro Kuno *et al*, 2004

〒102-0075　東京都千代田区三番町 8-7
　　　　　　　　（第 25 興和ビル）
電　話　営業　(03) (5215) 3165
　　　　編集　(03) (5215) 3161
F A X　　　　(03) (5215) 3233
振 替 口 座　　　00140-4-10
http://www.gihodoshuppan.co.jp/

装幀　海保　透　　印刷・製本　三美印刷

落丁・乱丁はお取替えいたします．
本書の無断複写は，著作権法上での例外を除き，禁じられています．

## ◉小社刊行図書のご案内◉

|  |  |  |
|---|---|---|
| 建築用語辞典（第二版） | 編集委員会編 | A5・1258頁 |
| 建築設備用語辞典 | 石福昭監修／中井多喜雄著 | A5・908頁 |
| シックハウス事典 | 日本建築学会編 | A5・220頁 |
| 騒音制御工学ハンドブック | 日本騒音制御工学会編 | B5・1308頁 |
| 人間工学基準数値数式便覧 | 佐藤方彦監修 | B5・440頁 |
| 地域の環境振動 | 日本騒音制御工学会編 | B5・274頁 |
| 地域の音環境計画 | 日本騒音制御工学会編 | B5・266頁 |
| 騒音規制の手引き－騒音規制法逐条解説／関連法令・資料集 | 日本騒音制御工学会編／騒音法令研究会著 | A5・596頁 |
| 建築物の遮音性能基準と設計指針（第二版） | 日本建築学会編 | A5・480頁 |
| 建物の遮音設計資料 | 日本建築学会編 | B5・198頁 |
| 実務的騒音対策指針（第二版） | 日本建築学会編 | B5・222頁 |
| 実務的騒音対策指針・応用編 | 日本建築学会編 | B5・224頁 |
| 建築設備の騒音対策－ダクト系の騒音対策・配管系の騒音対策・建築設備の防振設計 | 日本騒音制御工学会編 | B5・274頁 |
| 騒音と日常生活－社会調査データの管理・解析・活用法 | 久野和宏編著 | B5・332頁 |
| よりよい環境創造のための環境心理調査手法入門 | 日本建築学会編 | B5・146頁 |
| 都市・建築空間の科学－環境心理生理からのアプローチ | 日本建築学会編 | B5・230頁 |
| ヒルサイドレジデンス構想－感性と自然環境を融合する快適居住の時・空間 | 日本建築学会編 | A5・328頁 |

技報堂出版　TEL編集03(5215)3161 営業03(5215)3165　FAX03(5215)3233